JN273979

水産利用化学の基礎

渡部終五 編

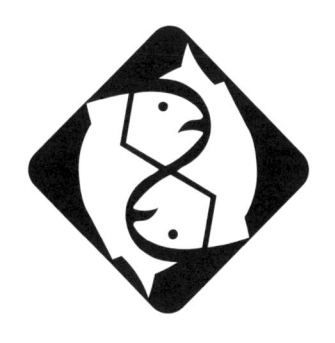

恒星社厚生閣

はじめに

　温帯域を中心に亜熱帯から亜寒帯までを含むわが国周辺海域は，豊富な水産生物資源に恵まれている．わが国では古来から多くの栄養素を水産物から得てきた．海の恵みである．代表的なものが魚貝類の可食部からの動物性タンパク質であるが，海藻のミネラル，魚類肝臓のビタミンAなど，特徴的なものも多くみられる．また，水産物は種類が多く，食生活を豊かにしているとともに，うま味成分に富むものが多い．代表的なうま味成分であるグルタミン酸およびイノシン酸はそれぞれ，コンブおよびかつお節から発見されたもので，うま味そのものも世界に先駆けてわが国で初めて定義された基本味である．さらに近年では，エイコサペンタエン酸やドコサヘキサエン酸といった高度不飽和脂肪酸や，魚貝肉タンパク質のプロテアーゼ分解物などが健康機能性に優れていることが明らかにされ，世界的にも魚食ブームとなっている．

　しかしながら，過度の漁獲努力のほか，人間活動による沿岸環境の汚染，破壊，地球温暖化によって，われわれが利用できる水産生物資源は急速に減少しつつある．また，水産生物資源量の自然変動も大きく，多くの努力にもかかわらず，未だその謎は解明されていない．そこで，魚貝類の供給を満たすために増養殖の振興が図られているが，いずれにせよ，漁獲または養殖される魚貝類を有効に利用することが，健康的な魚食を維持し続けるために重要である．

　そのためには水産生物資源の成分組成や食品学的特性をよく理解する必要がある．水産物の特徴や，利用上に当たっての留意点を記述した教科書が今までにも多くある．恒星社厚生閣から発刊された「水産利用化学」はその中でも本書の編集にあたり基本的な指針を与えてくれた成書である．一方，近年の科学技術の進展に伴って水産物利用に関する情報は大きく膨れ上がり，この方面に第一歩を踏み出すための入門書として1冊の本にまとめることは難しくなっている．本書の姉妹本というべき「水圏生化学の基礎」は，そのために水圏生物の分子レベルの知識をまとめた入門書で，水圏生物学を志す者をも対象とした欲張った本である．一方，「水圏生化学の基礎」を土台とした水産物利用の基礎もこの方面の専門書に触れる前には必要であろう．

　そこで本書は「水産利用化学の基礎」と題してこの分野の専門家にお願いして取りまとめた．本書はコラムや解説を設けて，できるだけ平易に記述することを目指したが，それでも初心者には難しいところも残ってしまった．この点はお詫びしなければならないが，本書の企画の意図を汲んで頂きたい．本書は，魚食文化の長い伝統を育み，海に慣れ親しんできたわれわれの身近に存在する多くのテーマを含む．本書の内容に興味を抱き，さらに深い内容を解説した専門書を手に取るくらいにまでなって頂ければ望外の幸せである．

　最後に，本書の執筆，編集は大変手間取ってしまい，出版社の小浴さんには大変ご迷惑をお掛けした．気長に対処していただき，やっと出版にこぎつけた次第である．感謝申し上げる．

　2010年8月

渡部終五

執筆者紹介（50音順）

浅川修一	1964年生，東京大学大学院修了．工・博． 現在，東京大学大学院農学生命科学研究科教授．
安藤正史	1964年生，京都大学大学院中退．農・博． 現在，近畿大学農学部教授．
石崎松一郎	1964年生，東京水産大学大学院中退．水・博． 東京海洋大学海洋生命科学部教授．
潮　秀樹	1964年生，東京大学大学院修了．博士（農学）． 現在，東京大学大学院農学生命科学研究科教授．
大嶋雄治	1958年生，九州大学大学院修了．博士（農学）． 現在，九州大学大学院農学研究院教授．
落合芳博	1957年生，東京大学大学院中退．農・博． 現在，東北大学大学院農学研究科教授．
加藤　登	1947年生，日本大学農獣医学部卒，水・博（北海道大学）． 元東海大学海洋学部教授．
金子　元	1977年生，東京大学大学院修了，博士（農学）． 現在，ヒューストン大学ビクトリア校 Associate Professor．
菅野信弘	1959年生，東北大学大学院修了．農・博． 現在，北里大学海洋生命科学部教授．
長島裕二	1957年生，東京大学大学院中退．農・博． 現在，新潟食料農業大学食料産業学部教授．東京海洋大学名誉教授．
中谷操子	1951年生，静岡県立二俣高等学校卒，農・博（東京大学）． 現在，東京大学大学院農学生命科学研究科学術専門職員．
堀　貫治	1949年生，東京大学大学院中退．農・博． 現在，広島大学特任教授・名誉教授．
米田千恵	1969年生，東京大学大学院修了，博士（農学）． 現在，千葉大学教育学部教授．
吉水　守	1948年生，北海道大学大学院修了．水・博． 現在，北海道大学名誉教授．
※渡部終五	1948年生，東京大学大学院修了．農・博． 現在，北里大学海洋生命科学部非常勤講師．東京大学名誉教授．

※は編集者

目次

はじめに ………………………………………………………………………（渡部終五）

第1章　序論 …………………………………………………（渡部終五）……… 1
§ 1. 魚食の歴史と動向 …………………………………………………………… 1
§ 2. 魚貝類筋肉の特徴と鮮度保持の重要性 …………………………………… 3
§ 3. 魚貝類のエネルギー代謝と水産食品の豊かさ …………………………… 5
§ 4. 水産食品の栄養と機能特性 ………………………………………………… 6
§ 5. 水産食品の安心・安全 ……………………………………………………… 8

第2章　魚貝類筋肉の死後変化 ………………（渡部終五・潮　秀樹・安藤正史）……… 10
§ 1. 筋肉の構造と主要構成タンパク質 ………………………………………… 10
　　1-1　筋組織（10）　1-2　筋肉の微細構造（12）　1-3　筋肉タンパク質（14）
§ 2. 死後硬直 ……………………………………………………………………… 22
　　2-1　死後硬直の開始（22）　2-2　氷冷（冷却）収縮（24）　2-3　解凍硬直（25）
　　2-4　あらい（25）
§ 3. 生化学的変化 ………………………………………………………………… 26
　　3-1　生息時の糖代謝（26）　3-2　死後の糖代謝および代謝関連化合物（28）
　　3-3　ホスファゲンの作用（29）　3-4　無脊椎動物の糖代謝の特徴（30）
　　3-5　脂質代謝（31）　3-6　微生物の影響（32）
§ 4. テクスチャーの変化 ………………………………………………………… 33
　　4-1　テクスチャーとは（33）　4-2　冷蔵中における筋肉の破断強度の変化（34）
　　4-3　死後硬直と硬さの関係（35）
§ 5. 組織の変化 …………………………………………………………………… 36
　　5-1　筋原線維の変化（36）　5-2　筋内膜の脆弱化とコラーゲン線維の崩壊（37）
　　5-3　コラーゲンの変化（39）　5-4　血抜きによる組織変化（39）

第3章　水産物の鮮度保持 ……………………………（潮　秀樹・金子　元）……… 41
§ 1. 鮮度判定法 …………………………………………………………………… 41
　　1-1　官能的方法（41）　1-2　生理学的方法（42）　1-3　化学的方法（42）
　　1-4　物理的方法（44）
§ 2. 鮮度に影響を及ぼす因子と鮮度保持 ……………………………………… 44
　　2-1　生息水温（44）　2-2　活魚輸送（44）　2-3　蓄養（45）　2-4　致死方法（47）
　　2-5　貯蔵温度（50）　2-6　その他の要因（50）　2-7　微生物の影響（51）
§ 3. 水産物の凍結保存 …………………………………………………………… 52
　　3-1　凍結貯蔵の目的（52）　3-2　凍結方法（53）

第4章　魚貝類成分の加工貯蔵中の変化 ……………………（石崎松一郎・落合芳博・加藤 登）……… 55

§1. タンパク質 …………………………………………………………………………………………… 55
1-1　筋肉タンパク質 (55)　1-2　冷却（凍結，解凍）による変化 (55)
1-3　加熱による変化 (59)　1-4　塩蔵による変化 (62)　1-5　乾燥による変化 (63)
1-6　発酵による変化 (63)　1-7　その他の変化 (64)

§2. 脂　質 ………………………………………………………………………………………………… 64
2-1　魚貝類脂質の脂肪酸組成と不安定性 (64)
2-2　氷蔵，凍結，解凍による脂質の変化 (65)　2-3　加熱，乾燥による脂質の変化 (69)
2-4　塩蔵による変化 (69)　2-5　高圧処理による変化 (69)

§3. 糖　質 ………………………………………………………………………………………………… 70
3-1　魚貝類の糖質 (70)　3-2　魚貝類の加工貯蔵中における糖質の消長 (70)
3-3　魚貝類のプロテオグリカン (71)

§4. その他の成分 ………………………………………………………………………………………… 74
4-1　水分 (74)　4-2　色素 (74)　4-3　無機質，ビタミン類 (79)
4-4　その他の微量成分 (79)

第5章　魚貝類の呈味成分と臭い成分 ……………………………………（潮　秀樹・菅野信弘）……… 81

§1. 呈味成分の種類と作用 ……………………………………………………………………………… 81
1-1　無機塩類 (81)　1-2　遊離アミノ酸 (82)　1-3　ペプチド (83)
1-4　核酸関連物質 (84)　1-5　有機塩基 (84)　1-6　有機酸 (85)　1-7　糖 (85)
1-8　脂肪酸および脂質 (85)

§2. 呈味成分の分布と季節変化 ………………………………………………………………………… 86
2-1　成長に伴う変化 (86)　2-2　季節変化 (86)　2-3　部位に伴う差 (86)

§3. 臭い成分の種類と作用 ……………………………………………………………………………… 87
3-1　特有臭 (87)　3-2　鮮度低下臭 (89)　3-3　加熱加工臭 (90)

§4. 呈味性の管理 ………………………………………………………………………………………… 90
4-1　呈味性と鮮度 (90)　4-2　呈味性に関係するその他の要因 (92)

第6章　水産食品の栄養と機能性 ………………………………………………………（渡部終五）……… 95

§1. 水産食品の栄養 ……………………………………………………………………………………… 95
1-1　タンパク質 (95)　1-2　脂質 (100)　1-3　ミネラル (104)　1-4　ビタミン (105)
1-5　その他 (106)

§2. 機能性食品 …………………………………………………………………………………………… 107
2-1　保健機能食品 (107)　2-2　水産食品の機能性 (110)

第7章　水産物の調理特性 ………………………………………………………………（米田千恵）…… 112

§1. 魚体の処理 …………………………………………………………………………………………… 112
§2. 生食調理 ……………………………………………………………………………………………… 113

2-1 刺身 (113)　2-2 あらい (114)　2-3 酢じめ (114)
　§ 3. 加熱調理 ………………………………………………………………………… 115
　　　3-1 加熱による魚貝類の変化 (115)　3-2 煮物 (116)　3-3 蒸し物 (116)
　　　3-4 焼き物 (116)　3-5 ムニエル (meuniere) (117)　3-6 揚げ物 (117)
　　　3-7 魚肉だんご (117)　3-8 漬け物 (118)
　§ 4. イカおよび貝類の調理 …………………………………………………………… 118
　　　4-1 イカ肉の調理 (118)　4-2 貝類の調理 (119)
　§ 5. だ　し ………………………………………………………………………………… 119
　　　5-1 だしのとり方 (119)　5-2 魚貝類の汁物 (120)

第8章　水産加工品の種類と特徴 ……………………… (加藤　登・堀　貫治・潮　秀樹) …… 122
　§ 1. 水産練り製品 ………………………………………………………………………… 122
　　　1-1 水産練り製品とは (122)　1-2 製造の原理 (123)　1-3 水産練り製品の種類 (123)
　　　1-4 水産練り製品の評価 (128)
　§ 2. その他の食品 ………………………………………………………………………… 130
　　　2-1 加工食品の動向 (130)　2-2 冷蔵および冷凍食品 (130)
　　　2-3 乾製品および塩蔵食品 (131)　2-4 缶詰および発酵食品 (133)
　　　2-5 その他の水産加工品 (136)　2-6 海藻 (137)

第9章　水産物の安全性 ……………………………… (吉水　守・石崎松一郎・潮　秀樹・大嶋雄治・
　　　　　　　　　　　　　　　　　　　　　　　　　長島裕二・落合芳博・中谷操子・浅川修一) …… 143
　§ 1. 微生物 ………………………………………………………………………………… 143
　　　1-1 水産物による健康被害の防止 (143)　1-2 水産物のリスク分析 (144)
　　　1-3 微生物とは (145)　1-4 水生細菌 (145)　1-5 魚類の細菌 (146)
　　　1-6 微生物による食品の変質 (146)　1-7 ヒトに危害を与える水生微生物 (146)
　　　1-8 食中毒 (146)　1-9 細菌性食中毒 (147)　1-10 ウイルス性食中毒 (150)
　§ 2. アレルギー …………………………………………………………………………… 151
　　　2-1 魚貝類アレルギーの発生状況と表示制度 (151)
　　　2-2 アレルギー発症の仕組み (153)　2-3 魚貝類アレルゲンの本体 (154)
　　　2-4 魚貝類アレルゲンの検出法 (156)　2-5 魚貝類アレルギーの予防法および治療法 (156)
　§ 3. 重金属，内分泌攪乱物質 …………………………………………………………… 157
　　　3-1 水銀 (157)　3-2 ヒ素 (158)　3-3 ダイオキシン類 (159)
　　　3-4 トリブチルスズ (160)
　§ 4. 魚貝類の毒 …………………………………………………………………………… 161
　　　4-1 魚類の毒 (161)　4-2 貝類の毒 (165)
　§ 5. 水産食品の安全・安心確保 ………………………………………………………… 170
　　　5-1 食品表示 (170)　5-2 原料種判別 (171)　5-3 原産地判別 (172)
　§ 6. 遺伝子組換え ………………………………………………………………………… 173

    6-1　基礎生物学的研究（173）　6-2　観賞魚（174）　6-3　養殖魚の改変（174）

    6-4　DNAワクチン（175）　6-5　おわりに（176）

第10章　水産物製造流通の衛生管理 ……………………………（吉水　守・加藤　登）…… 178
  §1. 製造工程の衛生管理 …………………………………………………………………………… 178
    1-1　HACCP衛生管理方式（178）　1-2　HACCPの原則および手順（179）
    1-3　水産食品に対する危害（181）　1-4　水産物への導入例（182）
    1-5　5S活動の推奨（184）　1-6　安全トレーサビリティー食品の管理方法（184）
  §2. 漁獲流通 ………………………………………………………………………………………… 185
    2-1　消費者の食品衛生に対する意識（185）
    2-2　漁獲から消費者までの水産物の流れ（185）
    2-3　水産物の品質管理の必要性（186）　2-4　漁港における品質管理，衛生管理（187）
    2-5　加工場および輸送，流通における品質管理，衛生管理（189）
    2-6　非加熱食品の水産物の品質管理，衛生管理（189）

解　説 ……………………………………………………………………………………………………… 191

第1章　序　論

　四方を海で囲まれているわが国では従来から水産物を多く消費してきた．近年，食生活の洋風化に伴って畜肉や乳製品の消費が高くなってきたが，未だ動物性タンパク質の約半分は水産物から供給されている．近代，わが国においては漁業の発達に伴い，世界の海で漁獲を行い，その漁獲物などを輸出することが盛んであった．しかしながら，最近では排他的経済水域（200海里漁業専管水域）の設定もあって国外の漁場を対象にした遠洋漁業が衰退して，わが国は一転，水産物の輸入国になった．一方，世界を見渡すと，先進国では健康のため，新興国では生活レベルの向上に伴う好みの食品の確保のため，発展途上国では動物性タンパク質の確保のため，魚貝類への期待が高まっている．それぞれ，水産物のもつ機能性，食味の豊かさ，安価で良質なタンパク質源としての価値が認められていることが理由である．世界の人口がまだまだ増え続けることから，水産物の食品特性を把握することは大切である．この章では，わが国における魚食の歴史とともに，本書で取り扱う水産物の原料特性，食品特性を概説する．なお，§2．以降は第2章以下に詳細が述べられているので参照して頂きたい．

§1．魚食の歴史と動向

　アメリカ人のモースが，明治時代の初期に東京の大森で縄文時代の後期から末期（約3000年前）にかけてのわれわれの祖先が生活した痕跡の貝塚を発見した．ここには貝殻のほか，土器，石器，骨角器，獣骨，人骨なども発掘されたが，縄文人が海産物を中心に食料の確保をした1つの証拠としてあまりにも有名である．その後の各地における貝塚の発掘によって，貝類だけでなく，多くの魚種が食べられていたことが明らかになった．

　弥生時代になり水田農業が確立し，主食と副食に分かれた．この時代では海産魚よりも川魚のアユやサケが好んで食べられたようであったが，魚貝類は主食にはなりえなかった．その後，漁業はますます盛んになったことは万葉集の歌からもうかがうことができる．当時から貝を生で食べていたことや，生の魚肉を塩と飯の間に入れて発酵させた「なれずし」，魚を塩漬けして干した塩干品を製造していたことが知られている．また，海産物を朝廷に貢進する慣行があり，干し魚，干しあわびなど，保存性を高めた海産魚が祭祀用に使用されている．

　6世紀初めに日本に入ってきた仏教により，獣肉や魚肉に対して忌避が生じた．魚食は盛んであったが，獣肉は明治時代に至るまで避けられた．室町時代から江戸時代は日本の漁業が盛んになった時期で，日本人の魚食の形が完成されたといってよい．江戸時代になって発酵食品「なれずし」から酢を使ったすしになり，その他の調理品ではてんぷら，ウナギ蒲焼き，加工品ではか

つお節，佃煮も出現した．イワシ，ニシンは食料としてより，綿花の肥料や灯油として使用された．刺身食は江戸末期までみられない．上流階級は生食を好まず，庶民が特定の魚種を生食したが，マグロのトロは口にしなかったようである．

明治時代以降，北洋漁場での漁業が盛んになり，サケ，マス，カニが漁獲直後に船上で缶詰に製造され，外貨を稼ぐ貴重な輸出商品となった．一般庶民にとっては魚貝類はご馳走であり，大衆の日常のタンパク質源は大豆製品であった．

第二次世界大戦直後は配給の冷凍魚が主体で品質は極めて低かった．その後，1970年代後半から80年代における日本経済の好況と国際的地位の向上，いわゆる高度経済成長により，生活が豊かになり，魚貝類の消費は飛躍的に増加した．身の回りに食品があふれるようになった飽食の時代には，世界のあらゆる食品が輸入されるようになり，魚貝類も例外ではなかった．おいしいと感じる好みの食品だけを食べる一方，日常，仕事や育児，介護で多忙な人々は簡単な料理に傾倒し，家庭で手間のかかる魚貝類が敬遠され，魚離れの原因の1つとなった．

1977年における排他的経済水域体制への移行により，外国200海里内漁場，さらには公海の相当部分における漁場喪失によって遠洋漁業が縮小するとともに，沿岸環境の破壊による影響もあってわが国の漁業が衰退した．養殖魚に注目が集まっているが，天然魚との格差が指摘されている．

水産物を多く消費するアイスランドやわが国では長寿が多く，水産物が畜産物に比べて健康に良いことが世界中で注目されている（図1-1）．さらに，牛海綿状脳症（bovine spongiform encephalopathy, BSE）問題，鳥インフルエンザウイルス問題などの影響もあり，先進国では肉食から魚食への転換が起こっている．また，先述のように，経済発展をつづけている新興国でも，魚の消費量が著しい伸びをみせている．今後世界の経済の発展でさらに水産物の消費が拡大すると予測されている．一方，わが国では1990年代に一転して長期不況が続くと，高級魚の購買力は低下し，国際市場においても競争的に買い付けるだけの購買力を日本が喪失した事態が生じた．その結果，水産物の国際市場で，日本の「買い負け」すなわち水産物に高値がついて，日本の業者が購入できない現象が起きている．一方，世界的に魚の消費が伸びていることとは裏腹に，日

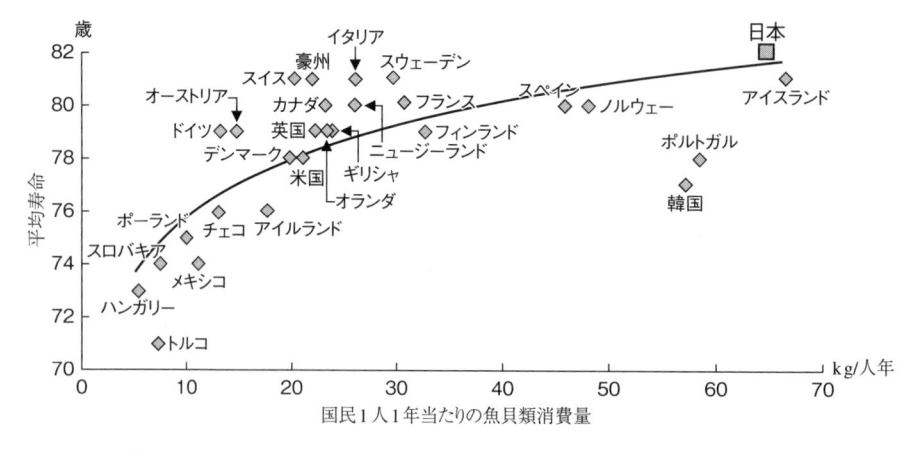

図1-1 世界における魚貝類消費量と平均寿命との関係（水産白書 平成20年版を改変）

本では魚離れが進み，魚の消費量が減少してきている．青少年期の魚離れはとくに著しい．高齢者は魚をよく食べているが，年をとれば，現在の若年層も魚食に移行するという予測は当たらない．人も他の生物も子供のころの食習慣が年齢を重ねても継続する．わが国の魚食文化は大きな曲がり角にきており，水産食品のもつ優位性を科学的に示して啓蒙することがますます重要になってきている．

§2. 魚貝類筋肉の特徴と鮮度保持の重要性

　水産物はわが国では重要な動物性タンパク質源であるが，その大部分は筋肉に由来する．魚類の骨格筋を哺乳類のものと比較すると，異なる点がいくつかある．まず，哺乳類の骨格筋では，速筋および遅筋といわれているものでも速筋線維および遅筋線維がモザイク模様に混在している．一方，魚類では普通筋には速筋線維のみが，血合筋には遅筋線維のみが分布し，両筋線維の分布が明白に分かれる（図1-2）．次に，哺乳類では新生児以降，専ら筋細胞の容積の増大によって筋肉は成長するが（hypertrophyと呼ぶ），魚類では孵化後でも筋線維数が増大し（hyperplasiaと呼ぶ），hypertrophyとともに筋肉の発達に寄与する．また，魚類の筋肉の成長は大型魚においては終生持続する．さらに，魚類の骨格筋では哺乳類のそれとは異なり，体節的構造が終生保存されている点も特徴的である．魚類の可食部のほとんどを占める筋肉の性状を知ることは，食品化学的にも大切である．

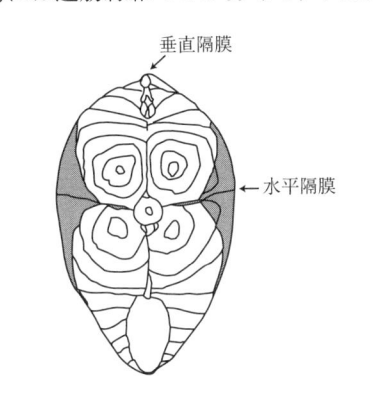

図1-2　魚類の普通筋と血合筋の分布
マサバの横断面．灰色の部分は血合筋，白色の部分は普通筋，普通筋には筋隔膜が同心円状に分布．（渡部，1992）

　筋肉タンパク質（muscle protein）は，中性塩に対する溶解性から，水溶性，塩溶性，不溶性の3つのタンパク質画分に分けることができる．水溶性タンパク質は筋形質タンパク質（sarcoplasmic protein）とも呼ばれ，代謝エネルギーの源である核酸の一種アデノシン5'-三リン酸（adenosine 5'-triphosphate, ATP）の産生に関与する酵素タンパク質を多く含む．塩溶性タンパク質は，筋収縮に関与する筋原線維系のタンパク質（myofibrillar protein）を含む．不溶性タンパク質は，筋線維鞘（sarcolemma），筋隔膜（myotome membrane），腱（tendon）などの結合組織由来のもので，筋基質タンパク質（stroma protein）と呼ばれる．筋基質タンパク質はほとんどがコラーゲンで占められているが，この量が生食するときの魚貝肉の歯ごたえ（テクスチャー，texture）に比例する．魚類普通筋の全タンパク質中，筋形質，筋原線維の両タンパク質はそれぞれ，20～50%および50～70%を占める．筋基質タンパク質量は，魚類では＜10%と低いがサメ・エイ類には多い．

　筋原線維の細いフィラメント（thin filament）の主成分であるアクチン（actin）と，太いフィラメント（thick filament）のほとんどを占めるミオシン（myosin）は，低イオン強度の生理的

条件下で強い相互作用を示し，ミオシンがマグネシウムイオン（Mg^{2+}）存在下，ATPの末端（γ位）リン酸基を分解し，ATP 1モル当たり7.3 kcalの自由エネルギーを生ずる．このときに得られる化学的エネルギーが，細いフィラメントが太いフィラメント間へ滑り込む物理的エネルギーに変換され，筋収縮が起こる．筋原線維中のアクチン活性化ミオシンMg^{2+}-ATPase活性は，筋小胞体から筋細胞内の放出される微量のカルシウムイオン（$>10^{-6}M$）で賦活され，筋収縮が引き起こされる．一方，カルシウムイオン非存在下ではミオシンMg^{2+}-ATPase活性は抑制され，カルシウムイオン感受性を示す．この筋収縮のカルシウムイオンによる制御に重要な役割を果たすタンパク質がトロポニン（troponin）である．

この収縮機構は魚貝類の死後硬直の進行，解凍硬直など，魚貝類の初期の死後変化に大きな影響を及ぼし，死後の筋肉中のATPの存在割合が魚貝類の高鮮度保持に深く関係する．筋肉中のATPは，死直後はある程度の期間中，一定に保たれるが，これには他の高エネルギーリン酸化合物クレアチンリン酸（creatine phosphate）が関与する．安静状態で即殺した魚体の筋肉でも，ATPは徐々にアデノシン5'-二リン酸（adenosine diphosphate, ADP）へと分解されるが，ADPはクレアチンリン酸から高エネルギーリン酸を受け取り，ATPに再生される．しかしながら，死後には代謝エネルギーの補給が停止するため，クレアチン（creatine）はクレアチンリン酸に再生されず，クレアチンリン酸がATPと等モル近くに減少するとATPも減少し始める．このとき，死後硬直が始まり，同時に解糖の最終産物である乳酸の蓄積量も増大し始める（図1-3）．ATPから生じたADPはその後，アデノシン5'-一リン酸（adenosine 5'-monophosphate, AMP），イノシン5'-一リン酸（inosine 5'-monophosphate, IMP），イノシン（inosine, HxR），ヒポキサンチン（hypoxanthine, Hx）へと分解されるが，IMPからHxRへの反応が他の反応に比べて遅いため，IMPの蓄積割合が魚貝類のよい鮮度指標となる．

魚貝類は哺乳類など陸上の恒温動物とは異なり変温動物で，哺乳類の体温35℃前後に比べて水界は一般に低い温度にあることから，魚貝類に含まれているタンパク質は低温でも酵素活性な

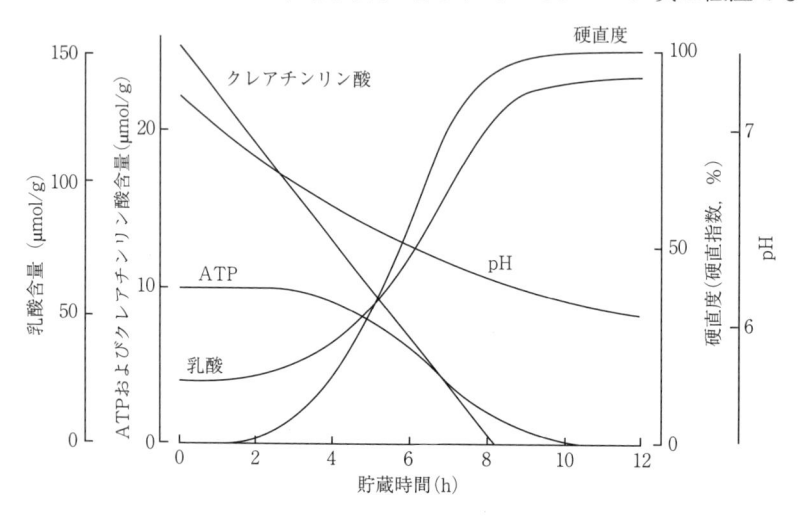

図1-3 安静時のマイワシを即殺して氷蔵したときの生化学的変化.
　　　生化学的分析は普通筋を対象とした．(Watabe ら, 1991)

どの機能を発揮するために構造が柔軟にできている．そのため，魚貝類を死後，哺乳類の場合と同じ温度で貯蔵すると，魚貝類に含まれるタンパク質の方が圧倒的に不安定である．また，脂質の酸化など，種々の化学反応も魚貝類では速やかに生ずる．これが魚貝類の貯蔵および流通を困難にしているとともに，低温保持が畜肉や家禽肉に比べて重要な理由である．わが国の水産物加工品の中で最も多く生産されている水産練り製品は，筋肉の主要タンパク質であるミオシンの加熱ゲル化を利用したものである．魚肉貯蔵中のミオシンの変性防止は，魚肉の加熱ゲル形成能を保持するために重要である．

§3. 魚貝類のエネルギー代謝と水産食品の豊かさ

生化学において生体内の物質代謝は基本である．グルコース（glucose）やグリコーゲン（glycogen），脂肪酸（fatty acid）を出発物質とするエネルギー生産反応経路ではピルビン酸（pyruvate）およびアセチル化された補酵素A（coenzyme A, CoA）（アセチルCoA）が鍵物質となっている（図1-4）．生体内に酸素が十分にあるときは，ピルビン酸はミトコンドリア（mitochondria）に存在するクエン酸（citric acid）回路で酸化還元反応を受け，次いで酸化的リン酸化により酸素を必要としない解糖に比べて数十倍も多くの高エネルギーリン酸化合物ATPを生ずる．これが種々の生体内反応に利用される．一方，食物由来のタンパク質や生体内で役割を終えたタンパク質はリソソーム（lysosome）で分解されて遊離アミノ酸（free amino acid）となり，さらにケト酸誘導体となってクエン酸回路に取り込まれる．魚類では哺乳類と同様な上述したエネルギー産生機構をもつが，水生無脊椎動物ではクエン酸回路が十分に働かないなどの特殊な代謝がみられる．その多くは機能未知の反応経路であるが，生物の進化の立場からみると興味深い．

筋運動はグルコースやグリコーゲンを出発物質として代謝されて得られるATPを利用する．

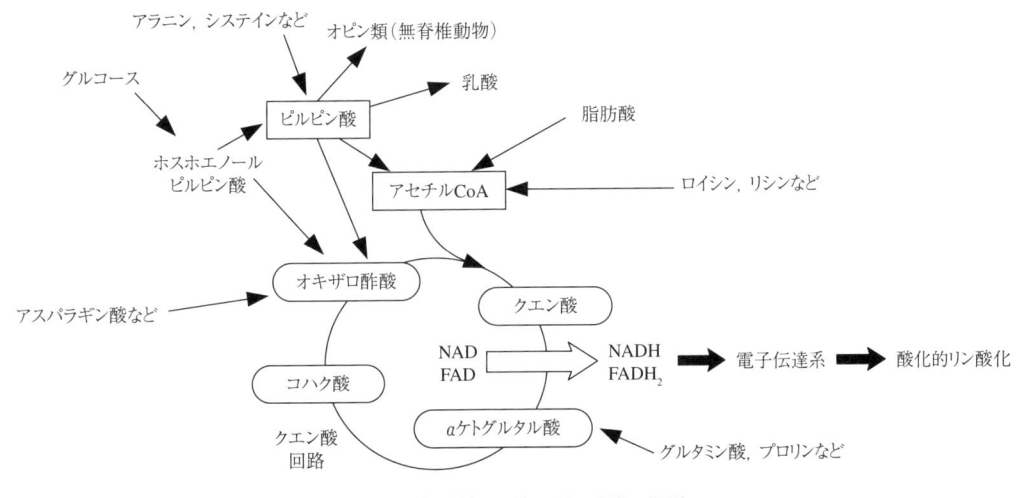

図1-4 魚貝類のエネルギー代謝の概要

それでは ATP をどのようにして魚貝類は得ているのであろうか？　先に述べたグルコースやグリコーゲンは，植物が光合成で生産した糖が出発物質である．また，脂肪酸の分解，β酸化（β oxidation）や，魚貝類に豊富に含まれる先述の遊離アミノ酸も ATP を合成するエネルギー産生物質といえる．一方，魚貝類の死後，分解により窒素化合物が放出され，植物の栄養源として使われる．また魚貝類の生存中に放出される二酸化炭素は植物の光合成に使われる．このように，水界の中でも大きな物質循環が行われている．

　以上述べた代謝産物は水産食品の味わいに深く関係する．遊離アミノ酸のグルタミン酸（glutamic acid）はそのナトリウム塩がうま味を発現する代表的な物質で，コンブから初めて同定された．その後，種々のアミノ酸や核酸塩基が水産物の味に寄与していることが明らかにされた．先述のように魚貝類の死後に蓄積される核酸の一種 IMP も，魚貝類を特徴づける代表的なうま味成分で，わが国でかつお節から同定された．また，アミノ酸や核酸以外にも，ベタイン類（betaine），有機酸（organic acid），カリウムなどのミネラル（mineral）などが味の形成に寄与する．魚貝類は食用に供されるものだけをあげても種類が豊富でそれぞれ独特の生態系を有するために代謝産物は種によって大きく異なる．とくに無脊椎動物では開放血管系で浸透圧の調節のために，遊離アミノ酸を大量に蓄積するほか，種々の低分子有機化合物を含む．これらも味に大きな影響を与えることが知られている．また，筋肉以外にも内臓や軟骨などが食され，食品の形態も様々である．これらの要因が水産食品の豊かさを可能にしている．

§4. 水産食品の栄養と機能特性

　魚貝類の主要成分は水を除くとタンパク質，脂質，糖質，核酸などで，その中でもタンパク質が20％程度と最も多い．次いで脂質の順となるが，糖質，その他の成分も含めて栄養に関係する成分が多く含まれている．

　動物は自分で合成できないアミノ酸を食品中のタンパク質や遊離アミノ酸から摂取しなければならない．このようなアミノ酸を必須アミノ酸（essential amino acid）と呼び，ヒトの必須アミノ酸必要量パターンが提案された．このパターンに基づいて算定された化学価はタンパク価（protein score）と呼ばれた．同様に1973年に国際連合食糧農業機関（FAO）/世界保健機構（WHO）によって提案された化学価はアミノ酸スコア（amino acid score）と呼ばれた．アミノ酸スコアによる化学的評価法では，ヒトの必須アミノ酸必要量を基に定めた理想的な必須アミノ酸組成をもつタンパク質を想定し，食品のアミノ酸組成と比較する．比較して最も劣るアミノ酸の百分率（％）をアミノ酸スコアとし，当該アミノ酸を第1制限アミノ酸と呼ぶ．基準値より低い値の必須アミノ酸が複数存在するときには，低い方から順に第1制限アミノ酸，第2制限アミノ酸など

エイコサペンタエン酸

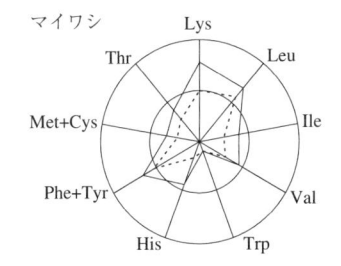

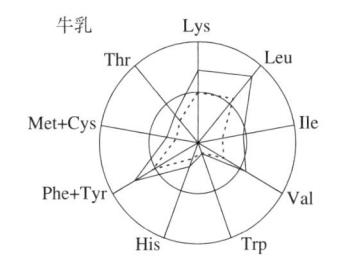

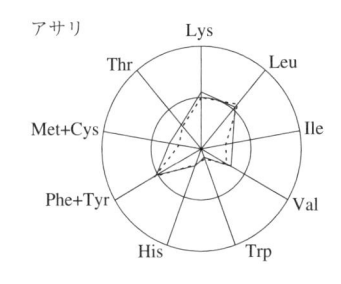

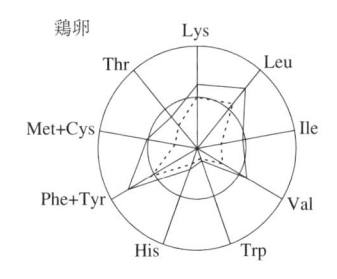

図1-5 アミノ酸組成のスターダイアグラム
破線が基準値，実線が測定値．

という．基準値を下回るアミノ酸がない場合，アミノ酸スコアは100となる．その後，1985年にFAO/WHO/国連大学（UNU）は新たな化学価をアミノ酸スコアとして提案した．

図1-5に，魚貝肉の必須アミノ酸組成を示したが，魚肉のアミノ酸スコアはほとんどが100と極めて栄養価が高い．貝類はアミノ酸スコアがやや低い傾向にある．

タンパク質の場合と同様に，脂質にもその構成成分である脂肪酸にヒトの栄養に必要な必須脂肪酸と呼ばれるものがある．n-6系列のアラキドン酸（arachidonic acid）およびビスホモ-γ-リノレン酸（bishome-γ-linoleic acid），n-3系列のエイコサペンタエン酸（eicosapentaenoic acid）の3つの脂肪酸のみが，生体調節作用に重要な役割を果たすプロスタグランジン類（prostaglandor），ロイコトリエン類（leukotriene）の前駆体となり得る（n-6，n-3系列は第4章§2．参照）．炭素数が20の各脂肪酸，さらにこれらの誘導体は総称してエイコサノイドと呼ばれる．各種のプロスタグランジン類はそれぞれ特有の生理作用を示し，生体内では相互の微妙なバランスによって血小板の凝集，動脈壁の弛緩や収縮，血液の粘度の調節などが行われている．魚貝類ではとくにエイコサペンタエン酸が豊富に含まれており，健康に優れていることが知られている．海藻のアルギン酸（alginic acid）およびその他粘質多糖，魚肉や海藻由来のペプチド，甲殻類に多く含まれる多糖のキトサン（chitosan），そのほかタウリン（taurine），アスタキサンチン（astaxanthine），ジペプチドのカルノシン（carnosine），高エネルギーリン酸化合物となるクレアチン（creatine）も健康に良いとされている．

世界中で水産食品が健康に良いと認識されてきているが，その大きな理由は機能性に優れていることによる．上述したように栄養特性においても水産食品は鶏卵や牛乳に比べて遜色ないことが明らかにされているが，特定の物質に至っては特定保健用食品の有効成分としても認められて

いる.

§5. 水産食品の安心・安全

　水産食品には多くの利点がある反面，安全性の面では上述したように死後変化が早く進行することが原因で腐敗しやすいなど，水産物特有の問題もある．腐敗すると種々の病原微生物が繁殖して食中毒を引き起こす．水産物は，流通経路が複雑なため食中毒が発生した場合，原因の特定が困難なことが多く，消費者の不安や不信から，漁業生産者から小売業者まで関連業界に大きな影響を及ぼす．したがって，水産食品の安全性の確保のために，漁獲から消費に至るまでの食品衛生に対する理解と衛生管理の徹底が必要である．食品加工分野では，安全性を損ねる危害要因を分析し，危害を及ぼす可能性のある重要な管理点で安全性を確認するシステム（hazard analysis and critical control point, HACCP）が導入されている．水産物の安全性に対する危害分析を行ってみると，生物による危害，とくに微生物による危害が大きい．化学的危害としてはダイオキシン類（dioxins）など環境ホルモンのような化学物質，生物濃縮される重金属，フグ毒や貝毒などの自然毒，さらに物理的危害として食品の製造過程で混入してくる金属片，ガラス片，木片などが一般的である．

　陸上の種々の物質はそのまま，あるいは変化して河川や雨水を通して最終的には湖沼や海に流れ込む．人間活動によって生じた環境汚染物質，例えば重金属であるが，河川に流された水銀が河川で有機水銀に変化して魚貝類に取り込まれ，最終的にヒトの口に入って障害を引き起こし大きな問題となった．水産生物に蓄積する重金属にはこのほか，カドミウム，銅，亜鉛なども問題とされている．また，ヒ素，有機スズの影響も懸念されている．一方，有機塩素化合物であるダイオキシン類は，十分な除去設備をもたないゴミ焼却所，工場の排気ガス施設などで発生し，河川などを経由して長い年月の間に湖沼や海といった環境中に蓄積され，食物連鎖を通して魚貝類に取り込まれるが，有機スズとともに人間の内分泌を攪乱する化学物質である．水銀，ダイオキシン類とも人間が1日に摂取しても健康に危害を加えない量が明らかにされていることから，摂取量をきちんと守り，水産生物のもつ健康機能性や豊かな食生活への貢献のバランスを考えることが肝要である．最近，魚貝類に多く含まれるセレニウムと結合した低分子化合物が，水銀の解毒に有効であることが明らかにされた．

　近年，水産物の摂取によるアレルギー中毒も増えている．対策は原因となる魚貝類の摂取を控えることしかなく，水産加工食品で原因魚貝類の表示が義務づけられている．アレルギー様食中毒としてヒスタミンによる危害が多く報告されている．遊泳力の強い回遊魚は筋肉内にヒスチジンを遊離アミノ酸として多く蓄積しているが，これが死後，微生物の作用で脱炭酸化するとヒスタミン（histamine）となる．ヒスタミンが $100\ mg/100\ g$ に達すると食中毒を引き起こすとされており，欧米でも流通する水産物にはヒスタミン含量の規制がされている．

　一方，魚貝類には種々の自然毒が存在する．フグ毒テトロドトキシン（tetrodotoxin, TTX）は食経験から魚種別の可食部が法律上で定められているが，間違って食したときは致死性が高い．

二枚貝などに蓄積する麻痺性貝毒（paralytic shellfish poisoning, PSP）も近年，諸外国で報告されており，わが国でもホタテガイ，カキなどの養殖で問題となっているが，モニタリングで毒化時には出荷停止の措置がとられており，市販の二枚貝による事故は起きていない．

　前述のように，水産食品は食生活を豊にしているとともに，栄養機能性成分に富む．また，水産生物は多岐にわたり近縁種も多い．しかしながら，全てのものが必ずしも同じ市場価値で流通していない．例えばフグ類を例にとると，トラフグが最も高級で，その中でも天然物がさらに高値で取引されている．また，部位，成長段階，生産地，季節などによって品質が大きく異なる．一方，外部形態による識別が困難な魚種が多く，皮膚や脊椎骨を除去したフィレーの状態では外観のみからでは魚種判別ができない．また，加熱などした加工品についても同様に魚種の判別ができない．このような状況から水産食品の流通販売において原材料に用いた魚種や産地の表示が義務づけられているが，必ずしも適切に行われていない場合がある．このような原材料魚種を判別するときにDNAを利用する方法が近年さかんに行われている．生鮮試料，凍結処理やエタノール処理した試料のほかに，乾燥，塩蔵，加熱，缶詰など種々の加工食品を試料にできるので，従来のタンパク質やアイソザイムの電気泳動分析法に代わって種判別の常法となりつつある．

　遺伝子組換え生物は穀類で既に実用化されているが，魚類については2015年にアメリカ合衆国において世界で初めて組換えサケが食用として認可された．その安全性については種々の議論が交わされている．

〔渡部終五〕

引用文献

Watabe S., kamal M. and Hashimoto K.（1991）：Postmortem changes in ATP, cretine phosphate and lactate in sardine muscle *J.Food Sci.*, 56, 151-153.

渡部終五（1992）：タンパク質，水産利用化学，恒星社厚生閣，p45.

参考図書

日本農学会編（2009）：日本農学80年史，養賢堂．
樋口清之（1976）：食べる日本史，柴田書店．
東京大学食の安全研究センター編（2010）：食の安全科学の展開，シーエムシー出版．
竹内俊郎ら編（2010）：改訂水産海洋ハンドブック，生物研究社．
渡部終五編（2008）：水圏生化学の基礎，恒星社厚生閣．
鴻巣章二・橋本周久編（1992）：水産利用化学，恒星社厚生閣．
山中英明編（1991）：魚類の死後硬直，恒星社厚生閣．

第2章　魚貝類筋肉の死後変化

　魚貝類の筋肉は可食部のほとんどを占めていることから，その性質を理解することは食品学的に重要である．筋肉は高度に組織化された器官で，硬さ，歯ごたえ，テクスチャーと表現される食感に大きな影響を及ぼす．一方，筋肉は魚貝類の貯蔵特性や加工適性にも大きな影響を及ぼす．本章ではまず，筋肉の構造と主要構成タンパク質の性状を網羅的に解説する．次いで，その内容を基礎に，死後硬直の現象，筋肉のエネルギー代謝と生化学的死後変化，テクスチャーや筋組織の貯蔵中の変化を分子レベルから詳述して，魚貝類の貯蔵特性を解説する．

〈渡部終五〉

§1. 筋肉の構造と主要構成タンパク質

1-1　筋組織

　脊椎動物の筋肉（muscle）は組織学的に横紋筋（striated muscle）と平滑筋（smooth muscle）に分かれる．横紋筋には骨格筋（skeletal muscle）と心筋（cardiac muscle）があり，魚類の骨格筋はさらに普通筋（ordinary muscle）と血合筋（dark muscle）に分けられる．普通筋および血合筋は，生理学的にはそれぞれ高等脊椎動物の哺乳類，鳥類の速筋（fast muscle）および遅筋（slow muscle）に該当する．骨格筋は後述する筋線維（muscle fiber）から構成されているが，筋線維には速筋型と遅筋型がある．その名称は筋線維の収縮速度に由来する．骨格筋は発生学的にみると，少数の特別な例外を除いて中胚葉性の筋節（myotome）に由来し，基本的に体節的構造をもつ（図2-1）．

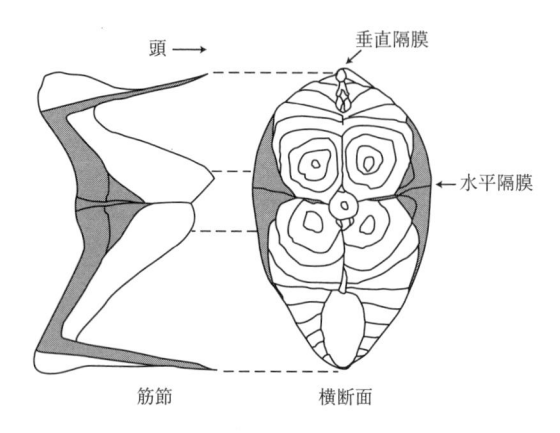

図2-1　マサバ筋肉の構造
灰色の部分は血合筋，白色の部分は普通筋．（渡部，1992）

骨格筋を魚類と哺乳類で比較すると，いくつかの異なる点がある．まず，哺乳類の骨格筋では，速筋および遅筋のいずれにも速筋線維および遅筋線維がモザイク様に混在している．一方，魚類では普通筋には速筋線維のみが，血合筋には遅筋線維のみがほぼ占めており，両筋線維は組織的にも分布が明白に分かれる（図2-1）．次に，哺乳類では新生児以降，筋肉の成長は専ら筋細胞の容積の増大による（hypertrophyと呼ぶ）が，魚類では孵化後でも筋線維数の増大（hyperplasiaと呼ぶ）が維持され，hypertrophyとともに筋肉の成長に関与する（解説参照）．大型魚においては筋成長が終生持続する．また，魚類の骨格筋では体節的構造が終生保存されていることも哺乳類とは異なる点である．このような魚類筋肉の特徴は，食品化学的にも重要である．

血合筋は上述したように魚類特有の筋肉組織であるが，名前は血液のような赤黒い色調に由来する．血液では血色素タンパク質のヘモグロビン（hemoglobin）がその色調の発現には関わっているが，血合筋ではヘモグロビン量は少なく，ほとんどは筋肉色素タンパク質のミオグロビン（myoglobin）である（第4章§4-2参照）．ヘモグロビンおよびミオグロビンは，いずれもポルフィリンと呼ばれる化合物に鉄イオンが結合したヘムと，グロビンと呼ばれるタンパク質部分から構成されている．ヘモグロビンは血液中で酸素を運搬，ミオグロビンは筋肉で酸素を貯蔵する．筋肉にはこのほか，類似のヘムタンパク質としてミトコンドリアに局在するシトクロム（cytochrome）類も含まれている．

血合筋は2種類存在する．側線下に存在する表層血合筋（superficial dark muscle）は，イワシ，サバなどの沿岸性の回遊魚で発達している（図2-2）．マグロ，カツオなどの外洋性回遊魚には表層血合筋のほか，真正（または深部）血合筋（true dark muscle）もよく発達している．遅筋線維は収縮速度は小さいものの長時間の運動に適しているため，血合筋の恒常的な遊泳運動に用いられ，他方，速筋線維は収縮速度が大きく，瞬間的な運動を行う普通筋に分布している．魚類ではとくに血合筋が特徴的であるが，これは魚類が水中で常に遊泳し，体の平衡を維持するために必要な，恒常的な運動に適した器官であるためと考えられる．とくに外洋性回遊魚では2種類の血合筋があることからも，魚類特有の遊泳運動が血合筋の形成に密接に関連していることがわかる．

無脊椎動物にも横紋筋や平滑筋があるが，このほか線形，環形，軟体動物などには斜紋筋

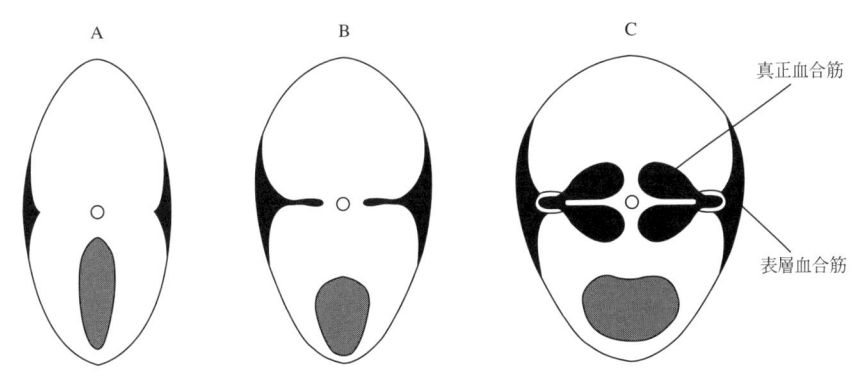

図2-2 魚類血合筋の分布
A：イサキ，B：マサバ，C：マルソーダ．黒部分は血合筋，灰色は内臓部を表す．（落合，1976）

(obliquely striated muscle）と呼ばれる筋肉組織がみられる．斜紋筋はZ板（後述）が未発達な横紋筋の一形態と捉えることができる．

1-2 筋肉の微細構造

骨格筋は直径 10〜100 μm の筋線維（または筋細胞，muscle cell）が多数集合したもので，筋線維は筋線維鞘（sarcolemma）と呼ばれる袋状の筋形質膜に包まれている．筋線維は筋線維鞘に接して多くの核を保有する多核細胞である（図2-3）．普通筋筋線維の直径は血合筋のそれに比べて一般に大きいが，筋成長に関与する直径の小さい筋線維もみられる（解説参照）．

筋線維の内部では図 2-4 のように，直径約 1 μm の筋原線維（myofibril）が筋線維の長軸方向に走っている．

筋形質膜を取り除いた筋線維（筋細胞）では，光学顕微鏡下で横紋構造が容易に観察される．このときみられる明帯，暗帯にはそれぞれ複屈折性があり，とくに暗帯で著しい．したがって明帯を isotropic band（I帯），暗帯を anisotropic band（A帯）という．明暗両帯の中央には密度の高い部分が存在し，それぞれZ板（Z disk），M線（M line）

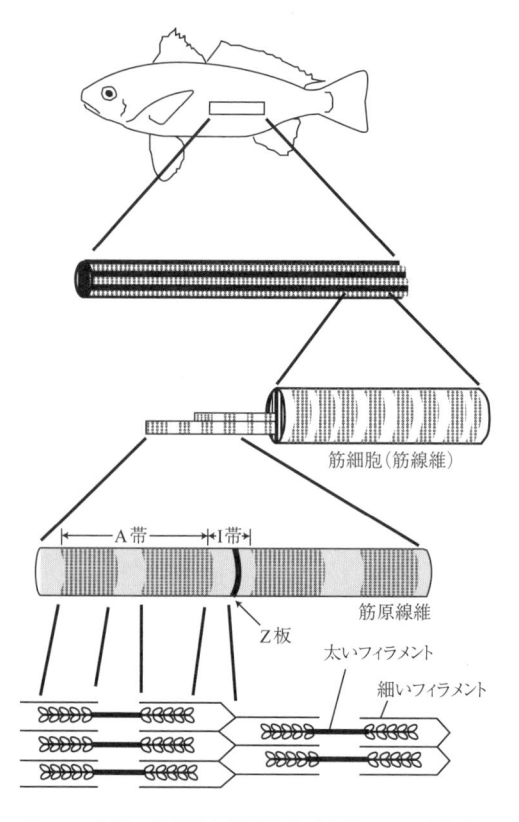

図 2-3 魚類の筋組織と微細構造（渡部，2010 を改変）

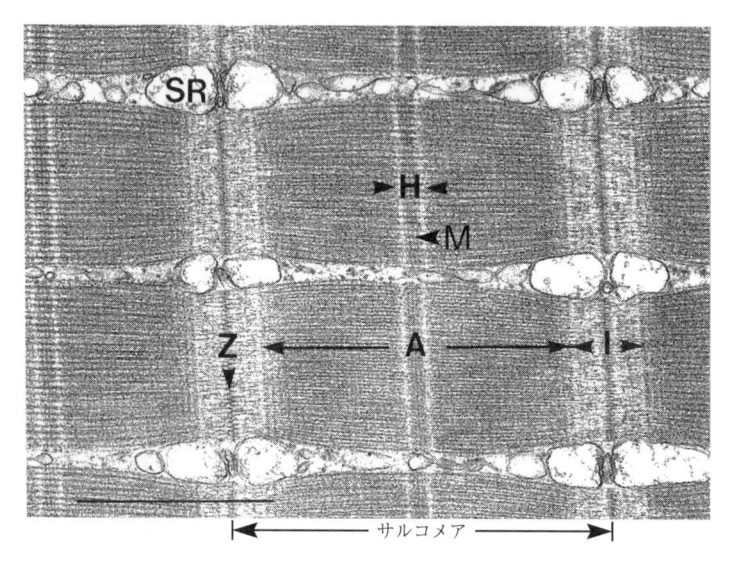

図 2-4 コイ普通筋筋細胞の電子顕微鏡像
A：A帯，I：I帯，H：H帯，M：M線，Z：Z板，SR：筋小胞体．バーの長さ，1 μm．

と呼ばれる（図2-3）．イカ外套膜筋などにみられる斜紋筋では，Z板の発達が不十分である．隣接するZ板の間をサルコメア（sarcomere）と呼び，静止状態の筋線維では，その長さが約2.5 μmである．

A帯およびI帯にはタンパク質の線維，それぞれ直径約15 nmの太いフィラメント（thick filament）と直径5〜7 nmの細いフィラメント（thin filament）が存在する（図2-3）．細いフィラメントはZ板から伸びてI帯全体にわたり，太いフィラメントの間に入り込む．筋肉の収縮は，細いフィラメントが太いフィラメント間に滑り込むことにより生ずる．M線は太いフィラメントの立体的配置を保持する構造である．

筋原線維の周りには網状の構造体，筋小胞体（sarcoplasmic reticulum, SR）が存在する．筋小胞体は縦細管（longitudinal tubule）および終末槽（terminal cisterna）から構成される（図2-5）．終末槽に隣接して神経系からの興奮刺激を伝える横細管（transverse tubule, T管）が存在する．T管は両側に筋小胞体の終末槽が配置し，この構造を三つ組（triad）と呼ぶ．T管にはカルシウムチャネルが存在し，その一部を構成しているジヒドロピリジン受容体（dihydropyridine receptor, DHPR）は，終末槽のリアノジン受容体（ryanodine receptor, RyR）と接している．神経系からの興奮刺激はT管に達し，T管のカルシウムチャネルから放出されるカルシウムイオンがDHPRとRyRの相互作用を可能にし，筋小胞体内に蓄積しているカルシウムイオンが終末槽から筋細胞内に流入する．筋細胞内のカルシウムイオンの濃度上昇が筋収縮を起こさせる（図2-6）．一連の反応を興奮収縮連関［excitation-contraction (EC) coupling］と呼ぶ．筋細胞内に流入したカルシウムイオンは，神経刺激が止まると筋小胞体の膜中に存在する筋小胞体カルシウムATPase（SERCA）によってATP依存的に能動輸送され，筋肉は弛緩する．筋小胞体中にはカルシウム結合タンパク質が存在して，回収されたカルシウムイオンと結合してカルシウムイオンを高濃度に保持する．

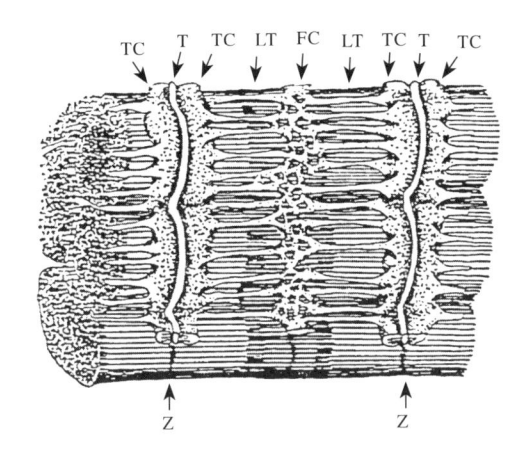

図2-5　魚類筋小胞体の構造模式図
　　　　TC：終末槽（terminal cisternae），T：横細管（T-管, transverse tubule），
　　　　LT：細管部（longitudinal tubule），FC：網状部（fenestrated cisternae），
　　　　Z：Z板（Z disk）．　　　　　　　　　　　　　　　　　　　　　（潮，1991）

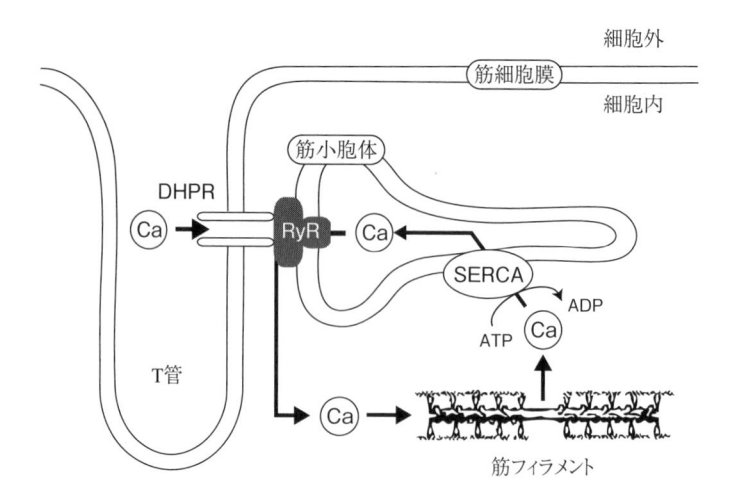

図2-6 興奮収縮連関におけるジヒドロピリジン受容体とリアノジン受容体の相互作用による筋細胞内へのカルシウムイオンの流入と筋小胞体カルシウムATPaseによるカルシウムイオンの回収. DHPR：ジヒドロピリジン受容体 dihydropyridine receptor, RyR：リアノジン受容体 ryanodine receptor, SERCA：sarco/endoplasmic reticulum Ca^{2+}-ATPase.

1-3 筋肉タンパク質

筋肉タンパク質（muscle protein）は，中性塩に対する溶解性に基づき，水溶性，塩溶性，不溶性のタンパク質画分に分画できる（図2-7）．水溶性タンパク質は筋形質タンパク質（sarcoplasmic protein）とも呼ばれ，イオン強度0.05以下の溶液で溶出する．塩溶性タンパク質は筋原線維を構成するタンパク質（myofibrillar protein）を含み，イオン強度0.5以上の中性塩溶液でほぼ完全に抽出される．不溶性タンパク質は，筋線維鞘（sarcolemma），筋隔膜（myotome membrane），腱（tendon）などの結合組織由来で塩溶液にも不溶なタンパク質で，筋基質タンパク質（stroma protein）と呼ばれる．

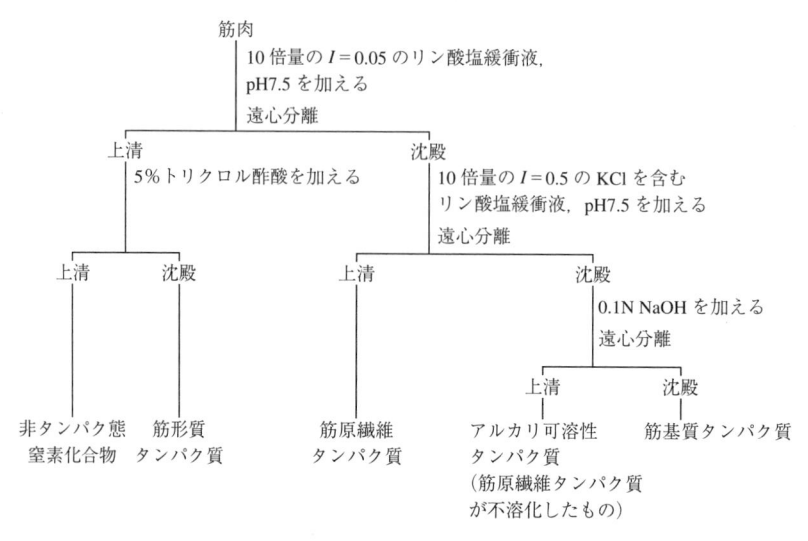

図2-7 筋肉タンパク質の溶解性に基づく分画方法（渡部，2010）

魚類普通筋の全タンパク質中，筋形質および筋原線維のタンパク質はそれぞれ，20〜50％および50〜70％を占める．筋基質タンパク質量は魚類では<10％と低いものの，サメ・エイ類には多く含まれている．

　1) 筋原線維タンパク質　筋原線維の細いフィラメントの主成分アクチン（actin）と，太いフィラメントのほとんどを占めるミオシン（myosin）は，生理的条件の低イオン強度下で強い相互作用を示す．中性塩溶液中でもその結合は強固で，アクトミオシン（actomyosin）と呼ばれる分子量90万以上の高分子複合体を形成する．ミオシン自体，10^{-3}M程度のカルシウムイオン濃度下で，アデノシン5'-三リン酸（ATP）の末端リン酸基を加水分解する反応を触媒するが（ATPase），生理的には低イオン強度下で，ミオシンがフィラメント状態にあるとき，マグネシウムイオンの存在下，アクチンによってATP分解が賦活される．ATP 1分子の分解で約7.3kcalのエネルギーが生ずる．その反応は大略，以下のように示される．

$$\text{ミオシン} + \text{ATP} \rightarrow \text{ミオシン}^* \cdot \text{ATP} \rightarrow \text{ミオシン}^{**} \cdot \text{ADP} \cdot \text{Pi} \xrightarrow{\text{アクチン}} \begin{array}{c} \text{アクチン・ミオシン} \\ (\text{アクトミオシン}) \\ \text{ADP} + \text{Pi} \end{array}$$

$$\xrightarrow{\text{ATP}} \text{ミオシン} + \text{ATP}$$
$$\text{アクチン}$$

＊および＊＊はミオシンの構造が変化していることを表す．

ここでADPはアデノシン5'-二リン酸，Piは無機リン酸（H_3PO_4）を表す．このエネルギーで細いフィラメントが太いフィラメント間へ滑り込み，筋収縮が起こる．

　①ミオシン　ミオシンは筋原線維タンパク質の40〜50％を占める．長さ150 nmにも及ぶ分子量約50万の巨大分子で，分子量約20万の重鎖（heavy chain）2本と分子量2万前後の軽鎖（light chain）4本のサブユニットから1分子がなる四次構造のタンパク質である（図2-8）．プロテアーゼ限定分解により，球状部分サブフラグメント-1（subfragment-1）と線維状の尾部ロッド（rod）を生成する．ロッドはプロテアーゼ分解の条件によってはさらに，サブフラグメント-2（subfragment-2）とL-メロミオシン（L-meromyosin）に分かれる．サブフラグメント-1とサブフラグメント-2領域は合わせてH-メロミオシン（H-meromyosin）と呼ばれる．

　骨格筋ミオシンでは軽鎖が重鎖の頭部に計4本存在し，その中の2本はアルカリ溶液で解離するためアルカリ軽鎖（分子量の大きい順にA1，A2），また他の2本は同等のサブユニットで，5,5'-ジチオビス（2-ニトロ安息香酸）（5,5'-dithiobis 2-nitrobenzoic acid, DTNB）で解離するためDTNB軽鎖と呼ばれる．軽鎖はいずれもサブフラグメント-1中，C末端側のサブ

☞　四次構造

三次構造を形成したポリペプチド鎖が非共有結合（疎水的相互作用，イオン結合，水素結合）により複数会合して，特有の空間配置をとったもので，タンパク質の高次構造の1つである．四次構造をとることが機能上，必須であるタンパク質は少なくない．それぞれのポリペプチド鎖をサブユニットという．サブユニットの数（n）に基づいてn量体のように表す．例としては，六量体のミオシンのほか，四量体のヘモグロビンや乳酸デヒドロゲナーゼ，三量体のコラーゲン，二量体のトロポミオシンやクレアチンキナーゼ，などがある．

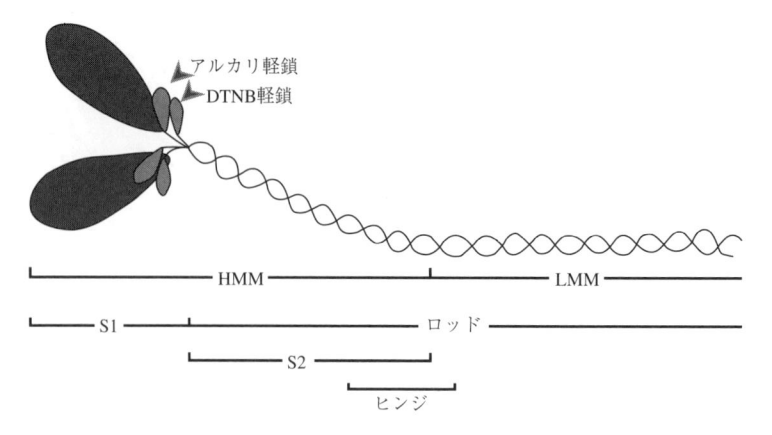

図2-8　ミオシン構造の模式図
DTNB：5,5'ジチオビス（2-ニトロ安息香酸），HMM：H-メロミオシン，
LMM：L-メロミオシン，S1：サブフラグメント-1，S2：サブフラグメント-2．

フラグメント-2近傍のヘリックス部分に結合する．A1とA2はミオシンのATPase作用に必須とされていることから必須軽鎖（essential light chain）とも呼ばれる．DTNB軽鎖はカルシウムイオンと結合し，構成アミノ酸のセリンがリン酸化される．平滑筋ミオシンの同類の軽鎖にならい調節軽鎖（regulatory light chain）とも呼ぶ．

　ミオシンの重要な性質として，(1) ATPase作用，(2) アクチンとの結合，(3) 生理的条件下におけるフィラメントの形成，の3つがあげられる．(1) および (2) はサブフラグメント-1の重鎖がもつ機能である．魚類では速筋線維で発現する重鎖に限っても多くの種類が存在し，いずれも異なる遺伝子にコードされている．成魚の速筋中では異なる重鎖を発現する速筋線維がモザイク状に分布しており，その一部は筋成長に深く関係している．また，発生段階や生息温度に依存して異なる重鎖が発現し，筋形成や温度適応に関わっている（解説参照）．(3) は以下に述べるロッドの機能である．

　ロッドが形成するフィラメントは双極性で，筋原線維で観察される太いフィラメントの長さに一致する（図2-9）．また，先述のA帯にみられるM線は双極性をもつこのフィラメントの中央部（ベアーゾーン）に位置する．ロッドは2本の α ヘリックス（α-helix）がコイル状に絡み合った立体構造をもつ（図2-10）．一次構造中では正および負の電荷をもつアミノ酸や疎水性アミノ酸が7残基の周期中に規則正しく分布し，この7残基の周期性に基づく28アミノ酸を一組とする繰り返し配列がみられる．疎水性アミノ酸は二重コイルの内側に配置し，その疎水的相互作用（疎水結合）により二重コイル構造が安定となる．また，荷電アミノ酸は二重コイルの表面上，各 α ヘリックスが接する位置にあり，その静電的相互作用が二重コイルの安定化に寄与する．親水性アミノ酸は二重コイル構造の外側に位置する．

　ミオシンATPaseはmMオーダーのカルシウムイオンの存在下でも活性を示すが（Ca^{2+}-ATPase），低イオン強度下，ミオシンがフィラメントを形成する状態，アクチン共存下でマグネシウムイオン（Mg^{2+}）によって賦活される活性が生理的に重要である．このアクチン活性化ミオシンMg^{2+}-ATPase活性については既に述べた．哺乳類や鳥類の平滑筋ミオシンでは調節軽

鎖がリン酸化されることによってロッドのフィラメント形成能が高まり，アクチンが結合してミオシン Mg^{2+}-ATPase 活性が賦活される．

魚類を含めた脊椎動物では，後述する細いフィラメント中に存在するトロポニン（troponin）が筋小胞体から放出されたカルシウムイオンと結合してアクチンとミオシンの相互作用を可能にし，ミオシン Mg^{2+}-ATPase が活性化する．アクチン活性化ミオシン Mg^{2+}-ATPase 活性のカルシウムイオンによる変化をカルシウム感受性と呼ぶ．一方，二枚貝閉殻筋やイカ類外套膜筋（斜紋筋）では，軽鎖にカルシウムイオンが結合してミオシン Mg^{2+}-ATPase 活性がアクチンによって賦活される．ミオシン側にカルシウムイオン制御系が存在する点で，高等脊椎動物の平滑筋ミオシンに類似する．

②**アクチン** アクチンは細いフィラメントを構成する主要タンパク質で（図2-11），筋原線維タンパク質のほぼ20％を占める．アクチンは球状分子［G（globular）-アクチン］で，分子量4.2万，単一のポリペプチド鎖からなる．1モル当り1モルのATPおよびカルシウムイオンと結合する．また，生理的塩濃度下で重合して，二重らせんの線維状［F（fibrillar）]-アクチンとなる．先述のように，F-アクチンはミオシンと結合してミオシン Mg^{2+}-ATPase を賦活する．

③**トロポミオシン** トロポミオシン（tropomyosin）は2本のサブユニットからなり，分子量約7万，ミオシンのロッドと同様にαヘリックスがほぼ100％，二重コイルの線維状タンパク質である．トロポミオシンはトロポニンとともにF-アクチンに結合して細いフィラメントを形成し（図2-11），アクチン活性化ミオシン Mg^{2+}-ATPase活性にカルシウムイオン感受性を与える．高等脊椎動物のトロポミオシンはα，βの2種類のサブユニットをもつが，魚類ではαα型で，

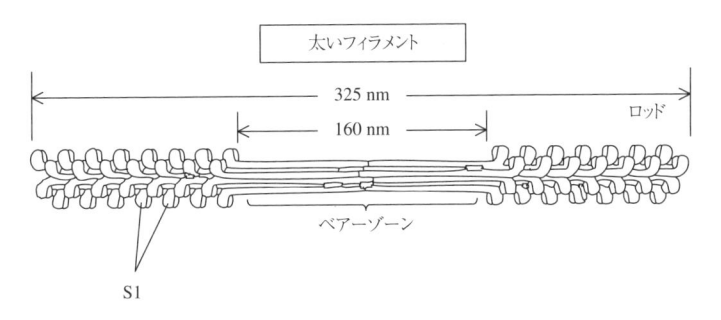

図2-9 太い（ミオシン）フィラメントの模式図

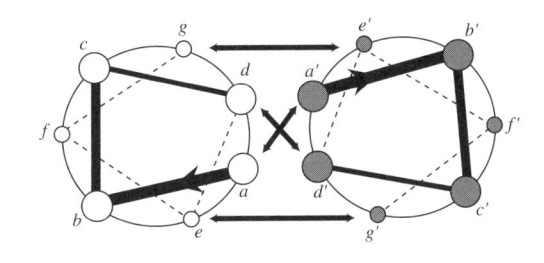

図2-10 ミオシン・ロッドのαヘリックス二重コイル構造の安定化機構
　　　a, b, c, d, e, f, g の7アミノ酸残基の繰り返し構造で a と a'，g と g' 間で疎水的相互作用，e と g'，g と e' で静電的結合，b, c, f には親水性アミノ酸残基が基本的に配置する．

マグロ類ではα型に2つのアイソフォームが存在する．

④**トロポニン**　筋原線維中のアクチン活性化ミオシン Mg^{2+}-ATPase 活性は先述のように筋小胞体から筋細胞内に放出される微量のカルシウムイオン（$>10^{-6}$M）で賦活され，筋収縮が引き起こされる．一方，カルシウムイオン非存在下ではミオシン Mg^{2+}-ATPase 活性は抑制され，カルシウムイオン感受性を示す．この筋収縮のカルシウムイオンによる制御に重要な役割を果たすタンパク質がトロポニンである．

トロポニンは分子量約7万の球状タンパク質で，トロポミオシンと強く結合して細いフィラメント上，40 nm ごとに局在する（図2-11）．アクチン，トロポミオシン，トロポニンの細いフィラメント上でのモル比は 7:1:1 である．

トロポニンは，3つのサブユニットが 1:1:1 のモル比で結合して1分子を形成する四次構造のタンパク質である．各サブユニットは，(1) ミオシンとアクチンの相互作用を阻害する（トロポニンI），(2) トロポミオシンと結合する（トロポニンT），(3) カルシウムイオンと結合する（トロポニンC）機能を分担している．その役割分担機能を図2-12に示す．神経刺激によって筋小

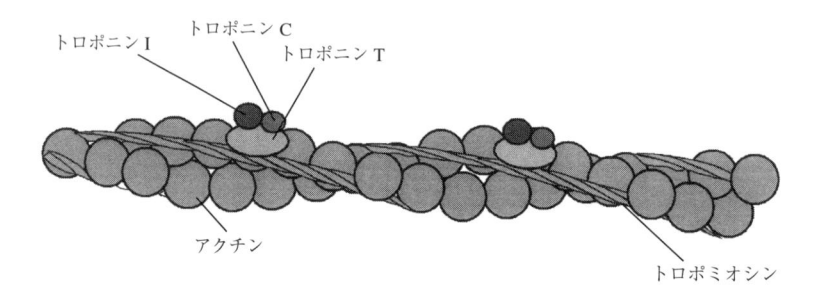

図 2-11　細いフィラメントの拡大模式図

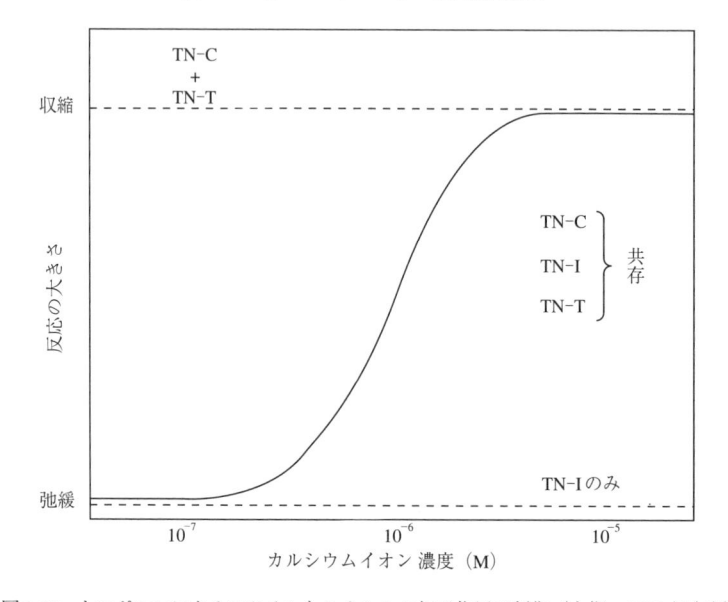

図 2-12　トロポニンによるアクチンとミオシンの相互作用の制御（大槻，1986 を改変）
　　　　TN：トロポニン

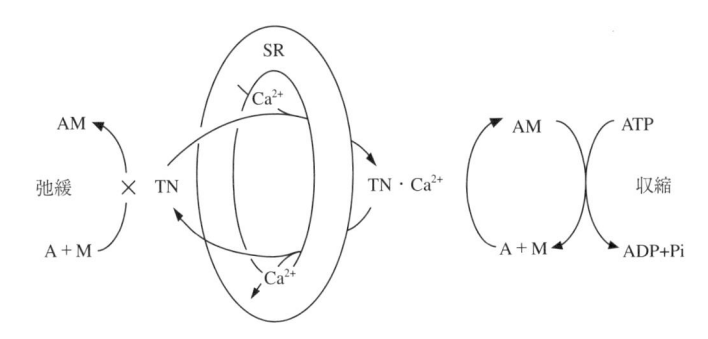

図2-13 アクチンとミオシンの相互作用とトロポニン・トロポミオシンによる制御
AM：アクトミオシン，A：アクチン，M：ミオシン，TN：トロポニン，SR：筋小胞体.（渡部，1992）

胞体からカルシウムイオンが放出されると，これがトロポニンCに結合してトロポニンIの構造変化をもたらす．その構造変化はトロポニンT，これを結合するトロポミオシンを介して細いフィラメントの全域に伝えられる．その結果，トロポニンIによるミオシンとアクチンの相互作用の抑制が解除されて筋肉は収縮する（図2-13）．ミオシンおよびアクチンがその機能から収縮タンパク質と呼ばれるのに対して，トロポニン，トロポミオシンは，調節タンパク質と呼ばれる．

イカや二枚貝など軟体動物の筋肉では，先述のようにミオシン自体がカルシウムと結合してカルシウム感受性を示すが（ミオシン側制御），トロポニン・トロポミオシン系も存在しており（アクチン側制御），カルシウムイオンによる筋収縮の制御は複雑である．

⑤パラミオシン　パラミオシン（paramyosin）は無脊椎動物特有の筋原線維タンパク質で，分子量は二枚貝のもので20〜22万，1分子は100%αヘリックスの同等のサブユニット2本からなり，二重コイルの分子構造をとる．二枚貝の閉殻筋でとくに多く，ホタテガイの平滑閉殻筋では筋原線維タンパク質の50%以上に達する．

⑥弾性タンパク質　コネクチン（connectin，またはタイチン titin）は筋原線維に存在する分子量約300万の細胞内弾性タンパク質で，魚類では筋原線維タンパク質の13%を占める．コネクチンは線維状で，骨格筋のZ板から太いフィラメントのM線にまで達し，筋肉の張力発生やその骨格への伝達に関与する．トイッチン（twitchin）はコネクチン・タイチンファミリーに属する無脊椎動物のタンパク質である．二枚貝のキャッチ筋（平滑閉殻筋）では低エネルギー消費で長時間収縮を維持するが，神経刺激によりサイクリックアデノシン 3',5'―リン酸（cyclic adenosine 3,5'-monophosphate, cAMP）が筋細胞内に放出されると，トイッチンがリン酸化されてキャッチ筋は弛緩する．

⑦その他のタンパク質　哺乳類の骨格筋には前述の筋原線維タンパク質のほか，太いフィラメントにCタンパク質，Z板にはα-アクチニン（actinin）やZタンパク質などが微量ながら存在する．さらに，細いフィラメントにはβ-およびγ-アクチニンが存在するが，魚類や無脊椎動物の筋肉におけるそれらの存否はα-アクチニンを除き，ほとんど不明のままである．

2）筋形質タンパク質　筋形質タンパク質は，筋肉内の高エネルギーリン酸化合物であるATPを産生するための解糖や，酸化還元反応に関与する水溶性タンパク質などで占められている．

表 2-1 魚類普通筋主要筋形質タンパク質の割合（中川, 1989を改変）

タンパク質	魚　種		
	マダイ	マサバ	コイ
エノラーゼ	12	13	9
クレアチンキナーゼ	13	14	20
アルドラーゼ	14	19	12
グリセルアルデヒド3-リン酸脱水素酵素	14	12	11

全筋形質タンパク質に占める割合（％）

これらは筋線維鞘と筋線維の間，あるいは筋線維間や筋原線維間に存在する．このほか，ミオグロビンや核（nucleus），ミトコンドリア（mitochondria），小胞体などの細胞小器官に存在するタンパク質も含まれる．

①解糖酵素　グリコーゲン（glycogen）やグルコース（glucose）を出発物質とする嫌気的代謝では，グリコーゲンはグリコーゲンホスホリラーゼ（glycogen phosphorylase）の作用によってグルコース 1-リン酸（glucose 1-phosphate）を生成し，この1モルから最終的に2モルのL-乳酸（L-lactate）と3モルのATPが生成する（本章§3. 参照）．一方，細胞が好気的条件下にあると，解糖によって生じたピルビン酸は細胞小器官ミトコンドリアのクエン酸回路［citric acid cycle, トリカルボン酸（tricarboxylic acid, TCA）回路］に入り，生じたNAD^+/NADH やFAD/$FADH_2$の酸化還元電位は，シトクロム類を含む電子伝達系を通じて1モルのグルコースからピルビン酸を介して40モル近くのATPを生成する．魚類普通筋は急激な運動に用いられるため，嫌気的代謝に必要な解糖酵素（glycolytic enzyme）に富む．この中でも 2-ホスホグリセリン酸（2-phosphoglycerate）→ホスホエノールピルビン酸（phosphoenolpyruvate）の反応を触媒するエノラーゼ（enolase），フルクトース 1,6-ビスリン酸（fructose 1,6-bisphosphate）→ ジヒドロキシアセトンリン酸（dihydroxyacetone phosphate）の反応を触媒するアルドラーゼ（aldolase），およびグリセルアルデヒド 3-リン酸（glyceraldehyde 3-phosphate）→ 1,3-ジホスホグリセリン酸（1,3 diphosphoglycerate）の反応を触媒するグリセルアルデヒド3-リン酸脱水素酵素（glyceraldehyde-3-phosphate dehydrogenase）が，後述のクレアチンキナーゼ（creatine kinase）とともに魚類普通筋筋形質タンパク質の過半を占める（表 2-1）．

②クレアチンキナーゼ　クレアチンキナーゼは魚類の筋肉中に多量に含まれる酵素である（表2-1）．ミトコンドリアで好気的に合成されたATPは，筋肉中で一時的にクレアチンリン酸（creatine phosphate）として蓄えられる．筋収縮によりATPがADPに分解すると，クレアチンリン酸のリン酸基はADPに転移してATPが再生する．この反応を触媒するのがクレアチンキナーゼである．

　　　　クレアチンリン酸 + ADP → クレアチン + ATP

クレアチンキナーゼは，ミトコンドリアのようにATPが十分に存在するところでは逆反応をも触媒する．このような高エネルギーリン酸の授受を行うクレアチン（creatine）の働きをシャトル機能と呼ぶ（本章§3-3参照）．

③パルブアルブミン　魚類の筋形質タンパク質にはパルブアルブミン（parvalbumin）が多く含まれており，コイでは筋肉湿重量の0.7%にも達する．コイでは4成分のパルブアルブミンが認められ，分子量はいずれも1.1～1.2万と小さい．パルブアルブミンは酸性タンパク質で，2原子のカルシウムと結合するものの，その生理作用は未だ明白でない．

④その他のタンパク質　血合筋にはミオグロビンが多量に存在し，ヘモグロビンやシトクロム類などその他のヘムタンパク質も含まれている．筋小胞体にはカルセクエストリン（calsequestrin）が多く含まれており，筋小胞体に回収されたカルシウムイオンと結合してカルシウムイオンの蓄積に機能している．また，アスパラギン酸ポリマーからなるタンパク質のアスポリン（aspolin）が魚類筋肉に特異的に多く含まれているが，このタンパク質も筋小胞体のカルシウムイオンの蓄積に関与する．プロテアーゼには分泌性のものが多いが，細胞小器官リソソーム（lysosome）中に存在してタンパク質の代謝に密接に関係している．

3）**筋基質タンパク質**　骨格筋は多数の筋線維から成り立っており，筋線維の周囲は筋線維鞘と呼ばれる結合組織で包まれている．また，魚類では中胚葉由来の筋節が終生保存されているため，筋隔膜が発達している．魚類の筋肉内にはこのほか，結合組織でできている毛細血管および神経管，また，尾部には多量の腱が含まれている．これら結合組織に含まれる筋基質タンパク質（細胞外マトリックスタンパク質）は一般に，中性塩やアルカリ溶液に不溶で，化学的に安定である．筋肉内ではコラーゲン（collagen）がほとんどを占める．

①コラーゲン　コラーゲンは生体中の重要な構造タンパク質の1つで，筋肉のみならず，真皮，骨，鱗，鰾などに多量に含まれ，全魚体タンパク質中の15～45%を占める．

　魚類筋肉では，コラーゲンが67 nmの周期をもつ線維を形成し，その線維には縞模様が観察される．コラーゲンの一次構造では，グリシンを含むトリプレット（triplet）Gly-X-Yが連続する．Xの位置にプロリン，Yの位置にヒドロキシプロリンが多く配置する．したがって，コラーゲンの全アミノ酸中，約1/3がグリシンで，イミノ酸であるプロリンとヒドロキシプロリンも多く含まれている．後述するように，コラーゲンのらせん構造の形成にはグリシンが重要な役割を果たす．

　コラーゲン1分子は，分子量10万のα鎖と呼ばれるポリペプチド鎖3本からなる右巻きの三重らせんの構造タンパク質である（図2-14）．主鎖の原子間には水素結合が形成されず，内部には大きな側鎖を入れるだけの空間がないので，グリシンがその位置を占める．1本のペプチド鎖は左巻きのらせん1回転で約3残基を必要とするので，一次構造では2つおきにグリシンが並ばなければならない．これが先述のトリプレットである．三重らせんのコラーゲン分子の長さは300 nmにも及ぶ（図2-14B）．

　コラーゲン分子には異なる遺伝子にコードされた20種類以上の分子種がある．I型コラーゲンは線維性のコラーゲンで，真皮，骨，鰾，筋肉などに広く分布し，全コラーゲンの80～90%を占める．魚類のI型コラーゲンは中性塩溶液や希酸に溶けやすいが，分子間架橋が少なさが原因とされている．硬骨魚のI型コラーゲンは一般に3本の異なるα鎖からなり，$\alpha1(I)$ $\alpha2(I)$ $\alpha3(I)$のように表される．魚類にはこのほか，軟骨や脊索にII型およびXI型，筋肉にV型コラーゲン

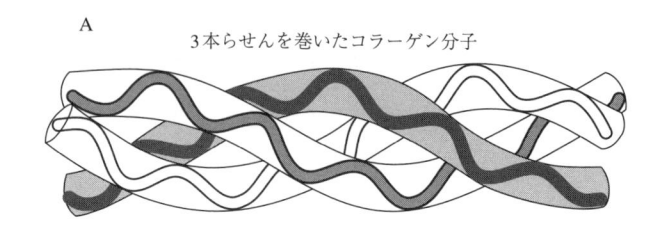

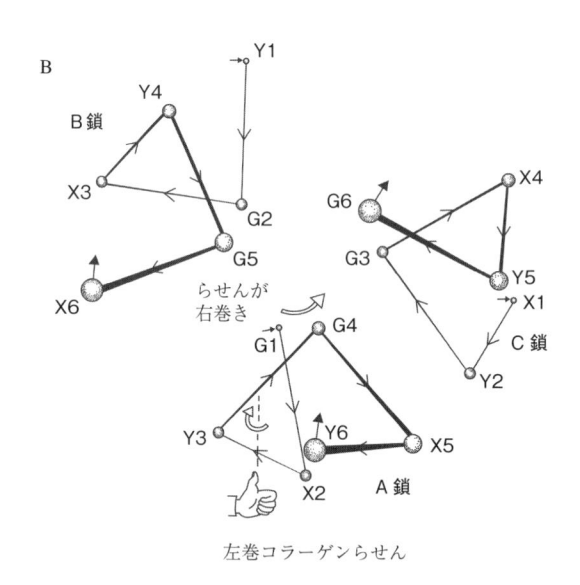

図2-14 コラーゲン分子のらせん構造（A）と横断面の構造（B）（A：関口，1998；B：Anthonyら，1984を改変）

が存在する（本章§5-3参照）．

②その他のタンパク質　エラスチン（elastin）は血管や真皮など各種結合組織中に存在し，弾性線維を構成する筋基質タンパク質の1つであるが，魚類筋肉では極めて少ない． (渡部終五)

§2. 死後硬直

2-1　死後硬直の開始

　死直後の筋肉組織は，神経による運動支配などからみて個体レベルではほぼ死に至っている．一方，細胞レベルではしばらくの間生命活動を維持しており，筋肉は柔軟性を保ってしなやかな物性を示す．これは，筋細胞内のカルシウムイオン濃度が低く，筋肉が弛緩状態にあるため，ミオシンとアクチン（本章§1-3参照）の結合が緩く，伸縮が自由なためである．この状態では，筋細胞内の高エネルギーリン酸化合物であるクレアチンリン酸が十分に存在し，筋細胞内のATPは一定レベルを保っているが，細胞の生命活動を維持する際に生体膜イオンポンプや筋原線維の

ATPaseがATPを分解して生じたADPをATPに再生するためのクレアチンリン酸が減少するとATPも減少する（第1章§2., 本章§3-3参照）．それに伴ってミオシンとアクチンの結合が強くなって伸縮性に制限が生じる（ミオシンとアクチンによる硬直複合体の形成；図2-15）．これが死後硬直（rigor mortis）である．家畜のウシでは死後24時間程度で硬直状態となり，この状態はその後10日程度持続する．魚類では魚種，即殺前の生理的条件，即殺条件，貯蔵条件などによって大きく異なるものの，死後数分から数十時間で硬直し，その持続時間は数時間から1日程度と，家畜とは大きく異なる．一般に，回遊魚の方が底生魚より，漁獲時に苦悶した個体の方が即殺したものより，速やかに死後硬直が進行する．

畜肉の場合，死後硬直によって筋肉が硬くなり，その後自己消化などによって軟化（解硬）する．上述したように魚類の死後硬直は開始時間および持続時間とも短いため，死後硬直すなわちミオシンとアクチンによる硬直複合体の形成とともに畜肉でいう軟化の進行が大きな遅れもなく起こる．軟化現象については，本章§4.で詳しく述べる．

死後硬直の進行は先述のように様々な要因によって影響される．死後何らかの原因で筋収縮が起こると筋原線維（アクトミオシン）Mg^{2+}-ATPaseによるATP分解が著しくなる．脊椎動物の骨格筋では，筋細胞内の小器官である筋小胞体からカルシウムイオンが放出され，これがトロポニンおよびトロポミオシンからなる調節系タンパク質を介してミオシンとアクチンの相互作用の抑制を解除し，ATPをエネルギー源として太いフィラメントと細いフィラメントが滑り込むことにより，筋収縮が起こる（本章§1.参照）．したがって，何らかのきっかけでカルシウムイオンが細胞外から流入した場合でも，同様な収縮現象が起こる．筋細胞内のカルシウムイオン貯蔵庫（カルシウムストア）である筋小胞体のカルシウムイオン取り込み能もATPをエネルギー源としているため，死後の筋細胞内ATP濃度の低下が結果的に筋細胞内のカルシウムイオン濃度上昇をまねき，筋原線維によるATP分解が加速される．

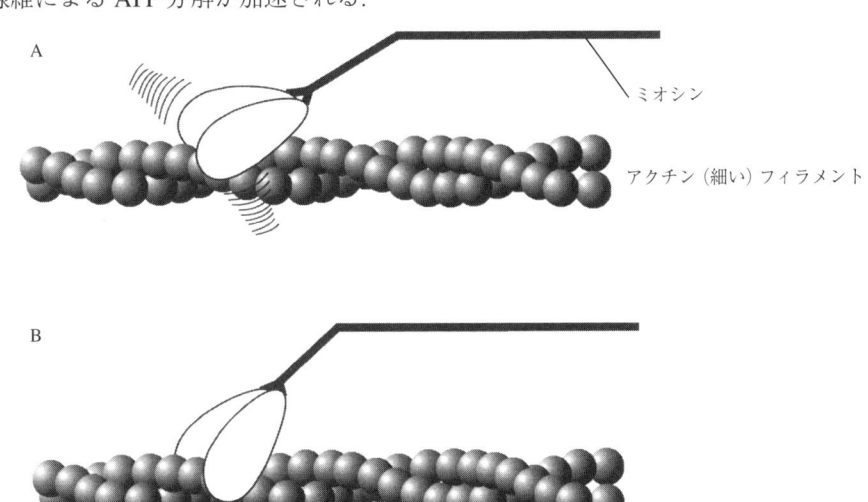

図2-15　硬直複合体の形成
　　　　ATP存在下ではミオシンはアクチンから解離できるが（A），
　　　　ATP非存在下ではミオシンがアクチンから解離できなくなる（B）．

2-2 氷冷（冷却）収縮

即殺直後の魚類筋肉を氷などで急冷すると，筋原線維によるATPの分解も酵素反応であるためにATPの分解が遅くなるが，それにも増して筋小胞体のカルシウムイオン取り込み能の低下によって筋原線維Mg^{2+}-ATPase活性が賦活され，結果としてATPの分解が促進される（図2-16；氷冷収縮）．図2-17にヒラメを0および10℃に貯蔵した際の死後硬直の進行速度と筋原

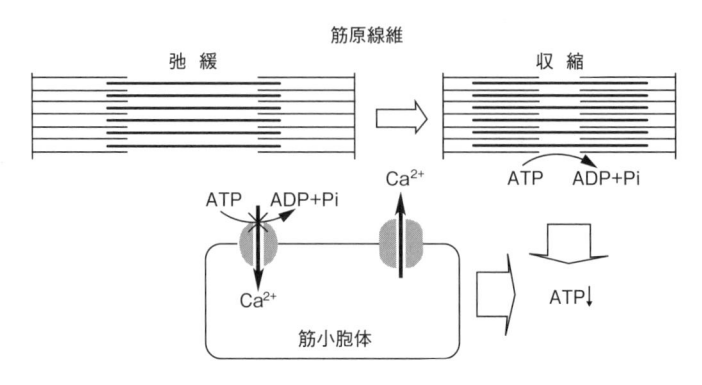

図2-16 氷冷収縮
　魚類筋肉を急冷すると筋小胞体のカルシウムポンプが働かなくなるとともに，カルシウムイオンの放出も起きる．その結果，筋原線維Mg^{2+}-ATPaseが賦活され，ATPが減少する．

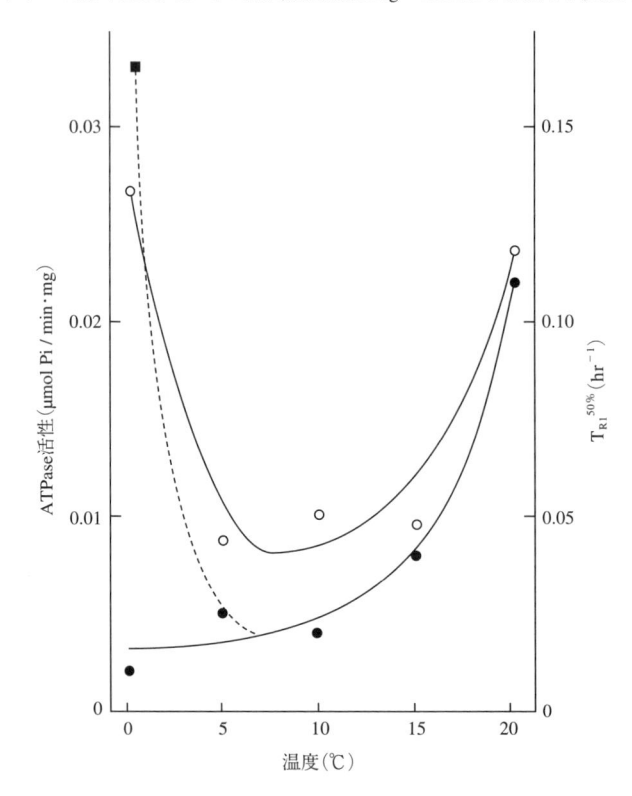

図2-17 種々の温度に貯蔵したときのヒラメの筋原線維ATPase活性（●）と50％硬直度に達する時間の逆数（$T_{RI}^{50\%}$）（○）との関係（Watabeら，1989）　RI：硬直指数（rigor index）　●：カルシウムイオン非存在下，■：カルシウムイオン存在下．

線維 Mg^{2+}-ATPase 活性との比較を示す(Watabe ら，1989)．0℃で貯蔵した場合は，10℃に貯蔵した場合より ATP が速やかに減少し，死後硬直も速やかに進行した．0℃に貯蔵することによって細胞内のカルシウムイオン濃度が速やかに上昇し，筋原線維 Mg^{2+}-ATPase 活性が賦活化されて ATP の減少が速やかになったと考えられる．以上のように，筋収縮や他の ATP 分解系によって ATP が消失すると死後硬直状態に移行して筋肉は柔軟性を失う．死後硬直を起こした魚体は曲がりにくいため，一見魚体は硬いという印象がある．詳しくは本章 §4. で述べるが，柔軟性を失った状態で力をかけると筋肉が容易に変形

> **硬直指数**
>
> 魚類の死後硬直の進行度を簡便に評価する方法として良く用いられる．水平台に魚体の頭部側半分を固定して尾部を垂らし，台上から尾部までの鉛直距離を計測する．死直後で硬直前の距離を L_0 とし，一定時間後の距離を L とした場合，硬直指数 RI（％）は $(L_0 - L)/L_0 \times 100$ で表される．体長，魚体の厚さなどによって数値が大きく異なるため，異なる魚種間では単純に比較できない．

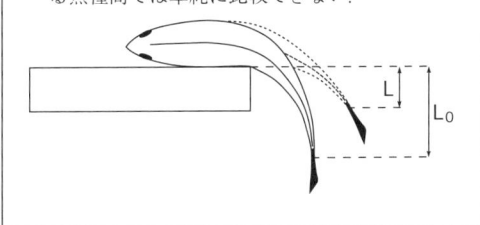

し，逆に柔らかく感じる．したがって，魚体に無理な力をかけると筋肉組織の弱い部分が破壊され，身割れなどの原因となる．同様な冷却収縮と死後硬直の進行についてはイカ類でも報告されている．また，脱殻したホタテガイ貝柱でも急速に氷冷すると，ATP の分解が促進されるとともに収縮が起こり，硬化現象が認められる．なお，死後硬直の進行に及ぼす飼育温度の影響については第 3 章 §2. で述べる．

2-3 解凍硬直

死直後の魚類筋肉を急速凍結すると細胞内の ATP が残存したまま細胞内に氷結晶が生じ，凍結傷害を受ける．これを解凍すると，細胞外および筋小胞体から多量のカルシウムイオンが細胞内に流入し，急激に筋収縮現象が起こる．同時に，ATP の消失も促進されるため，硬直状態への移行も速くなる．このような現象を解凍硬直といい，筋肉タンパク質の凍結変性に伴う保水力の低下とともに，急激な収縮のために細胞質が絞り出されて，多量のドリップを生成する．一部の魚種では，解凍硬直を防ぐために緩慢に凍結を行って ATP を漸減させる手法が採用されている．

2-4 あらい

冷水で死直後の魚類筋肉を洗うと筋肉が収縮する（あらい）．これは上述した冷却収縮が起こるためであると考えられるが，この収縮は一時的なものであり，時間の経過に伴って筋肉は弛緩する．一方，死直後の魚類筋肉を 40℃ 程度の比較的温度の高い温水にて数秒間洗うと急激に収縮する（高温あらい）．これを冷水でしめて食卓に供する．この収縮は持続的であり，時間経過や温度の上昇によっても弛緩が起こらない．これは，トロポミオシン・トロポニン調節タンパク質の不可逆的な部分変性で，調節タンパク質を介した筋原線維 Mg^{2+}-ATPase 活性の制御が一部解除されて筋収縮が進行して，ATP が急減することが一因であると考えられる（図 2-18）．また，

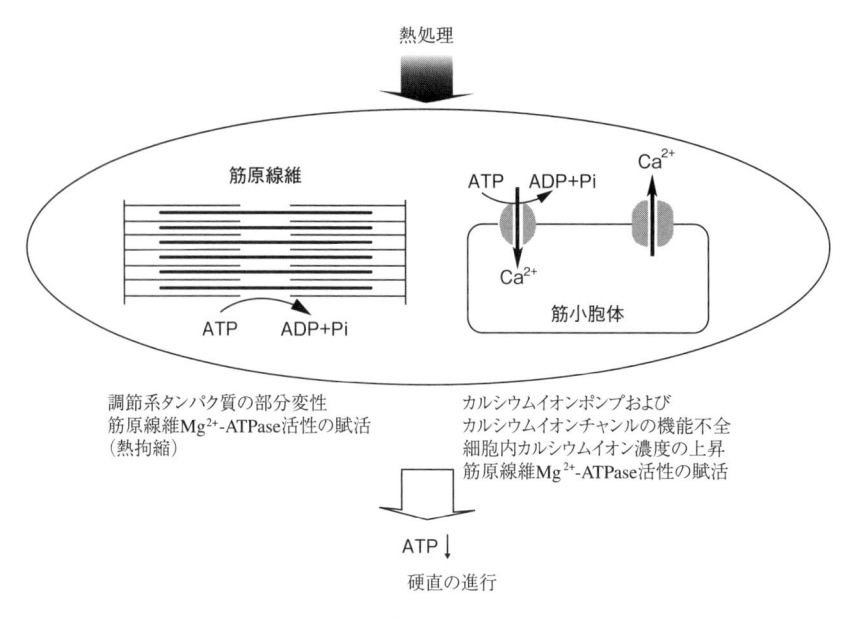

図2-18 高温あらいの機構

熱処理によって筋小胞体のカルシウムイオンポンプとカルシウムイオンチャンネルが機能不全に陥って細胞内カルシウムイオン濃度が上昇し，カルシウムイオン感受性が部分的に残存している筋原線維 Mg^{2+}-ATPase が活性化されることも一因であると考えられる．

§3. 生化学的変化

3-1 生息時の糖代謝

　魚類筋肉の貯蔵多糖は他の脊椎動物と同様にグリコーゲン（glycogen）であり，その異化経路もほぼ同様である．生時の筋肉では，グリコーゲンは無機リン酸を用いてグルコース1-リン酸に，次いでグルコース6-リン酸（glucose 6-phosphate）に変換される（図2-19）．この変換は，グルコースの細胞内濃度を低下させ，濃度勾配によるグルコース取り込み能の低下を防止する（修飾輸送）．フルクトース6-リン酸（fructose 6-phosphate）を経て1分子のATPを用い，フルクトース1,6-ビスリン酸（fructose 1,6-bisphosphate）となる．1分子のフルクトース1,6-ビスリン酸は2分子の炭素数3個のトリオースリン酸へと分解される．これらのトリオースリン酸がリン酸化されて生じたトリオース二リン酸からADPにリン酸が供給されてATPとなる．さらに，トリオース二リン酸から生じたホスホエノールピルビン酸がピルビン酸（pyruvate）となるときにATPが合成される．1分子のグルコースから生じるトリオースは2分子相当のため，結果的にグルコースからピルビン酸までの解糖において正味2分子のATPを生み出すことになる．

　解糖によって作られるピルビン酸はアセチルCoA☞を経てクエン酸回路（citric acid cycle）☞で酸化される（図2-20）．その過程で酸化型NAD（nicotinamide adenine dinucleotide）（NAD⁺）および酸化型フラビンアデニンジヌクレオチド（flavin adenine dinucleotide, FAD）が還元され，

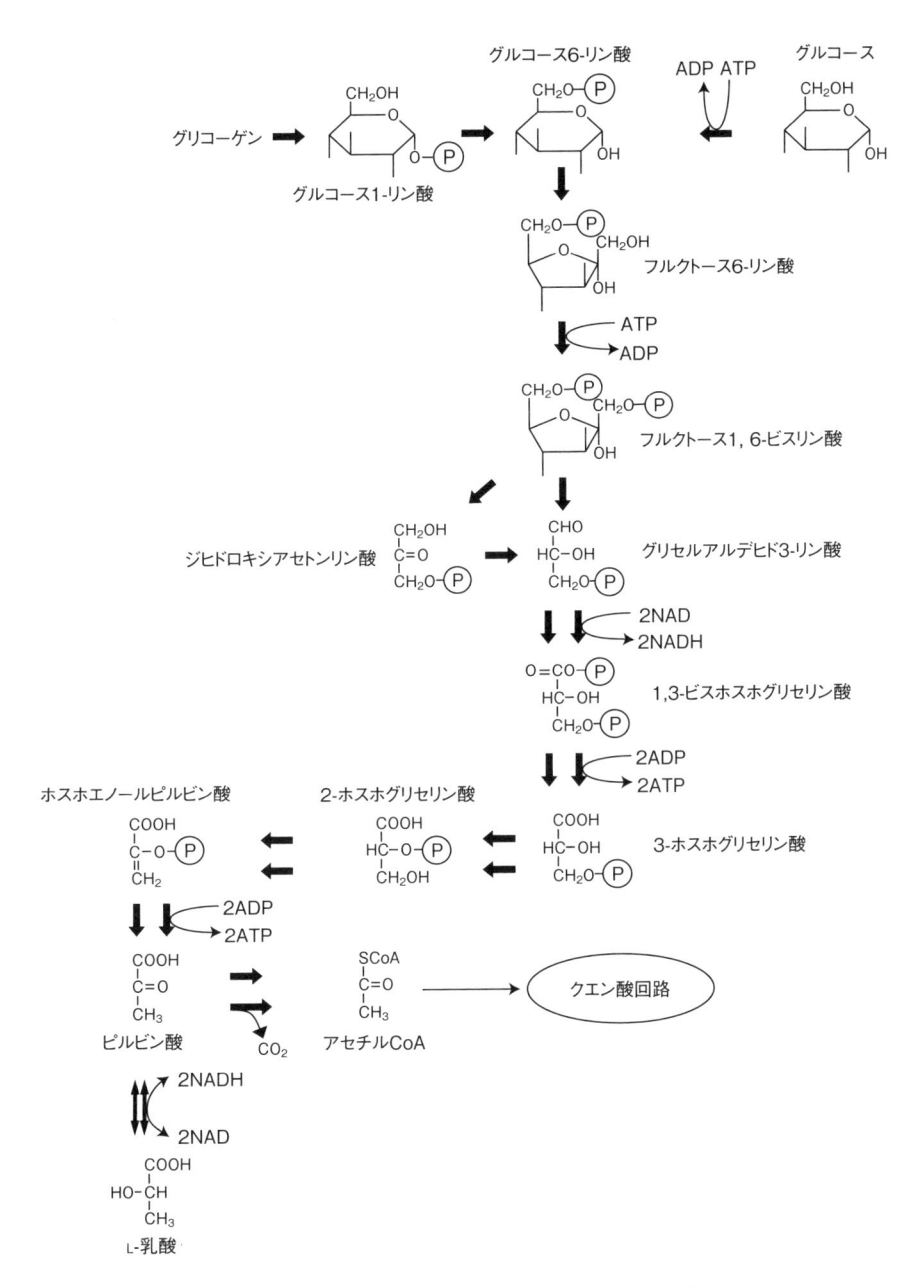

図 2-19 解糖によるグルコース代謝（潮, 2008 を改変）

還元型の NADH および FADH$_2$ となる．クエン酸回路で得られた NADH および FADH$_2$ は電子伝達系構成分子の還元を行うとともに，ミトコンドリア内腔から水素イオンをくみ出す．その結果生じたミトコンドリア内腔と内膜外側との水素イオン濃度および電気的勾配が駆動力となり，ATP 合成酵素（F$_0$, F$_1$-ATPase）によって ATP が生産される（酸化的リン酸化）．

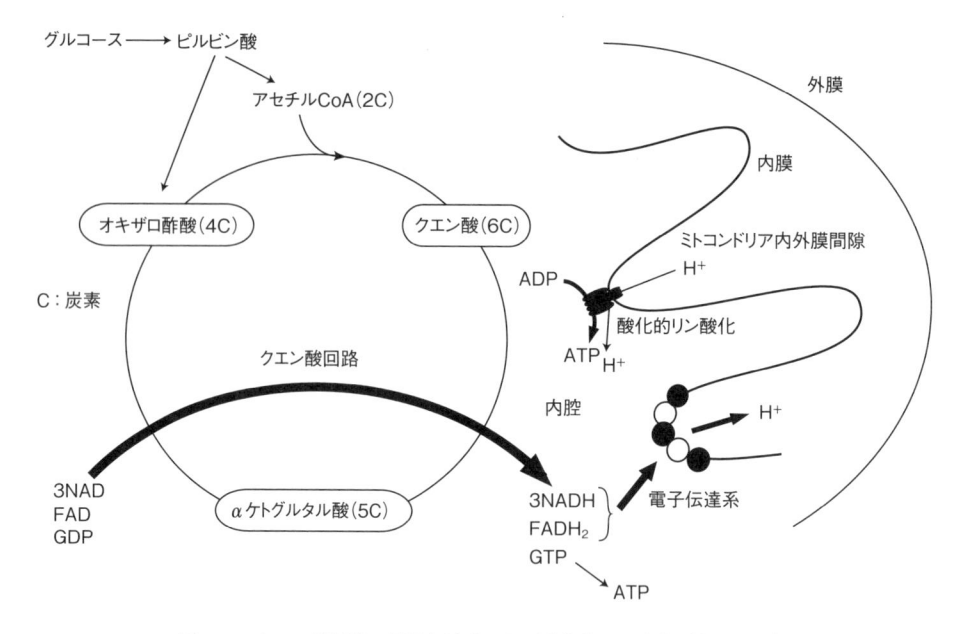

図 2-20 クエン酸回路，電子伝達系および酸化的リン酸化（潮，2008）

☞ アセチル CoA

補酵素 A のチオール基（-SH）が酢酸のカルボキシル基と脱水結合（チオエステル化）したもので，クエン酸回路に入力する．

☞ クエン酸回路とミトコンドリア

クエン酸回路は，トリカルボン酸回路，TCA回路，発見者の名からクレブス回路とも呼ばれる．クエン酸回路はミトコンドリアマトリックスでおこる．
ミトコンドリアは酸素呼吸による細胞内の主要なエネルギー生産の場である．外膜と内膜の二層の膜構造を有し，クエン酸回路，電子伝達系，酸化的リン酸化によってエネルギー物質である ATP を生産する．独自の環状 DNA をもち，自己複製する．

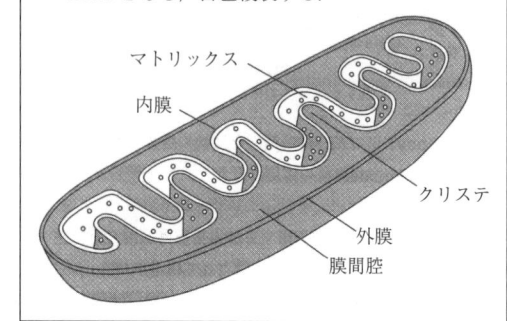

3-2 死後の糖代謝および代謝関連化合物

個体の死後，筋細胞は ATP を使用しながら生命活動を維持しようとするが，筋細胞内の酸素濃度の低下に伴って電子伝達系の反応および酸化的リン酸化が停止し，NAD^+ が生成されなくなる．解糖を行うためには NAD^+ が必要であり，これを補償するために NADH によってピルビン酸を

還元することでNAD$^+$を供給する．その結果L-乳酸が生じる（図2-21）．このような乳酸の生成（酸化還元バランスの破綻）やATPの加水分解などによって細胞内の水素イオン濃度が上昇し，死後時間が経過するに伴ってpHが低下する．また，安静時の魚貝類筋肉では数µmol/g筋肉以上のATPが存在するが，死後生体エネルギーを得るために速やかに分解され，ADP，AMP，IMP，イノシン，ヒポキサンチンへと分解される（図2-22）．魚類や甲殻類の筋肉ではAMPデアミナーゼの活性が高いため，AMPはIMPへと変換される．一方，5'-ヌクレオチダーゼ（5'-nucleotidase）活性は弱いためIMPが蓄積する（図2-22）．軟体類の筋肉では5'-ヌクレオチダーゼ（5'-nucleotidase）活性により，主にAMP，アデノシン（adenosine, AdR），イノシン，ヒポキサンチンの経路で分解が進行し，IMPがあまり生成されない．また，軟体類では5'-ヌクレオチダーゼの活性もそれほど高くなく，死後AMPが蓄積しやすい．

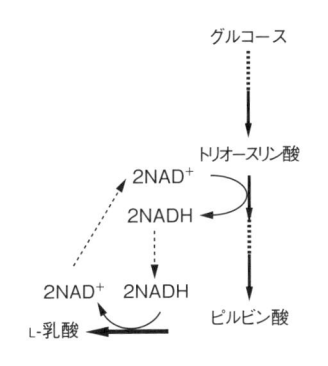

図2-21 グルコースからの乳酸の生成（潮, 2008）

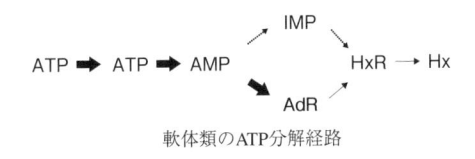

図2-22 ATP関連化合物および魚貝類のATP分解経路

3-3 ホスファゲンの作用

一方，グアニジノ化合物であるクレアチンやアルギニンはクレアチンキナーゼやアルギニンキナーゼの働きによってATPの高エネルギーリン酸結合を受け取り，前者はクレアチンリン酸と

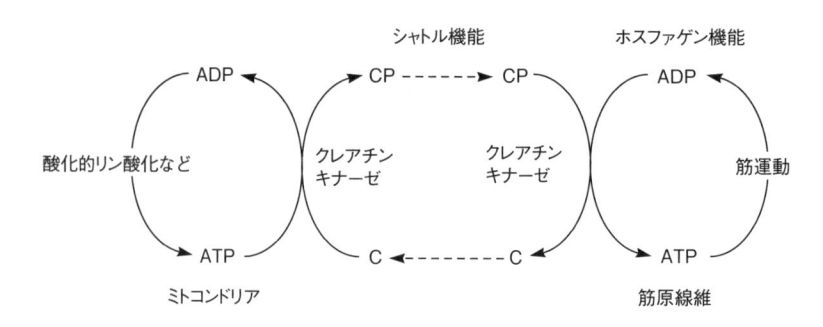

図 2-23 クレアチンリン酸のシャトル機能とホスファゲン機能（潮, 2008）
CP：クレアチンリン酸, C：クレアチン.

して魚類筋肉に，後者はアルギニンリン酸として無脊椎動物筋肉に蓄積される．生時にミトコンドリアで生成した ATP は細胞内に多々存在する ATPase によって分解される．クレアチンリン酸やアルギニンリン酸はこれらの分解から防御され，筋原線維に運ばれた後にここに局在するクレアチンキナーゼやアルギニンキナーゼが逆反応によって ADP を ATP に戻して筋原線維 Mg^{2+}-ATPase が利用できるようにする（シャトル機能，図 2-23）．生時では十数 μmol/g 筋肉存在するクレアチンリン酸やアルギニンリン酸は，死後は細胞活動を維持するための ATP の消費に伴って急激に減少するが，一定時間は ATP の減少を抑える．この場合，クレアチンリン酸やアルギニンリン酸は ATP の緩衝システムとして機能することになる（ホスファゲン機能）．ホスファゲン機能を有する物質として，グリコシアミンリン酸（glycocyamine phosphate），タウロシアミンリン酸（taurocyamine phosphate）などが環形動物で見出されている．

3-4 無脊椎動物の糖代謝の特徴

無脊椎動物でも貯蔵多糖としてグリコーゲンが蓄積されており，生時はこれをもとにおおむね魚類と同様な糖代謝によって ATP などの生体エネルギーに変換している．二枚貝などでは，生時でも干潮による干出によって低酸素状態にさらされる場合があり，酸素を要求しない解糖系が進化している．すなわち，酸素不足の場合，魚類では解糖作用により酸化還元バランスの崩れを補償するための手段として，ピルビン酸から L-乳酸への還元によって NAD^+ の確保を行うが，無脊椎動物，とくに二枚貝ではこのほかに後述するオピン類（opines）の生成やクエン酸回路の一部の逆行などの選択肢を発達させている（図 2-24）．これが，無脊椎動物の死後の解糖代謝産物の多彩さにつながっており，最終産物として D-乳酸（D-lactate）のほか，オピン類やクエン酸回路中間体が蓄積される．オクトピン（octopine）は頭足類で見出されたオピン類で，オクトピン脱水素酵素によってアルギニンとピルビン酸から生じるが，この際 NADH を NAD^+ に変換する．これは，先述の魚類における解糖の最終段階でピルビン酸を L-乳酸へと還元する際に NADH を NAD^+ に変換する反応と機能が相同である．このため，頭足類では解糖最終産物として D-乳酸よりもオクトピンを蓄積する．その他のオピン類としてストロンビン（strombine），アラノピン（alanopine），タウロピン（tauropine），β アラノピン（β-alanopine）などが蓄積される．

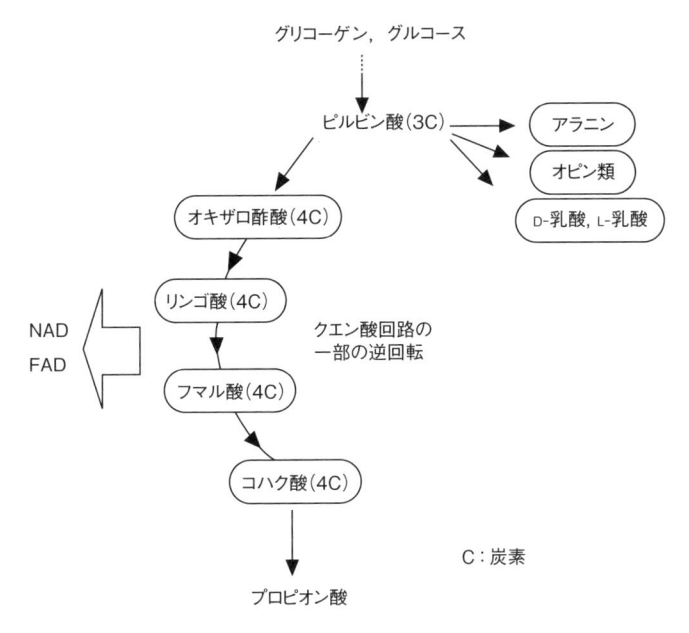

図 2-24　無脊椎動物の解糖最終産物（潮, 2008）

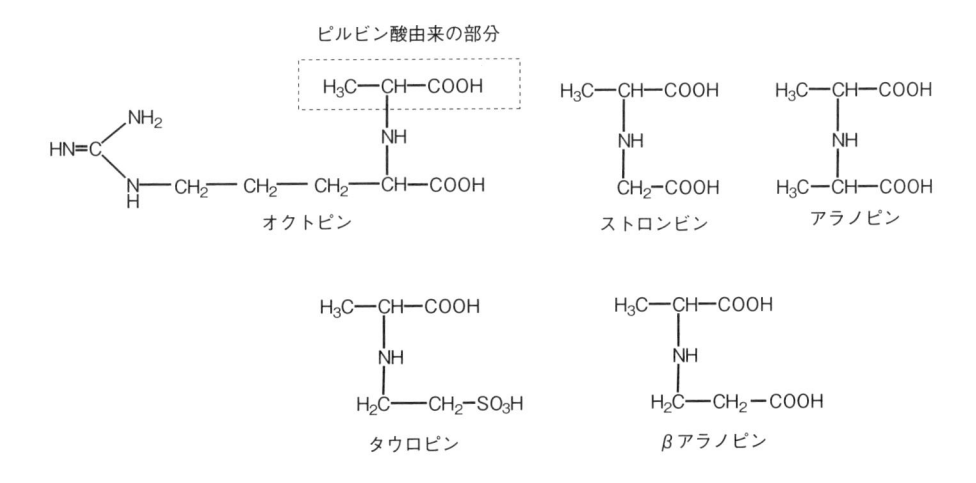

また，乳酸脱水素酵素がほとんど欠如しているマガキなどでは，死後の解糖最終産物は乳酸ではなく，アラニン（alanine），コハク酸（succinate），プロピオン酸（propionate）およびアラノピンである．

3-5　脂質代謝

　トリアシルグリセロール（トリグリセリド）やリン脂質などの脂質は細胞機能が失われると，リパーゼやホスホリパーゼの働きによって加水分解されて遊離脂肪酸が生じる．しかしながら，第4章で述べるようにその進行は比較的遅い．その後，自己消化および腐敗の進行によって魚肉中のタンパク質などが分解され，遊離アミノ酸やその代謝物などが蓄積する．一般にこれらの変化は貯蔵温度が高いほど，また，底生魚より回遊魚の方が速やかに進行するが，どのような条件

下でどのような消長を示すかを体系づけて詳細に検討した例は少ない．これは，死後変化のパターンが生物種によって大きく異なるだけでなく，第3章で述べるように死後変化に影響を及ぼす因子が多いためである．

3-6 微生物の影響

生魚の筋肉や血液は無菌状態であるが，体表，鰓，消化管など外界と接する部分は多数の細菌が付着あるいは混在している．海産魚の体表では，*Pseudomonas* 属，*Alteromonas* 属，*Vibrio* 属，*Micrococcus* 属，*Staphylococcus* 属などが検出され，腸管内では *Vibrio* 属の細菌が優先種となる．魚類の死後，解硬に伴って各組織が脆弱化すると，鰓，体表，消化管内から細菌が浸潤し，増殖を開始して腐敗が進行する．これらの細菌は菌体外に各種分解酵素を分泌し，分解物をエネルギー源として増殖する．まず，遊離アミノ酸，糖，有機酸などが分解されるが，アミノ酸は脱炭酸反応や脱アミノ反応を受けて，アミン類，アンモニア，有機酸，アルコール，アルデヒドが生じる．脱炭酸反応ではメチルアミン（methylamine）などの1価のアミン類以外に，アグマチン（agmatine），カダベリン（cadaverine），プトレシン（putrescine），ヒスタミン（histamine），トリプタミン（tryptamine）などの2価のアミン類（ポリアミン類，polyamines）が生じる．ヒスタミンは遊離アミノ酸のヒスチジン含量の高いサバなどの赤身魚におけるアレルギー様食中毒の主要原因物質としてよく知られている．ポリアミン類は不快臭を伴うものが多く，腐敗臭にも寄与する．

トリメチルアミンオキシド（trimethylamine oxide, TMAO）は水生生物の浸透圧調節に用いられる適合溶質の1つであるが，死後の魚肉に侵入した微生物の還元酵素によって，魚特有の生臭さや腐敗臭を呈するトリメチルアミン（trimethylamine, TMA）に還元される．血合筋では内在酵素によっても生成する．一方，タラ類では貯蔵中に内在性の脱メチル酵素によってTMAOがジメチルアミン（dimethylamine, DMA）およびホルムアルデヒド（formaldehyde）に分解される．DMAは硝酸塩の存在下で発ガン性のニトロソジメチルアミンを生成する．一定濃度以上のホルムアルデヒドは人にも毒性を示すことから，食品衛生上でも注意を要する．

一方，板鰓類の組織中には高濃度の尿素が含まれるが，死後，細菌由来のウレアーゼによってアンモニアが生成され，刺激臭の原因となる．

(潮　秀樹)

§4. テクスチャーの変化

　流通手段の発達により，新鮮な魚貝類が海外をはじめ遠隔地からも容易に消費者に届くようになった近年において，魚貝類の鮮度に対する消費者の意識は高くなり，より鮮度のよい魚貝類が求められている．しかし魚類の場合は，可食部である筋肉のテクスチャーが個体の死後において短時間のうちに変化する．例えば，活けしめ（第3章 §2-4 参照）直後の魚を刺身として食べる「活け造り」の場合，筋肉は強い弾力性と，硬い歯ごたえをもっている．しかしながら，魚肉の強い弾力性や硬さは貯蔵中にすみやかに失われ，いわゆる軟化が起きる．筋肉の軟化原因を究明しようとする研究例は多く，様々な側面からのアプローチがとられているものの，魚種特異性などの問題もあり，軟化現象の機構は今なお不明な点が多い．

4-1　テクスチャーとは

　テクスチャーとは本来，織物の質感を意味する言葉であり，それが転じて物の表面の質感，手触りなども含む概念となった．食品においてはそれが転じて食感となり，食物を飲食した際に感じる舌や歯を含む口腔内の皮膚感覚を指すようになった．具体的には歯ごたえ，舌触り，喉ごしなどがこれに該当する．味覚など他の感覚とともに食品のおいしさを構成するうえで重要な要素となっている．

　魚肉の場合，即殺直後はコリコリとした独特の弾力性があり，鮮度のよさの指標としやすい．一方，マグロなどでは「とろ」に代表されるように柔らかい物性が好まれる．このような魚肉のテクスチャーを評価するにあたっては，官能検査を用いる（官能評価）のが基本である．しかし官能検査を行う場合，訓練された複数の官能検査員（パネリスト）が必要であるとともに，性別，年齢，生活習慣，心理状態など，検査結果に影響を及ぼす因子が多く，安定した結果を得るには手間と時間を要する（第3章 §1-1 参照）．そのため，官能検査に代わる方法として，クリープメータやテクスチュロメータなどの機器により筋肉のテクスチャーを測定する場合が多い．なかでも使用例の多いクリープメータの測定原理は次の通りである．圧力素子の先に形状の異なるプランジャーを装着する．プランジャーの形状は円柱，球，くさび型など用途に応じて多様なものがある（図2-25）．試料を試料ステージの上に載せ，一定速度で試料ステージを上昇させると，やがてプランジャーが試料表面に接触し，さらに試料内部へと侵入する．この際，プランジャーには試料から受ける抗力が生じ，その力はプランジャーの根元にある圧力素子に伝わる．圧力素子では圧力が電気信号に変換され，その電圧の変化は記録計に記録される．記録の例を図2-26に示す．この波形を用い，破断強度（硬さ），破断凹み（くぼみ），破断エネルギー，付着性，凝集性といった各種テクスチャーを特徴づける因子が数値化される．なお，魚肉についてこれらのテクスチャーと官能評価との相関性を調べた例によれば，破断強度が官能評価と最も相関する．

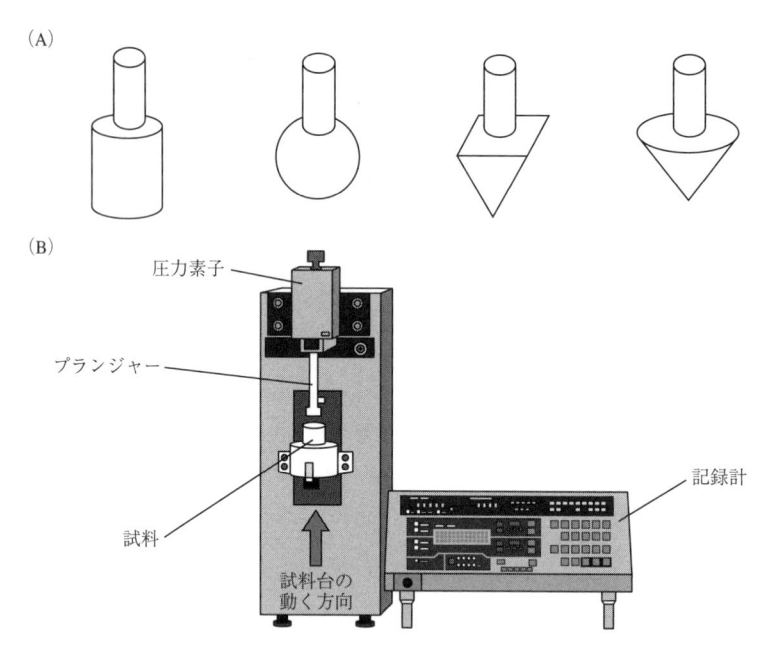

図 2-25 （A）：プランジャー形状（左から円柱，球，くさび，円錐），（B）：クリープメータの概要

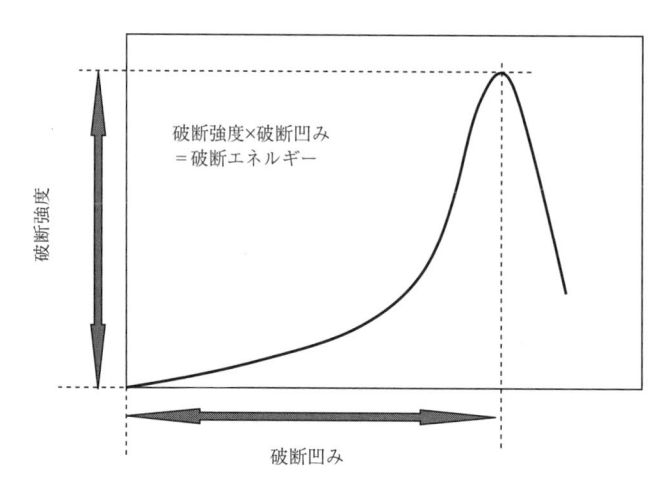

図 2-26 クリープメータの結果から得られるテクスチャー評価項目の例

4-2　冷蔵中における筋肉の破断強度の変化

即殺直後からの魚肉の破断強度の経時変化をみると，魚種により変化のパターンは大きく異なる．報告例のある魚種のうち，最も変化が速いのはマイワシであり，4℃貯蔵，死後 6 時間で軟化が早くも終了する（豊原・安藤，1991；図 2-27）．このような魚種ではいわゆるコリコリとし

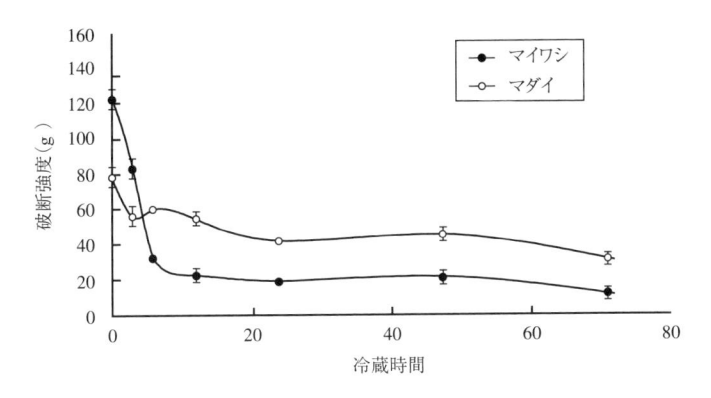

図2-27 冷蔵中（4℃）のマイワシおよびマダイ筋肉の物性変化
（豊原・安藤，1991を改変）

た食感を消費者が体験することは難しい．なお，マイワシをはじめとするいわゆる赤身魚では，軟化が比較的速く進む傾向があり，ブリ，マサバ，シマアジは即殺後1日以内で軟化する．一方，マダイやヒラメのようないわゆる白身魚では，4℃貯蔵，死後3日まで軟化は徐々に進行する（図2-27）．例外的に全く軟化を起こさないトラフグのような魚種もあり，魚種によって軟化の速度やパターンが大きく異なる．

魚類以外の水産物では，イカのテクスチャー変化が詳しく調べられている．基本的には軟化が速く進行する赤身魚のような挙動を示すが，数値そのものは魚類に比べて大きく，より硬い筋肉構造であることを反映している．

4-3 死後硬直と硬さの関係

筋肉の硬さに対する死後硬直の影響を調べるため，死後硬直の指標である硬直指数（本章§2-2コラム参照）と筋肉の硬さを13種類の魚種について同時に測定したところ，死後硬直の進行中であっても，筋肉は軟化し続けた（豊原・安藤，1991；図2-28）．すなわち，筋肉の硬さの変化は，必ずしも死後硬直の進行とは相関しない．

このように魚体の硬直と筋肉の硬さとが一致しないのは，それぞれが異なる物理的要因に基づくことによる．死後硬直は筋細胞の伸縮性が失われることによって生じる（本章§2．参照）．一方，魚肉の硬さは筋肉の大部分を占める筋細胞とともに，筋細胞間を結合する結合組織の影響を受ける．したがって，筋肉の硬さはこの二者の強度の合算であり，筋細胞のみの影響を反映する死後硬直とは必ずしも一致しない．

しかしながら例外も存在する．魚体を，ATPが大量に残っているような極めて新鮮な状態で急速凍結した場合，その後の解凍操作によって急速なATPの分解が起こり，魚体は異常な硬直である解凍硬直を起こす（本章§2-3参照）．これは，かつて捕鯨船において，引き揚げたクジラを急速凍結した際に認められていた現象である．また，同様に極めて鮮度のよい魚肉を薄く切り，その肉を氷水などで低温処理すると筋肉が著しく収縮するが，この操作を「あらい」という（本章§2-4参照）．解凍硬直や「あらい」においては，筋肉の破断強度は大きい（Hataeら，

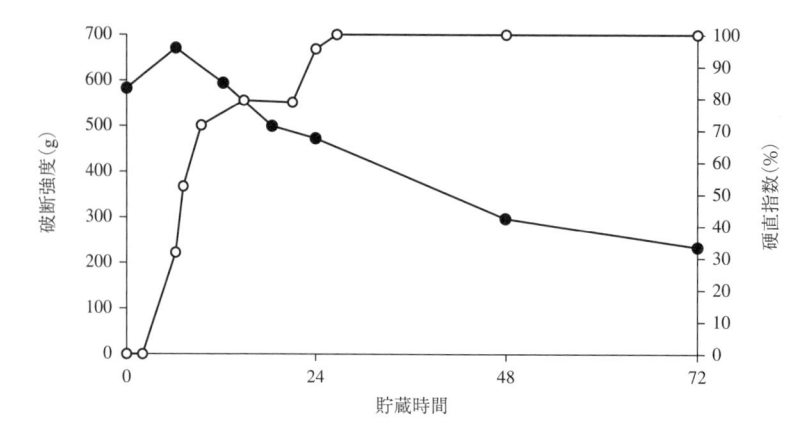

図 2-28 冷蔵中（4℃）のブリの硬直と筋肉の物性の関係（豊原・安藤, 1991 を改変）
（破断強度は直径 8 mm のプランジャーを用いて測定）

1991).一方,解凍硬直が畜肉で起きた場合,魚肉とは異なり肉が硬すぎるため,一般向け商品とはならない.これらの例では,死後硬直が筋肉の硬さに明らかに影響している.すなわち,解凍硬直や「あらい」のように,極端に筋肉が収縮する場合には,筋肉の硬さに硬直の影響が現れる.

(安藤正史)

§5. 組織の変化

筋肉組織は,大きく分けて筋細胞と結合組織とに分かれる.個体の死後,血流が止まることによる酸欠などが,組織構造変化の引き金となる.

5-1 筋原線維の変化

筋肉の大部分は筋細胞によって形成されている.上述したように,筋細胞の中には筋原線維が存在し,さらに筋原線維は太いフィラメント,細いフィラメント,Z板,M線などの構造物によって形成されている.またZ板とM線をコネクチン・フィラメントがつないでいる.これらの構造物のうち,Z板の物理的強度が冷蔵中に低下することが,ニワトリ筋肉において初めて報告された.なお,筋原線維の強度の評価には断片化率を用いる.断片化率とは,筋肉に対して一定量の緩衝液を加え,一定条件下でミキサーにかけてできた懸濁液を顕微鏡で観察し,筋原線維の長さを測定して評価するものである.評価にあたっては次の数値を断片化率とする.

断片化率（F_4%）=（4サルコメア以下の断片数／全断片数）×100

魚類の筋肉についても,筋原線維の冷蔵中の脆弱化が示され,Z板の断裂が徐々に進行する（橘ら, 1993；図2-29).また,Z板の構成成分であるα-アクチニンの分解も生じる.そこで,筋原線維の強化を目的として流水水槽の中で魚類に強制運動を施すと（運動飼育),運動飼育個体における貯蔵中の断片化率の上昇速度は,非運動個体のそれより遅くなる.すなわち,運動により筋原線維の強度が増加する.また,養殖マダイと天然マダイとの比較においては,養殖マダイの

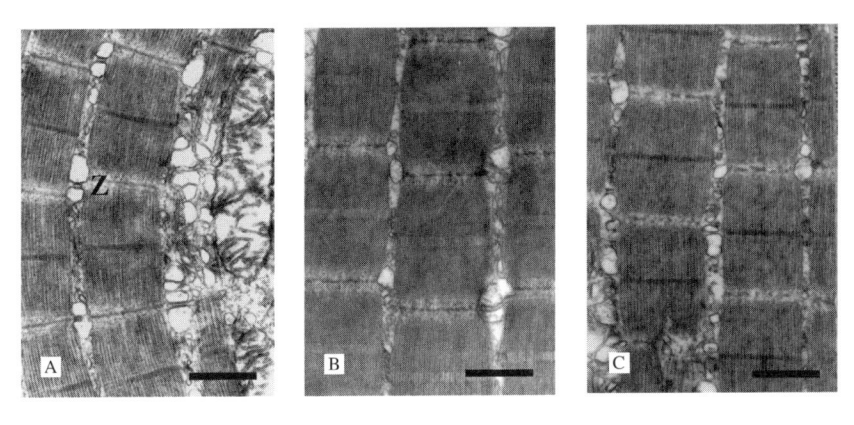

図 2-29　養殖マダイ筋原線維の構造変化
（A：即殺時，B：氷蔵 1 日後，C：氷蔵 3 日後）スケールバー：1μm．Z：Z板．（橘氏　提供）

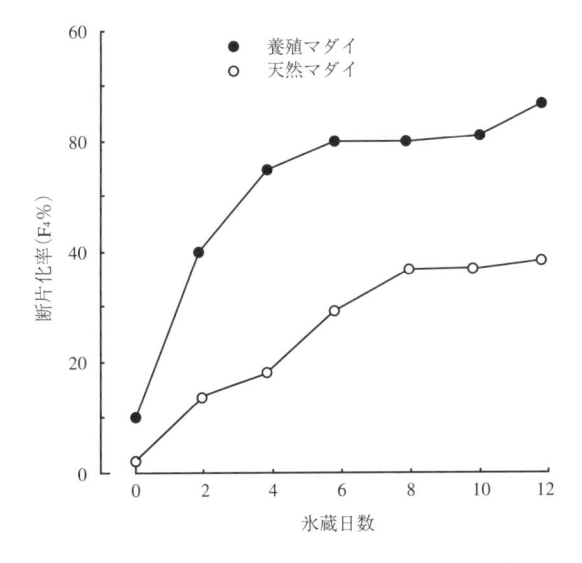

図 2-30　氷蔵中における筋原線維の切れやすさ（断片化率）の経日変化（橘・槌本，1990 を改変）

断片化率の上昇が天然マダイよりも速く，養殖マダイの脆弱な肉質の 1 つの原因と考えられている（橘・槌本，1990；図 2-30）．

　筋原線維には弾性タンパク質である α-コネクチン（分子量 280 万）と β-コネクチン（分子量 210 万）が存在する．コネクチンは先述のように Z 板と M 線とを結び，筋原線維に伸縮性と連続性を与える．α-コネクチンが筋肉の貯蔵中に低分子化して β-コネクチンへと変化することが，哺乳類をはじめとして魚類においても報告されているが，筋肉の軟化へのコネクチンの関与については否定的な考え方もあり，明確な結論は未だ得られていない．

5-2　筋内膜の脆弱化とコラーゲン線維の崩壊

　結合組織は筋細胞間をつなぐ機能を有する．そのため，結合組織の量は筋肉の硬さとの相関性

が高い．そこで，ニジマスについて，組織学的に結合組織の軟化現象への関与を検討すると，通常の方法によりパラフィン切片を作製して顕微鏡観察しても，死後冷蔵（4℃）3日が経過した筋肉においてさえ，結合組織の構造に変化はみられない（図2-31）．そこで，1辺が1cmの筋肉を切りだし，その上から100gの加重を10秒間かけて変形させたのち，同様に筋肉の構造を観察したところ，筋細胞が乖離し，筋細胞間に間隙が認められるようになる（図2-31）．この知見は，筋細胞間をつなぐ結合組織のうち，とくに筋内膜（endomysium）の物理的強度が冷蔵中に低下することを示唆する．同様の結果が軟化した他魚種の筋肉において認められる一方，軟化を起こさないトラフグでは，筋内膜の脆弱化は認められない．

筋内膜のさらに詳細な構造を透過型電子顕微鏡により観察すると，軟化の進行に伴い，コラーゲン線維の断片化や消失が認められる（図2-32）．しかしながら，同じ結合組織であっても，筋隔膜を構成するコラーゲン線維の構造に変化は生じない．また，軟化を示さないトラフグでは，筋内膜のコラーゲン線維でさえ構造変化を起こさない．

先述のニジマスと同様なコラーゲン線維の構造変化が，冷蔵中のタラの身割れにおいても認められており，これらの知見を総合すると，冷蔵中に特定のコラーゲン線維が崩壊し，それにより筋内膜が脆弱化し，結果的に筋肉の軟化につながるものと考えられる．

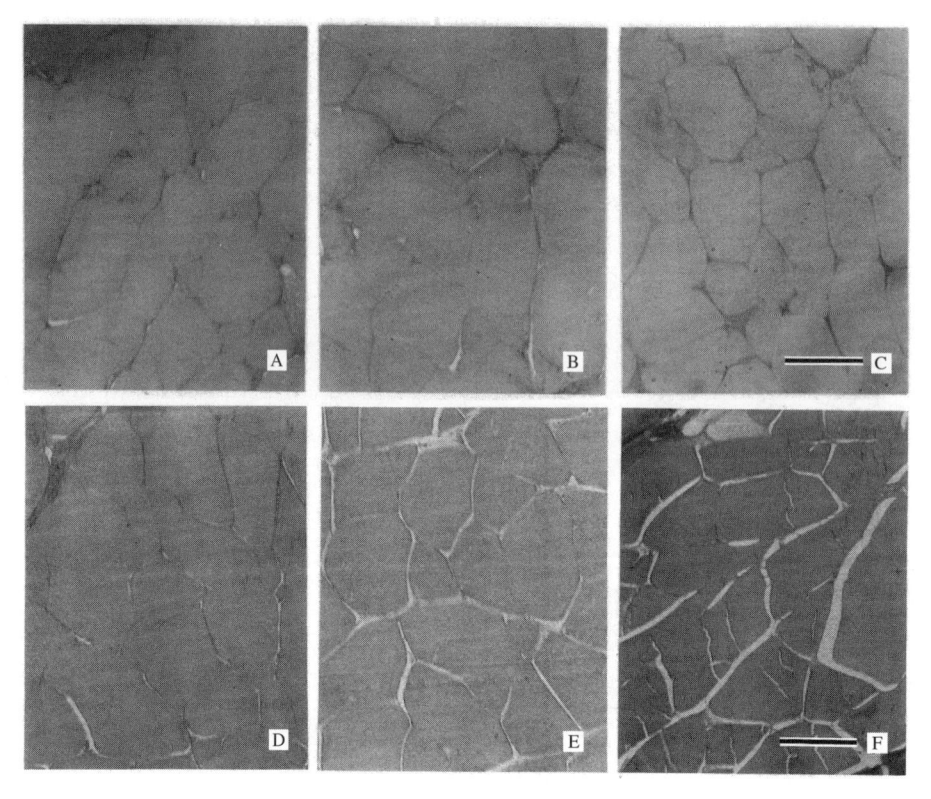

図2-31　ニジマス冷蔵中の筋組織像の変化
A, D：即殺時，B, E：冷蔵1日後，C, F：冷蔵3日後．スケールバー：100μm．
A, B, C：通常の方法による組織像．D, E, F：荷重（100g/cm^2，10秒間）をかけた後の組織像．

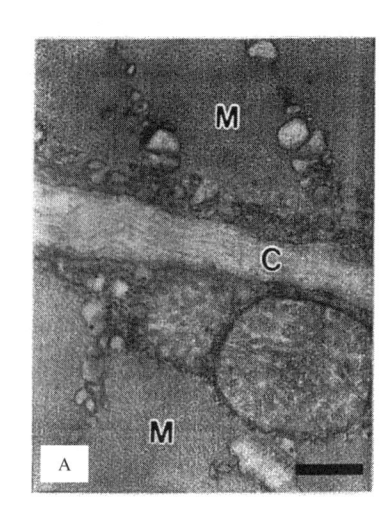

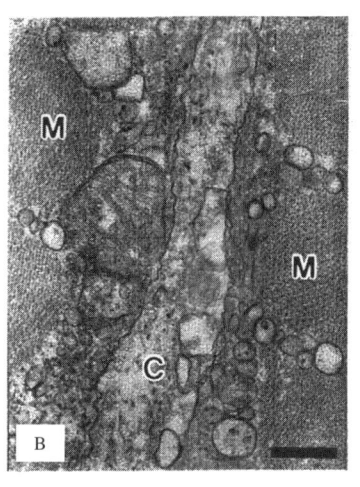

図 2-32 ニジマス冷蔵中のコラーゲン線維の構造変化 (Ando ら, 1992)
(A：即殺時, B：冷蔵 1 日後. スケールバー：100 nm. M：筋細胞, C：コラーゲン線維.

5-3 コラーゲンの変化

組織学的に認められたコラーゲン線維の崩壊は，生化学的側面からも検討されている．コラーゲン分子には 20 種類以上のものがある（本章 §1-3 参照）．魚類筋肉のコラーゲンは I 型および V 型を含むが，全コラーゲン量の 97% を I 型が占め，V 型は 2〜3% しか存在しない．しかしながら，この少量しか存在しない V 型コラーゲンの溶解性の増大が，ニジマスをはじめとする 7 魚種で筋肉の軟化と相関することが報告されている．コラーゲンは分子間架橋などにより難溶性であるが，溶解性の増大は V 型コラーゲン分子の共有結合に分解が生じていることを示唆している．一方，軟化しないトラフグの筋肉では，I 型および V 型コラーゲンのいずれにおいても溶解性の変化は認められない．ところで，トラフグ筋内膜のコラーゲン線維は他の魚種に比べて太い．また，I 型と V 型コラーゲンが混在した線維を人為的に形成させると，I 型コラーゲンが多いほど太い線維になる．これらの知見から，トラフグ筋内膜のコラーゲン線維では変化が生じにくい I 型コラーゲンの割合が高く，これが軟化を生じさせない原因になっている可能性がある．しかしながら，I 型コラーゲンにも変化が生じているとする報告もあり，未だ明確な結論は得られていない．

5-4 血抜きによる組織変化

魚を即殺する際には，後述するように一般的に血抜きを行う（第 3 章 §2-4, 第 4 章 §4-2 参照）．経験的に，血抜きには魚肉の鮮度を持続させる効果があるとされている．代表的な 6 種の養殖魚について血抜きの効果を調べた例によると，回遊魚では軟化が遅延する効果が得られている．また，筋内膜のコラーゲン線維の崩壊も遅れる．一方，白身魚では回遊魚にみられる軟化の遅延効果は認められない．

回遊魚で認められた効果として，血液中のコラーゲン分解活性をもつプロテアーゼ量が血抜きによって減少することで，コラーゲンの分解が遅延することが考えられる（Sato ら，2002）．しかしながら，血抜きをしても血液がすべて抜け出るわけではなく，軟化の進行を食い止める効果的な方法は現在のところない．

（安藤正史）

引用文献

Ando M., Toyohara H. and Sakaguchi M. (1992): Post-mortem tenderization of rainbow trout muscle caused by the disintegration of collagen fibers in the pericellular connective tissue, *Nippon Suisan Gakkaishi*, 58, 567-570.

Anthony R.R. and Michael J.E. (1984): From cells to atoms, An illustrated introduction molecular biology, Blackwell Scientific publications.

Hatae K., Watabe S., Okajima Y., Shirai M., Shimada A. and Yamanaka H. (1991): Differences in the ultrastructure of carp muscle slices due to varying "Arai" treatment: an electron microscopic observation, *Agric. Biol. Chem.*, 55, 1593-1600.

中川孝之（1989）：解糖系酵素，水産動物筋肉タンパク質の比較生化学（新井健一編），恒星社厚生閣，p.101.

落合　明（1976）：生態，白身の魚と赤身の魚（日本水産学会編），恒星社厚生閣，p.9.

大槻磐男（1986）：トロポニン三成分の構造と働き，現代化学，188，45-48.

Sato K., Uratsuji S., Sato M., Mochizuki S., Shigemura Y., Ando M., Nakamura Y. and Ohtsuki K. (2002): Effect of slaughter method on degradation of intermuscular type V collagen during a short-term chilled storage of chub mackerel *Scomber japonicus*., *J. Food Biochem.*, 26, 415-428.

関口清俊（1998）：タンパク質はからだをつくる，タンパク質ものがたり（蛋白質研究奨励会編），化学同人，p100.

橘　勝康・三嶋敏雄・槌本六良（1993）：養殖マダイと天然マダイの氷蔵中における普通筋の微細構造と細胞化学的 Mg^{2+}-ATPase 活性の変化，日水誌，59，721-727.

橘　勝康・槌本六良（1990）：マダイ，養殖魚の価格と品質（平山和次編），恒星社厚生閣，pp.48-54.

豊原治彦・安藤正史（1991）：筋肉の物性変化，魚類の死後硬直（山中英明編），恒星社厚生閣，pp.42-49.

潮　秀樹（1991）：魚類の筋小胞体，魚類の死後硬直（山中英明編），恒星社厚生閣，p.22.

Watabe S., Ushio H., Iwamoto M., Yamanaka H. and Hashimoto K. (1989): Temperature-dependency of rigor-mortis of fish muscle, Myofibrillar mg^{2+}-ATPase activity and Ca^{2+} uptake by sarcoplasmic reticulum, *J.Food Sci*., 54, 1107-1110.

参考図書

木村　茂編（1997）：魚貝類の細胞外マトリックス，恒星社厚生閣．

鴻巣章二・橋本周久編（1992）：水産利用化学，恒星社厚生閣．

森　友彦・川端晶子編（1997）：食品のテクスチャー評価の標準化，光琳．

小川和朗・溝口史郎編（1987）：組織学，文光堂．

須山三千三・鴻巣章二編（1987）：水産食品学，恒星社厚生閣．

竹内俊郎ら編（2010）：改訂水産海洋ハンドブック，生物研究社．

山本啓一（1986）：丸山工作：筋肉，化学同人．

山中英明編（1991）：魚類の死後硬直，恒星社厚生閣．

渡部終五編（2008）：水圏生化学の基礎，恒星社厚生閣．

第3章 水産物の鮮度保持

　畜肉に比べて鮮度低下が速いとされる魚貝類を有効に利用するためには，その生理・生化学的な特質をよく理解して，鮮度低下をできうる限り遅延させる必要がある．ここでは，鮮度保持の際に目安となる鮮度判定法，鮮度に影響を及ぼす諸因子について触れるとともに，長期保存には欠かせない冷凍保存技術について述べる．

（潮　秀樹）

§1．鮮度判定法

　一般に畜肉に比べて鮮度低下が速やかに進行する魚貝類では，鮮度（freshness）は消費者や利用者にとって最も重要な因子である．そのため，古くから多種多様な鮮度判定法が考案されてきた．しかしながら，いずれの方法も個別には完全なものはなく，対象となる魚種，取り扱い環境，判定の実施環境などによって評価が著しく変わる．したがって，鮮度判定指標の原理を理解し，最も適切な方法を採用したり，複数の評価を行い，総合的に判定することが重要となる．鮮度判定法には大別すると，官能的方法，生理学的方法，化学的方法，物理的方法，組織学的方法，微生物学的方法などがある．表3-1に代表的な鮮度判定法を示す．なお，微生物学的方法は，本章§2-7および第9章§1.を参照されたい．

1-1　官能的方法

　おいしさや見かけの心地よさなどの受諾性（acceptability）☞を重視するならば，人間の感覚をもとに評価を行う官能検査（sensory test）☞が最適な判定法である．官能検査は大がかりな機器を必要とせず，臭いなど検査項目によっては機器分析をしのぐ感度を示す．一方，評価の数量化が困難で，他の判定法との互換性に乏しく，客観性に欠ける印象を与えることが欠点である．しかしながら，十分に熟練した検査員（パネリスト，panelist）の集団（パネル，panel）を用いれば十分に再現性のある結果が得られ，信頼性に問題が生じることはない．外観（体表の光沢および色，鱗の有無，目の色，鰓の色，肉の透明感や色など），臭い（香気臭，不快臭，腐敗臭，異臭の有無），味，硬さ（肉質，死後硬直の進行状況など）など

☞ **受諾性と官能検査**

受諾性は一般的な言葉としては，受け入れやすさを示すが，食品を対象とする際には，食品としての総合的な受け入れやすさ，すなわちおいしさに近い意味となる．
官能検査は，官能試験ともいう．ヒトの感覚（視覚，聴覚，味覚，嗅覚，触覚など）を用いて，食品などの特性を一定の手法に基づいて評価したり，測定したりする検査のこと．

表 3-1 鮮度判定法の利点と欠点

	評価方法	利　点	欠　点
官能的方法	官能検査	人間の感覚を用いるため，おいしさなど複雑な評価が可能	客観的な数値化には熟練パネルが必要
生理学的方法	脊髄反射	高鮮度の判定可能	死直後のみ
	体色（イカ）	外観で判断可能	死後の処理によるぶれ
化学的方法	K 値	標準化可能	種差がある 高鮮度の評価困難
	A.E.C. 値	軟体類の評価可能	種差がある 高鮮度の評価困難
	ATP	高鮮度の判定可能	操作煩雑
	クレアチンリン酸	高鮮度の判定可能	操作煩雑
	ポリアミン類	微生物増殖の判定可能	高鮮度の評価不可
	VBN	微生物増殖の判定可能	高鮮度の評価不可 軟骨魚類で不可
物理学的方法	レオメーター	テクスチャーの判定可能	種差が大きい
	電気的センサー	簡便，非破壊	部位差，種差が大きい
	近赤外分光法	簡便，非破壊	部位差，種差が大きい
	NMR	非破壊	特殊装置が必要
組織学的方法	顕微鏡観察 電子顕微鏡観察	微細構造の評価が可能	煩雑，種差がある
微生物学的方法	コロニーカウント	危害微生物の同定が可能	煩雑，高鮮度の評価不可

が検査項目となる．各種統計的処理方法を併用することによってその信頼性が高まる．

1-2　生理学的方法

　生理学的方法としては，脊髄反射を利用した鮮度判定法が市場などで用いられている．延髄刺殺した魚の胸鰭付近を手かぎなどで軽くたたくと脊髄反射で鰭や筋肉が動く現象を利用したもので，即殺直後の極めて高鮮度な状態にある魚体を判定するのに用いられる．イカでは，安静時には透明な外套筋の色が，致死時，興奮状態に陥ることによって赤褐色に変化する．死後の時間経過に伴って体色は白色化する（本章§2-6参照）．これを利用して鮮度を判定することができるが，後述するように死後の取り扱いの如何でイカの体色は著しく変化するため，比較が困難である．その後，鮮度低下に伴って色素胞が破壊され，内部の色素が漏出することによって体色が再び赤褐色になる（潮, 2004）．

1-3　化学的方法

　化学的方法では，細胞内のエネルギー代謝に基づいた指標がよく用いられる．とくに，K 値は上述したように生体エネルギーとして重要な ATP の分解過程を指標としたものであり（第 2 章§3-2参照），筋肉の生命維持活動の程度，すなわち活きの良さを示す指標である（下式）．一般には除タンパク質後の抽出液を高速液体クロマトグラフィーで分析して求めるが，専用のバイオ

センサー機器や簡易試験紙なども市販されている．ただし，K値はATPの分解産物であるイノシンやヒポキサンチンの蓄積を評価するものであり，その蓄積はATP代謝経路に依存するため，魚貝類の種によっては適用できないものもある．また，原理的にイノシンおよびヒポキサンチンが蓄積する前の段階では評価，比較することができないことから，高鮮度での評価では差が生じない．

$$K 値(\%) = \frac{HxR + Hx}{ATP + ADP + AMP + IMP + HxR + Hx} \times 100$$

アデノシン5'-三リン酸（adenosine 5'-triphosphate, ATP），アデノシン5'-二リン酸（adenosine 5'-diphosphate, ADP），アデノシン5'-一リン酸（adenosine 5'-monophosphate, AMP，アデニル酸），イノシン5'-一リン酸（inosine 5'-monophosphate, IMP，イノシン酸），イノシン（inosine, HxR），ヒポキサンチン（hypoxantine, Hx）

同様にATP関連化合物に注目した指標としてアデニレートエネルギーチャージ（adenylate energy charge, A.E.C.）値がある．ATPなどが有する高エネルギーリン酸結合に注目したもので，下式で表される．アワビやアカガイなどの軟体類で鮮度指標として有効とされている．

$$A.E.C. 値(\%) = \frac{\frac{1}{2}(2ATP + ADP)}{ATP + ADP + AMP} \times 100$$

死直後の極めて高鮮度な魚貝類について鮮度判定を行う場合，ATPそのものやクレアチンリン酸，アルギニンリン酸などの高エネルギーリン酸化合物（ホスファゲン，phosphagen）（第2章§3-3参照）も鮮度指標となりうる．しかしながら，極めて高鮮度な状態での魚貝類筋肉は，漁獲時におけるハンドリングストレスや温度の急激な変化など外界からの刺激に対して生物的な応答を示す．このようなとき，ATPやホスファゲンはエネルギー源として利用されて短い時間で大きく減少する．極めて高鮮度な魚貝類筋肉のATPを正確に評価するためには，液体窒素やドライアイスアセトンなどを用いて急速凍結を行い，凍結粉砕後，ATPを抽出するといった煩雑な手法を用いる必要がある．

　オクトピンなどのオピン類は軟体類における解糖系最終産物の1つであり（第2章§3-4参照），貝類やタコなどにおいて鮮度指標として使用できる．ただし，種特有の蓄積パターンを示すため，種間での比較には注意を要する．

　化学的方法のうち，微生物の代謝が関係する指標もある．ポリアミン類（polyamines）は微生物がもつ脱炭酸酵素が遊離アミノ酸のカルボキシル基を解離することによって生じる（第2章§3-6参照）．このため，ヒスタミン，カダベリン，プトレシンなどを鮮度指標，あるいは腐敗指標として用いることができる．また，揮発性塩基窒素（volatile basic nitrogen, VBN）は，アンモニア，トリメチルアミン，ジメチルアミンなどに由来するが，水蒸気蒸留や微量拡散分析法で測定することができる．VBNは魚貝類の内在性酵素によっても生成するが，微生物が関与する場合が多く，これも腐敗指標である．しかしながら，サメ類などの板鰓類では筋肉中の尿素含量が高く，死後にアンモニアに分解するため，VBNは指標に適さない．

1-4 物理的方法

物理的方法としては，レオメーター（rheometer, テクスチャー測定），電気的センサー，近赤外分光器，核磁気共鳴（nuclear magnetic resonance, NMR）などがある．上述した官能検査における硬さの判定も感覚器官を用いた物理学的鮮度判定法に含まれるが，弾力，圧縮力，剪断力などを測定するレオメーターなどの機器が鮮度判定に適用できる．細胞が破壊されて変化する誘電特性に着目したのが電気的センサーで，トリメーターなどが知られる．皮膚や筋肉などの組織によって誘電特性が大きく異なるため測定部位の差が大きい，魚種による差が大きい，などその適用には注意を要する．非破壊的計測法として注目されるのが，近赤外光を用いた分光学的手法である．

同様に非破壊で上述したATPなどの高エネルギー物質を測定することができるのが，NMRの原理を利用した機器である．しかしながら，機器が非常に高価であるため，市場などで一般的に用いることは困難であり，研究用としてのみ用いられている．

〔潮　秀樹〕

§2. 鮮度に影響を及ぼす因子と鮮度保持

生息水温，漁獲後の活魚輸送，蓄養などの生時の状態にかかわる因子が魚貝類の鮮度に影響を及ぼすほか，致死方法や貯蔵温度などの死後の取り扱いも鮮度に影響を及ぼす．また，比較的長期の貯蔵においては微生物の繁殖を抑制するために，温度管理が重要となる．表3-2に魚貝類の鮮度に影響を及ぼす主な因子をまとめた．

表3-2　鮮度に影響を及ぼす因子

致死前の因子	生息水温
	疲弊度
致死時	致死方法
死後の因子	貯蔵環境（温度，酸素濃度など）
	微生物の繁殖

2-1　生息水温

生息水温あるいは飼育温度は死後変化に影響を与える．コイなどの淡水魚は夏冬と大きな水温差があるにもかかわらず，いずれの水温でも恒常的な遊泳活動を示す．そのために，筋原線維タンパク質にはいくつかのアイソフォームが遺伝子レベルで用意されており，各温度帯で適正なアイソフォームが発現するように適応している（第2章§1-3，解説参照）．また，ヒラメでは秋季に漁獲された魚体よりも冬季に漁獲された魚体の方が死後硬直の進行が遅く，水温は天然魚の死後変化にも影響する．これを積極的に利用しようとするものが，後述の低温蓄養である．

2-2　活魚輸送

マダイやヒラメなど市場価値の高い魚種は生食される場合が多く，しばしば活魚として船やトラックで生きたまま輸送され市場に供給される．海水は重く輸送コストがかかるので，とくに陸

上では少ない水で多くの活魚を運ぶことが重要である．このような条件下では水温の上昇，水質の悪化，溶存酸素量の減少など多くの要因が魚体にストレスを与え品質を低下させるが，輸送技術の発達や消費者の高鮮度，高級化志向に伴い，活魚は広く流通するようになっている．東京都中央卸売市場では，活魚取引の鮮魚取引に占める割合は数量で7％前後，金額で13％前後で推移している．

なお，「活魚」にも様々な定義が存在し，死んでいても硬直前の魚体ならば活魚と呼ぶ場合もある．水産庁では，1989年に活魚の需給動向実態調査検討委員会を組織し定義の統一を試みたが，明確な結論には至らず，現在でも「貝類だけは除くことにして，あとは各地域の判断に任せる」という曖昧な定義となっている．

2-3 蓄養

漁獲前に長時間魚体が苦しむような定置網，底曳網，刺網，延縄などで漁獲された魚は，船上にあげられたときには既にATPを消費した状態にあり，たとえ即殺したとしても鮮度低下が速い．そこで，魚体の体力を回復させるために生簀で数日から2週間程度休息させる方法がとられる．これを蓄養という．一方，マグロなどで稚魚を生簀で親魚サイズまで養成することも蓄養と呼ばれるが，本書では，前者の魚体の休息を目的とした短期蓄養について述べる．蓄養は，従来は魚体を休ませることのみを目的としていたが，近年では，蓄養中の環境条件を人為的に変化させることで魚貝類に付加価値をつける試みが行われている．また，天然魚は漁獲状況による生産量の変動が大きく，水揚げ量が多いときに価格が暴落することがある．蓄養は出荷調整を可能にするため，天然魚貝類の価格の安定化に繋がる技術としても期待されている．

1）鮮度低下の抑制　蓄養期間中は活魚に餌を与えないのが一般的である．これには餌の奪い合いによるATP消費を防ぐとともに，生簀の水質悪化を防ぐ効果もある．また，絶食状態におかれた魚体は温度変化や傷害に対する抵抗力も増大する．さらに，輸送中に活魚が胃内容物を排出すると水質が悪化するため，これを防ぐためにも出荷される予定の活魚は絶食させておく必要がある．

蓄養による鮮度低下の抑制についてはヒラメで詳細な検討がなされている．水揚げされるヒラメは疲労度の差が大きく，即殺してから出荷する場合に死後硬直までの時間が異なり品質が安定しないという問題点があった．しかしながら，2時間以上蓄養することで完全硬直までの時間が長くなり（図3-1），かつ個体差も少なくなる．このような蓄養の有効性は多くの魚種で確認されているが，必要な

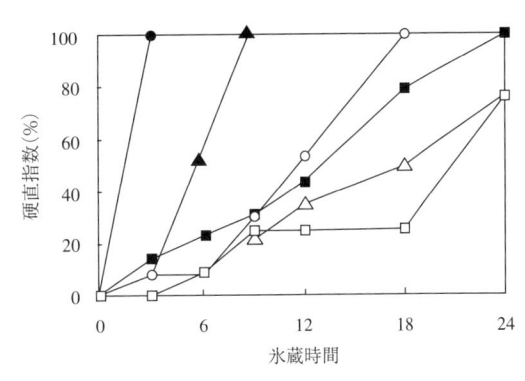

図3-1　蓄養が活けしめ後の死後硬直進行速度に及ぼす影響．ヒラメを疲労させた後に0〜6時間休息させてから活けしめし，氷蔵中の変化を調べた．（安崎ら，2004を改変）

●：蓄養なし　▲：1時間蓄養　■：2時間蓄養
○：4時間蓄養　△：6時間蓄養　□：安静

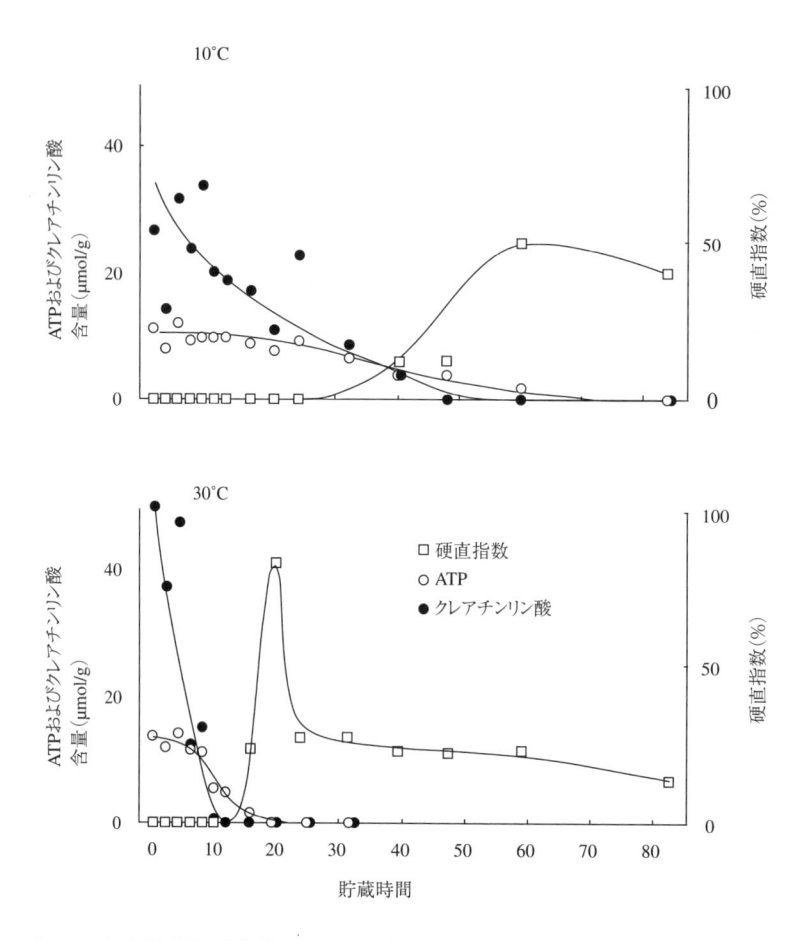

図 3-2 飼育温度が硬直指数，ATP およびクレアチンリン酸量の変化に及ぼす影響．10℃ および 30℃ で 5 週間飼育したコイを断頭即殺し，氷水中で保存したときの変化を示した．(Watabe ら，1990 を改変)

蓄養期間は魚種ごとに異なる．蓄養が数日間に及ぶ場合には，絶食のために筋肉の脂質含量が低下することも考えられ，現在も最適な蓄養条件に関する検討が続けられている．

2）**低温蓄養**　生息水温の項で述べたが，蓄養の水温を変えれば魚貝類の体温も変わり，死後硬直の進行にも変化が起こる．水温の影響に関しては多くの研究がなされており，例えばコイでは低温飼育により死後硬直が遅延することが示されている（図 3-2）．

低温飼育により魚類筋肉に生じる生化学的変化のうち，死後硬直の遅延に最も重要なのは筋小胞体カルシウムイオン取り込み能の変化である（第 2 章 §2. 参照）．すなわち，低温飼育により筋小胞体のカルシウムイオン取り込み能が高くなり（図 3-3），死後のカルシウムイオンの漏出が抑制されることで筋原線維 Mg^{2+}-ATPase による ATP 消費速度が遅くなる．その結果，死後硬直が遅延される．これに加え，コイ，マダイ，ヒラメなどでは，低温に馴致するとミトコンドリア ATP 合成酵素の活性が増大する（渡部・糸井，2004）．このような魚体では，死後の筋肉でもエネルギー効率のよい好気的代謝が長く持続し，ATP がより長時間にわたって供給されると考えられる．これも低温飼育が死後硬直を遅延させる一因である．一方，低温飼育により筋原線維 Mg^{2+}

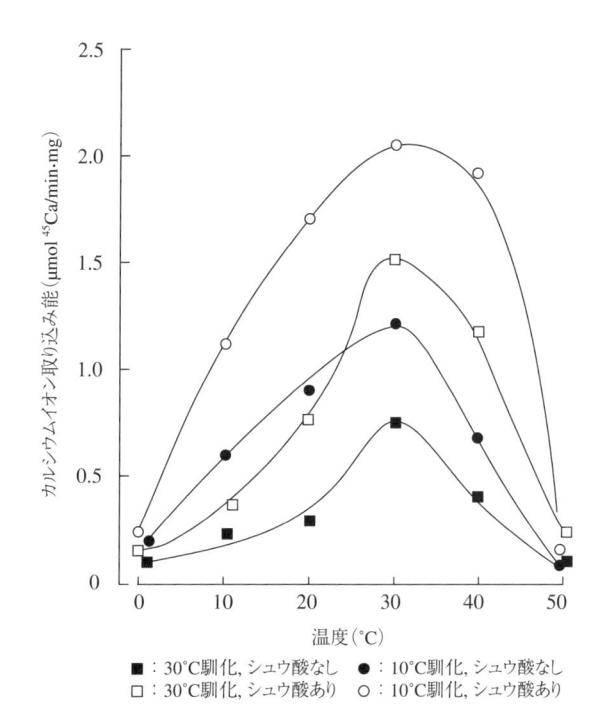

図 3-3 温度馴化したコイ筋小胞体のカルシウムイオン取り込み能. 測定に際してシュウ酸塩を共存させると，これが筋小胞体内で高濃度化したカルシウムイオンと沈殿を形成するためにカルシウムイオン取り込み能は見かけ上増大する.（Ushio and Watabe，1993 を改変）

■：30°C馴化，シュウ酸なし　●：10°C馴化，シュウ酸なし
□：30°C馴化，シュウ酸あり　○：10°C馴化，シュウ酸あり

-ATPase 活性が増大し，低温下でも高い遊泳能力を発揮できるようになる．これだけを考えると ATP はむしろ低温飼育魚で死後早く枯渇しそうに思えるが，実際には上記の 2 つの変化により補償されている．

水温を低く保つためにはコストがかかるため，低温蓄養は未だ試験的な運用にとどまっている．現在，短期間の低温飼育の影響に関する研究が進められており，応用化への道が模索されている．

3）**蓄養による呈味性の向上**　多くの魚貝類が遊離アミノ酸を浸透圧調節に利用しており，高塩分環境下では多量の遊離アミノ酸を蓄積する．この傾向はとくに無脊椎動物で顕著で，淡水種アメリカザリガニの筋肉の遊離アミノ酸量は，100％海水への馴致により 2 倍以上に増大する（第 5 章 §4-2 参照）．クルマエビ，チョウセンハマグリでも高塩分海水で飼育すると遊離アミノ酸量が増大し，とくにグリシン，L-アラニン，L-プロリンのような甘みをもつアミノ酸の増加が顕著であることから，高塩分海水を用いた蓄養により魚貝類の呈味性を高める試みが行われている（阿部，2004）．高塩分海水は海洋深層水から飲料水を作成する際の副産物として排出され，これの利用も期待されている．

2-4　致死方法

漁獲中や漁獲後の活魚輸送など生時のストレスは魚に逃避行動などを誘起し，魚は当然エネル

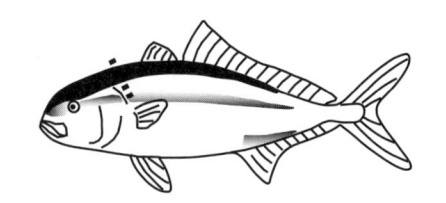

延髄破壊による活けじめ．破線部位に包丁などを入れ，
脊椎骨と脳の間にある延髄を完全に破壊する．

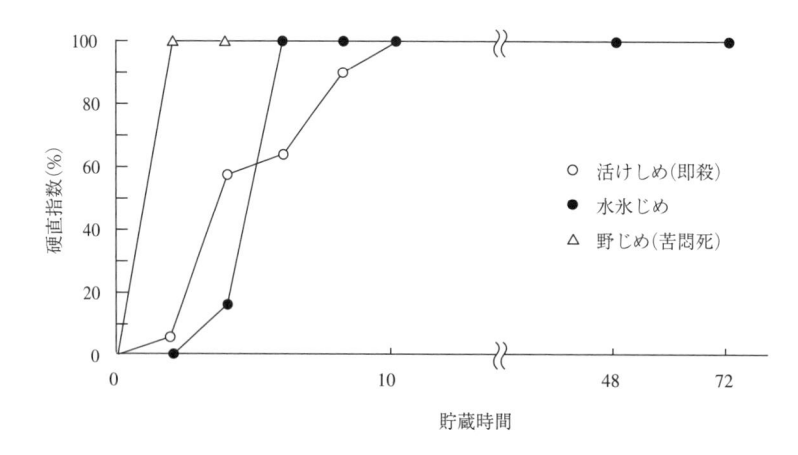

図3-4 異なる方法でしめた養殖ブリの冷蔵（5℃）中の硬直指数の変化．（岡ら，1990を改変）

ギーを損失する．このため，致死時には筋肉内のグリコーゲンやATPなどが減少するとともに，死後硬直，乳酸の蓄積，pHの低下など死後変化の進行が促進される．魚貝類の性状をよく理解したうえで，適切な処理をすることでその進行を遅らせることができる．魚体を人為的に斃死させることを「しめ」という．魚の致死法には様々なものがある．

1）苦悶死　　苦悶死させた魚では，安静状態にて即殺した魚より死後変化が著しく速やかに進行する．活魚を大気中に曝露して窒息死させる方法を野じめと呼ぶ．一般に魚が暴れて苦悶死するため，品質は悪くなる．例えば，ブリでは苦悶死させて5℃で貯蔵すると後述する延髄刺殺の場合よりも完全硬直までの時間が8時間も速くなる（図3-4）．魚が暴れることで筋肉中のATP含量も低下する．マサバを10分間空気中に放置して苦悶死させると即殺した場合の半分程度になる．また，大量に漁獲される小型中型魚に対しては，漁獲後に水氷に直ちに入れて致死させる水氷じめがよく用いられ，野じめよりも鮮度低下が遅いが，致死までに時間がかかり，この間苦悶することから，後述する延髄刺殺に比べると一般に鮮度低下は速くなる．塩分や放置時間によって体色が変化したり表皮がふやけたりするため，高品質の魚体を得るためには魚種ごとに細かい条件設定が必要である．また，ほとんどの血液が体内に貯留されるため，貯蔵中の生臭さの原因となったり，肉の軟化やヘム色素によって脂質酸化が促進されるなどの欠点もある．

2）延髄刺殺（活けじめ）　　1尾ずつ取り扱うことのできる高級魚については，活魚の頭部を道具などで打ちつけて殺すこともあるが，打撲箇所が損傷するために品質評価は悪い．また，内

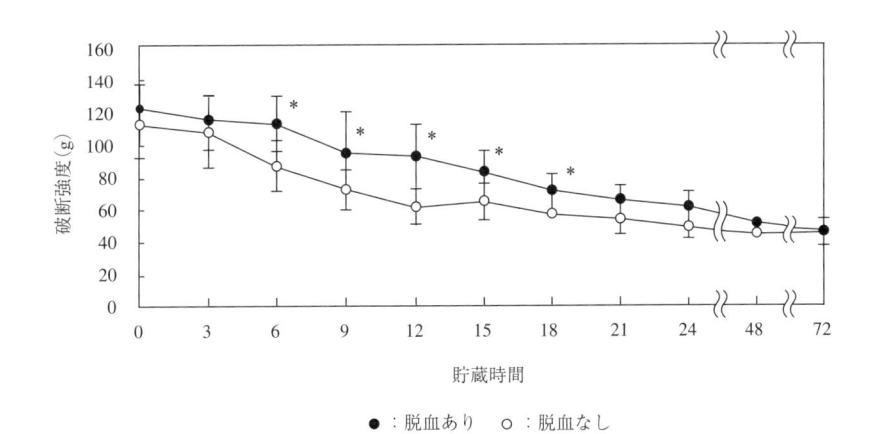

図 3-5　脱血が 5℃貯蔵中のブリ筋肉の破断強度に及ぼす影響．(Ando ら，1999 を改変)
＊は脱血なしの試料よりも破断強度が有意に高い区（$P<0.05$）．

出血を起こすために血抜きも不十分になる．そのため一般には，延髄部分を包丁や手かぎなどで刺して脳脊髄連関を断ち切って運動を起こさないようにするとともに，脱血を同時に行う延髄刺殺（一般に活けしめもしくは手じめと呼ばれる）が行われる．死後硬直を始めとする種々の死後変化が遅延する．市場では硬直前から硬直初期までの間は活魚と同等の価値で取引されることもある．手じめすることが困難なカツオ，カンパチ，マグロなどの大型魚については，活けしめ脱血装置と呼ばれる機械が開発され，用いられている．魚体に合わせたホルダーで固定し，ドリルで脳，延髄および鰓を破壊する．この装置で即殺すると，手じめや水氷じめより鮮度低下が抑制される（寺山，2004）．最近では，カツオの固定，即殺，海水の張られた水槽までの輸送を自動で行う装置も試作されている．また，死後変化が速く，軟弱な肉質をもつとされるマサバを 1 尾ずつ活けしめすると，強い弾力性をもつ肉質が得られる（望月・佐藤，1996）．上述した大量捕獲後の野じめや水氷じめなどによる苦悶死がマサバの軟弱な肉質の一因であると考えられる．

　3）**血抜き（脱血）**　活けしめした魚体を血抜きする場合には，直ちに氷水中で 30 分から 1 時間程度放置する．延髄部のほか，尾鰭のつけ根に切り込みを入れることもある．この操作で予備冷却も同時に行われるが，魚体温が 5℃より低くなると逆に死後硬直を早めるので，冷やし過ぎないように注意を払うことが必要である（第 2 章 §5-4，第 4 章 §4-2 参照）．

　血抜きは魚体から血生臭さを取り除くだけでなく，第 2 章 §5. で述べたように，破断強度（魚肉の硬さ）の低下を遅延する効果もある（図 3-5）．

　4）**脊髄破壊**　市場などでは，延髄刺殺後に脊髄を針金などで破壊することがある．これは運動神経系を破壊することによって，脊髄反射などによる死後の筋運動をできるだけ低減して死後の筋肉をより安静化し，死後変化を遅延させようとするものである．また，マダイなど延髄刺殺後，数分以上経てから大けいれんを起こす魚種があり，これを抑えるのにも脊髄破壊は有効である．しかしながら，この技術は煩雑であるため，あらゆる魚にこの技術を適用することは不可能であり，現在では高級魚の一部でしか採用されていない．イカの場合，両眼の間にある脳神経

節をナイフなどで傷つける活けしめ（神経じめ）が行われることがあり，これによって外套筋が安静化してATPの分解なども遅延する．

2-5 貯蔵温度

第2章§3.で述べた化学的成分の死後変化のほとんどに酵素が関与していることから，酵素活性に影響を与える因子はすべて死後変化に影響を及ぼすものと考えられ，とくに温度は重要な因子である．一般の化学反応と同様に貯蔵温度が高いほど酵素活性も高いため，高温ではほとんどの死後変化は速やかに進行する．しかしながら，第2章§2.で述べた氷冷収縮などのように例外もみられる．

一般に用いられる冷蔵法，パーシャルフリージングについて以下に述べる．これらの特徴をよく理解して目的とする魚貝類に応じた冷蔵法を選択する必要がある．

1）氷　蔵　　生鮮魚貝類の貯蔵にもっとも頻繁に用いられ，短期間の保存に適している．氷蔵は魚貝類の鮮度低下抑制の目的で行われるが，乾燥や目減りの防止効果もある．氷と魚貝類を直接接触させることによって冷却する上げ氷法と，水あるいは海水とともに冷却する水氷法に分けられる．上げ氷法は発泡スチロールなどの断熱性の優れた箱の中に砕氷を敷き詰め，その上に魚貝類を配置して砕氷をかけて保存するものであり，主に大型魚の氷蔵に用いられる．水氷法は魚貝類を急速に冷却する際に優れている．大量の水揚げが行われる場合には，船倉の水氷中に漁獲物を投入して漁獲時の苦悶によって上昇した体温を速やかに冷却する．近年，漁船や市場でも使用されるようになってきたスラリーアイス（シャーベット氷）は，細かい粒状の氷が流体のようになったもので，ポンプによる供給回収も可能である上，魚体を傷つけにくいという利点をもつ．また，細かな粒状であるため総合的に氷の表面積が大きく，冷却効率が高い．一度体温を低下させると，冷蔵庫のような空冷式の冷蔵方法を採用することができる．この場合も，冷気が全体に分散するように，魚体を密に配置しないようにする配慮が必要である．

2）氷温貯蔵　　凍結点を超えない温度帯で魚貝類を貯蔵する方法であり，主に生鮮魚貝類を未凍結状態で品質を保持する方法である．

3）パーシャルフリージング　　生鮮魚貝類の生きの良さを保持する貯蔵法として開発され，-3℃付近の温度帯を保持することで凍結点よりやや低く，半凍結または微凍結状態で貯蔵する方法である．

2-6 その他の要因

養殖魚と天然魚の間で死後変化に差が認められる魚種もある．マダイでは養殖魚でATPが速やかに減少し，死後硬直の進行も速やかであるとの報告がある．一方，ヒラメのように死後変化で天然魚と養殖魚の間でほとんど差が生じない魚種もある．ヒラメはマダイに比べて運動性が低く，養殖と天然との差が出にくいものと考えられる．

一方，一部の魚貝類では外観も商品価値を決定づける因子である．外観の変化は魚貝類体内で起こる様々な生物学的反応を反映しており，その制御も広い意味での鮮度保持ということになる．

魚類の体色は色素細胞による．移動性のある色素顆粒を内包する細胞が存在し，その状態によって体色が変化する．マダイは体色が鮮やかな赤色を示しているものが好まれるが，その体色を制御しているのが，赤色顆粒を有する赤色素細胞と黒色顆粒を有する黒色素細胞である．死直後のマダイを氷蔵すると，これらの色素細胞は生命活動を維持しているため，赤色素顆粒が拡散し，黒色素顆粒が凝集する．その結果，その魚体は鮮やかな赤色を示す（潮，2004）．上述した冷却収縮による筋肉の生化学的な変化の促進とのバランスを考えて貯蔵温度を決定する必要がある．また，イカは安静時で透明，興奮時で赤褐色となるが，これは中心部の色素嚢を引っ張って拡張させたり，収縮させたりする筋肉をもつ器官色素胞によるものである．スルメイカやヤリイカの色素胞の色素嚢には黄色から暗褐色のオンモクロムが存在する（第4章§4-2参照）．死直後のイカ類の体色は漁獲時の興奮によって赤褐色になるが，貯蔵時間の経過に伴って白色化するため，体色は市場において鮮度指標として用いられる．しかしながら，十分な鮮度を保ちながら白色化したり，パンダのようにまだらに白色化する個体もあり，外観により商品価値が大きく下がる．頭足類の色素胞が筋肉の収縮弛緩によって体色を制御する．体表の包材への接触や個体間の密着によって体表への酸素の供給が阻止されることや，氷との接触によって急激に冷却されて色素胞筋細胞が活動を停止するなどで，上述した体色の異常な変化が生ずると考えられる．これを防ぐには，積極的な酸素の供給，酸素透過性の高いフィルムの使用，個体間の接触防止，冷却時の氷の配置に対する配慮などが必要となる（潮，2004）．高濃度の酸素供給によってホタテガイ貝柱の硬化現象を抑止できる．アサリやハマグリなどの二枚貝は一般に1～10℃程度に冷却することにより，呼吸活性を下げた状態でパックに封入して流通される．パック内の酸素濃度が低下すると個体は死に至り，腐敗が進行する．

　以上のように，刺身などで消費する際に問題となる比較的高鮮度の状態では，魚貝類は一部生命活動を維持しているためにその取り扱いには生理的な反応にまで気を配る必要がある．さらに，その魚貝類種の特徴を理解したうえで冷蔵の温度管理を行い，場合によっては酸素の供給なども考慮する必要がある．

2-7 微生物の影響

　長時間の貯蔵においては微生物の繁殖が問題となる（第2章§3-6参照）．魚貝類には捕獲された時点ですでに生息環境中の微生物が存在し，さらに水揚げ時に陸上の微生物の汚染を受ける（第9章§1.参照）．微生物の増殖速度は低温で低下するが，死滅するには至らず，温度の上昇に伴って再度活性化する可能性を残している．微生物の繁殖によって，多くの場合，食品としての本来の性質，外観，栄養，食味が失われ，さらに微生物の代謝産物によって食べられない状態になる．食品中のタンパク質が分解された状態を腐敗，炭水化物や脂質が分解されて品質の劣化がおこった状態を変敗という．逆に，人に有益なものが産生された状態は発酵という（第4章§1-6参照）．

　ほとんどの細菌の繁殖限界は3℃程度であるが，*Listeria* 属，*Aeromonas* 属などの細菌は0℃でもゆっくりと増殖する．とくにチルド商品が流通する近年では *Listeria* 属細菌による食中毒

被害が多く報告されている．また，魚貝類の生息水温も影響する（第9章§1.参照）．すなわち，高温域で漁獲された魚貝類に付着する細菌は増殖至適温度も高く，冷蔵による繁殖抑制効果が高いが，低温域で生息していた細菌の場合は効果が低い．一般に，食品の水分を減少させると保存性が増大する．これは微生物が利用できる水分（自由水）が減少するためである（第4章§4-1参照）．この原理を利用し，魚貝類を脱水シートで包んで流通させる方法が用いられている．半透膜で作られた脱水シートは水分，アンモニア，トリメチルアミンを透過させるが，脂質，アミノ酸，核酸関連化合物などはほとんど透過させないため，魚肉の呈味成分を濃縮する効果もある．

> **☞ チルド**
>
> チルドは本来低温での冷蔵を示すが，冷蔵と区別することもあり，JAS法（食品保存基準）では，5℃以下，JIS 9607（冷蔵庫の規格）では，0℃付近の貯蔵を示す．低温である方が鮮度低下や食品の変性を抑えられるが，凍結すると性質が大きく変わってしまうような食品を保存，流通する際に用いられる．

（潮　秀樹・金子　元）

§3. 水産物の凍結保存

3-1　凍結貯蔵の目的

魚貝類に限らず食品の保存において重要になるのは，温度，水，酸素の管理である．これに加えて，pHの管理が食品の長時間保存に有効となる．魚貝類の品質は他の章でも述べられているように温度の影響を受けやすく，温度が最も重要な管理点である．温度を凍結点以下まで低下させると，微生物の繁殖が抑制され，種々の化学反応の進行も緩慢になることから，凍結は長期間

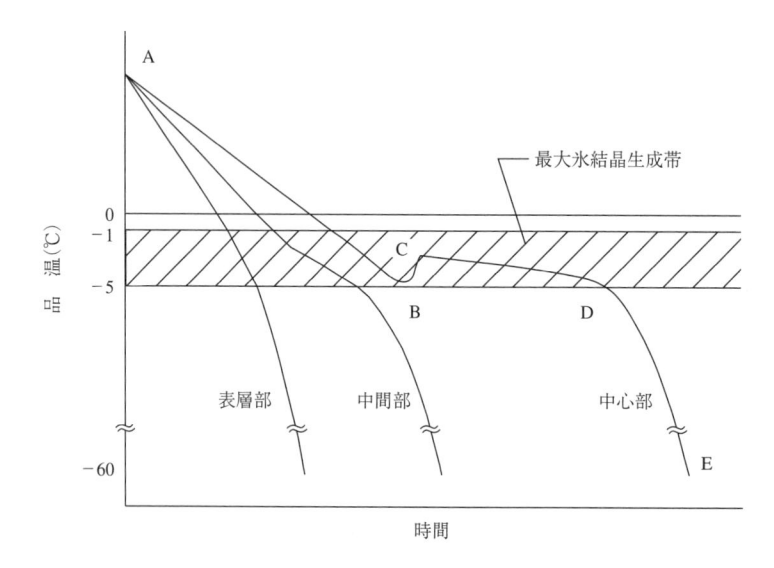

図3-6　食品の凍結曲線．初温（A）から食品を冷却すると，過冷却点（B）を経て食品中の水が凍り始める凍結点（C）に至る．凍結点から−5℃付近（D）までは水の氷結化が進行する過程で，そのときに生ずる多量の氷結潜熱の除去に冷却のかなりの部分があてられるため，凍結曲線には熱的平坦部が現れる．食品中の自由水と結合水がほぼ凍り終わる温度はおよそ−60℃で共晶点とよばれる（E）．須山・鴻巣（1987）を改変．

の保存に適する．しかしながら，第2章§2-3で述べたように凍結による氷の結晶の成長が魚貝類の組織を物理的に破壊したり，タンパク質や脂質の酵素的変化あるいは化学的変化も緩やかに進行するため，味やテクスチャーが劣化することがある．そのため，凍結保存では凍結および解凍の条件に注意を払う必要がある．

食品を凍結する際に，冷却時間の経過に伴う品温の変化を記録した曲線を凍結曲線と呼び（図3-6），斜線で示された－1～－5℃付近の最も多くの氷結晶が生成する温度帯を最大氷結晶生成帯（zone of maximum ice crystal formation）と呼ぶ．

凍結は，0～－5℃の最大氷結晶生成帯を30分以内で通過させる急速凍結と，それ以上の時間をかけて通過させる緩慢凍結に大きく分けられる．急速凍結に比べて緩慢凍結では氷結晶が成長する時間が与えられ，魚貝類筋肉の細胞内外に大きな氷結晶が生成しやすくなる．このため，細胞の物理的破壊が進行しやすくなる．一方，急速凍結では，筋細胞内に微細な氷結晶が分散し，解凍後も品質の劣化が抑えられる．大きな魚体を凍結する際，体表部と中心部において温度低下速度に大きな差が生じることに留意する必要がある（第4章§1-1，同§4-1参照）．

3-2 凍結方法

一般的に用いられる方法として，以下のようなものがある．

(1) **空気凍結法**（air freezing）－25から－30℃の静止した空気中で食品を凍結する方法で，フリーザーに水産物をそのまま入れて貯蔵する場合がこれにあたる．

(2) **エアブラスト法**（送風凍結法，air blast freezing）冷凍室内に3～5m/秒の冷風を循環させて凍結する方法である．一般には－30℃，マグロでは－60℃で行う．エアブラスト法は凍結速度が他のものより遅いが，構造が比較的簡単なため，大量凍結および凍結保存に向く．エアブラスト法の一種である送風トンネル方式はベルトコンベアーなどを用いて連続的に凍結するため，冷凍食品工場などで製造ラインに組み込まれて広く普及している．

(3) **接触凍結法**（contact freezing）金属を－30～－40℃の冷媒で冷却してこれに接触させて凍結する方法である．接触凍結法はイカ，小エビなど比較的厚さの薄い均質な魚貝類の凍結に用いられることが多く，エアブラスト法に比べて凍結速度が速い利点がある．

(4) **ブライン凍結法**（浸漬凍結法，immersion freezing）冷却した濃厚な塩溶液やアルコール類に浸漬することによって凍結する方法である．ブライン凍結は多種多様な魚貝類の凍結に対応しやすく，凍結速度も速いが，ブラインの浸透を防ぐための工夫を要することがある．

表3-3 一般に用いられる凍結方法の利点と欠点

凍結方法	利点	欠点
エアブラスト法	大量凍結および保存が容易	凍結速度が遅い
接触凍結法	凍結速度が速い	大型のものは困難
ブライン凍結法	形状を選ばない 凍結速度が速い	ブラインの浸透
液化ガス凍結法	最も凍結速度が速い	大型のものは困難 ランニングコストが高い

(5) **液化ガス凍結法**(cryogenic freezing) 液体窒素や液体二酸化炭素などを食品に噴霧して凍結する方法である．液化ガス凍結法は最も凍結速度が速いため，高品質な冷凍品が得られるが，ガスの噴射面積の制約から大型の魚貝類の凍結には向かない．また，ランニングコストが高いため，小型の高級魚貝類の凍結に用いられる．

それぞれの凍結法の利点と欠点をよく理解して対象物に最も適当な方法を選択しなければならない（表3-3）.

(潮　秀樹)

引用文献

阿部宏喜（2004）：環境馴化とエキス成分の変動，水産物の品質・鮮度とその高度保持技術（中添純一，山中英明編），恒星社厚生閣，pp. 23-32.

Ando M., Nishiyabu A., Tsukamasa Y., and Makinodan Y.（1999）: Post-mortem softening of fish muscle during chilled storage as affected by bleeding, *J. Food Sci.*, 64, 423-428.

安崎友季子・滝口明秀・小林正三（2004）：蓄養によるヒラメの疲労回復が死後硬直までの時間に及ぼす影響，千葉水研研報，3, 87-90

望月　聡・佐藤安岐子（1996）：マサバおよびマルアジ筋肉の死後変化に対する致死条件の影響，日水誌，62, 453-457.

岡　弘康・大野一仁・二宮順一郎（1990）：養殖ハマチの致死条件と冷蔵中における魚肉の硬さとの関係，日水誌，56, 1673-1678.

寺山誠人（2004）：活けしめ脱血によるカツオなどの品質向上に関する研究，日水誌，70, 678-681.

潮　秀樹（2004）：マダイおよびイカ類色素胞と体色制御法，水産物の品質・鮮度とその高度保持技術（中添純一・山中英明編），恒星社厚生閣，pp. 102-112.

Watabe, S., Hwang G.C., Ushio H. and Hashimoto K.（1990）: Changes in rigor-mortis progress of carp induced by temperature acclimation. *Agric. Biol. Chem.*, 54, 219-221.

Ushio H. and Watabe S.（1993）Effects of temperature acclimation on Ca^{2+}-ATPase of the carp sarcoplasmic reticulum, *J. Exp. Zool.*, 265, 9-17.

渡部終五・糸井史郎（2004）：細胞小器官ミトコンドリアの生物活性，水産物の品質・鮮度とその高度保持技術．（中添純一・山中英明編），恒星社厚生閣，pp. 11-22.

参考図書

須山三千三・鴻巣章二編（1987）：水産食品学，恒星社厚生閣，p209.

第4章　魚貝類成分の加工貯蔵中の変化

　魚貝類は，鮮度低下や腐敗で品質劣化しやすい性質を有していることから，可食期間を延長するために様々な加工，貯蔵処理が経験的に施されてきており，その技術は畜肉などのものとは別個に発展した．魚貝肉と畜肉を比較すると，多くの点で両者に違いが認められる．決定的に異なるのは死後変化である．畜肉成分は安定であるのに対し，魚貝類の成分は総じて不安定で，死後変化が速やかに進行する．さらに，魚貝類の場合，様々な組織が食され，それらのテクスチャーや食味も異なり，調理法や加工手段も多岐にわたっている．

　本章では，魚貝類を加工および貯蔵するときに起こる様々な成分変化について主要構成成分のタンパク質，脂質，糖質およびその他の成分に分けて解説する．

〈石崎松一郎〉

§1. タンパク質

1-1　筋肉タンパク質

　魚貝類の主要成分を畜肉などと比較すると，アサリやズワイガニなどの無脊椎動物で若干水分が多く，タンパク質が少ない傾向にあるが，全体的には大きな違いはみられない（表4-1）．一般的に，畜肉に比べ魚貝肉では脂質の割合が低いとみられる傾向にあるが，サンマなどの赤身魚では畜肉と同程度である．違いは脂質を構成している脂肪酸の種類である（詳細は本章§2.，第6章§1-2参照）．鶏肉のささみでは脂質含量が極端に低い．

　魚貝類の可食部の大部分を占めるのは筋肉であることから，魚貝類の加工貯蔵中に主な影響を受けるのも筋肉である．筋肉の中で水分が最も多いが，水分を除けば主要成分はタンパク質である．したがって，様々な加工製品の特徴を反映するのが主としてタンパク質ということになる．

　魚貝肉を構成しているタンパク質は，溶解性の違いから水溶性，塩溶性および不溶性の3画分に分類され，それぞれ筋形質タンパク質，筋原線維タンパク質および筋基質タンパク質と呼ばれる（第2章§1-3参照）．魚貝肉中での割合は種によっても異なるが，概ねそれぞれ20〜50，50〜75および2〜10％である．したがって，魚貝肉の主要構成タンパク質は筋原線維タンパク質である．なお，畜肉では筋基質タンパク質の割合が魚貝肉に比べて10％程度多く，その分筋原線維タンパク質が少ない傾向にある．

〈石崎松一郎〉

1-2　冷却（凍結，解凍）による変化

　魚貝類は鮮度低下が速いことから，低温下で取り扱うことが重要である．魚貝類の鮮度保持を可能とする冷蔵，凍結☞技術が確立してきたことによって，魚貝類の流通は飛躍的に改善された

表 4-1 魚貝肉および畜肉の一般成分組成

	水 分 (%)	タンパク質 (%)	脂 質 (%)	炭水化物 糖質 (%)
クロマグロ赤身（生）	70.4	26.4	1.4	0.1
クロマグロ脂身（生）	51.4	20.1	27.5	0.1
サンマ（生）	55.8	18.5	24.6	0.1
シロサケ（生）	72.3	22.3	4.1	0.1
スケトウダラ（生）	80.4	18.1	0.2	0.1
マダラ（生）	80.9	17.6	0.2	0.1
養殖トラフグ（生）	78.9	19.3	0.3	0.2
天然ヒラメ（生）	76.8	20.0	2.0	Tr
マサバ（生）	65.7	20.7	12.1	0.3
イクラ	48.4	32.6	15.6	0.2
アサリ（生）	90.3	6.0	0.3	0.4
アワビ（生）	81.5	12.7	0.3	4.0
養殖カキ（生）	85.0	6.6	1.4	1.4
ホタテガイ（生）	82.3	13.5	0.9	1.5
アマエビ（生）	78.2	19.8	0.3	0.1
養殖クルマエビ（生）	76.1	21.6	0.6	0
ズワイガニ（生）	84.0	13.9	0.4	0.1
タラバガニ（生）	84.7	13.0	0.3	0.2
スルメイカ（生）	79.0	18.1	1.2	0.2
マダコ（生）	81.1	16.4	0.7	0.1
和牛赤肉（かたロース）	56.4	16.5	26.1	0.2
和牛赤肉（サーロイン）	55.9	17.1	25.8	0.4
豚肉赤肉（ヒレ）	73.9	22.8	1.9	0.2
鶏肉胸肉（皮つき）	62.6	19.5	17.2	0
鶏肉ささみ	73.2	24.6	1.1	0
クジラ赤肉	74.3	24.1	0.4	0.2

含量で記載されている成分は，可食部100g当たりの量を示す．Trは微量に含まれているが，最小記載量に達していないことを示す．灰分，無機質，ビタミンなどの詳細は表6-1を参照．
（五訂増補日本食品標準成分表から一部抜粋し改変）

が，冷蔵，凍結，とくに凍結によって魚貝類に様々な変化が生じていることも事実である．

　魚貝類の鮮度を判断する場合，その指標として一般的に用いられるのはK値（第3章§1-3参照）と歯ごたえである．歯ごたえは，筋肉の硬直性に関係するが，即殺後，一定期間強い弾力性と硬い歯ごたえをもっている魚類の筋肉は，冷蔵中に速やかに軟化が起こる．魚肉の軟化は筋肉構造の劣化，崩壊が主要な原因であり，筋原線維タンパク質の脆弱化と筋基質タンパク質コラーゲンの分解が関与している（第2章§5.参照）．

　一方，魚貝肉を凍結貯蔵した場合，最も大きな影響を受けるのがタンパク質である．魚貝肉には80％前後の水分が存在しているが，この水分はいわゆる純水とは異なり，様々なミネラルや水溶性成分を含む溶液である．魚肉タンパク質は水を媒体として非常に微妙なイオンバランスによって安定化しており，pH，イオン強度，

> ☞ 冷凍と凍結
>
> 冷凍（refrigeration）とは対象物の熱を奪い，温度を低下させる操作である．水を氷にする凍結操作の意味で使用されることもあるが，元来冷凍とは冷却，凍結，貯蔵，低温輸送まで含む幅広い言葉である．

イオン組成などによってその構造が変化する．このような魚肉を凍結した場合，凍結によって氷結晶が生成して結果として溶液の濃縮（凍結濃縮）や溶存ガスの遊離が微妙な水媒体環境を大きく変化させる（第3章§3-1，本章§4-1参照）．このような変化によって，電気的相互作用による斥力，van der Waals 力による引力，特定のアミノ酸残基による電気的相互作用や疎水結合の微妙なバランスによって保たれていたタンパク質の立体構造が不可逆的に変化して凍結変性が進行する．表4-2は田中（1973）によって模式的に分類された魚肉中に生成される氷結晶の形状を示したものである．生成される氷結晶の形状は魚種によって異なり，また凍結速度によっても変化する．すなわち，急速凍結した場合，筋肉組織内に微細な氷結晶が均一に分散するが，凍結速度が遅くなるにつれて氷結晶の数が減少するとともに大型化し，結果として細胞組織を損傷させる．この損傷は凍結障害と呼ばれ，解凍時にみられるドリップや品質劣化の原因となる．

　タンパク質の凍結変性は，魚貝類の鮮度，致死条件および上述した凍結速度に依存して進行する．コイの筋原線維を用いた凍結貯蔵実験により，およそ－13℃までは水の凍結による塩濃縮が原因でタンパク質が変性し，それ以下の温度帯では温度の影響が強く，低温になるほど安定化されることが示された．筋原線維タンパク質の主要構成成分であるミオシン（第2章§1-3参照）はATPの末端リン酸基を加水分解する酵素（ATPase）としての機能を有しており，活性部位はミオシン頭部に存在する．このATPase活性は，従来から魚貝肉タンパク質の変性の高感度の指標とされてきた．コイ筋原線維を塩（0.1M KCl あるいは NaCl）を含んだ状態で凍結貯蔵した場合，－10℃付近で塩濃縮が起きる．このことから，筋原線維内は凍結で高塩濃度下の状態となり，アクチンが解離，変性する（Mg^{2+}-ATPase 活性の低下）とともに，アクチンの保護を失っ

表4-2　凍結速度による魚類筋肉組織内の氷の分類（田中，1973を一部改変）

凍結速度 (0～－5℃の通過時間)	氷の位置	形状	サイズ径(μm)×長さ(μm)
筋細胞　数秒	細胞内	針状	1～5×5～10
1.5分	細胞内	桿状	5～20×20～500
40分	細胞内	柱状	50～100×1,000以上
90分	細胞外	柱状	50～200×2,000以上

マサバおよびスケトウダラ筋肉を凍結置換法を用いて光学顕微鏡によって間接的に観察したもの．

たミオシンの急速な変性（Ca^{2+}-ATPase活性の低下）が起きることが指摘されている．しかしながら，凍結貯蔵中のタンパク質の安定性は，凍結温度や魚種に依存しており，凍結温度が低温になるにつれてミオシンの変性度合いも小さくなる．また，後述する熱安定性と同様に体温の高い魚類の筋原線維ほど安定な傾向を示す（図4-1）．したがって，タンパク質の変性を基準にすると，同一の凍結貯蔵温度では寒帯性の魚類の筋肉がより品質劣化しやすいことになる．ミオシンではCa^{2+}-ATPase活性の低下以外にも，SH基の酸化によるミオシン重鎖の二量体形成や溶解性の低下が氷蔵，凍結貯蔵中に起こることが指摘されている．

赤身魚肉ではpH低下による変性の促進も無視できない．すなわち，筋肉中のエネルギー源として蓄積されていたグリ

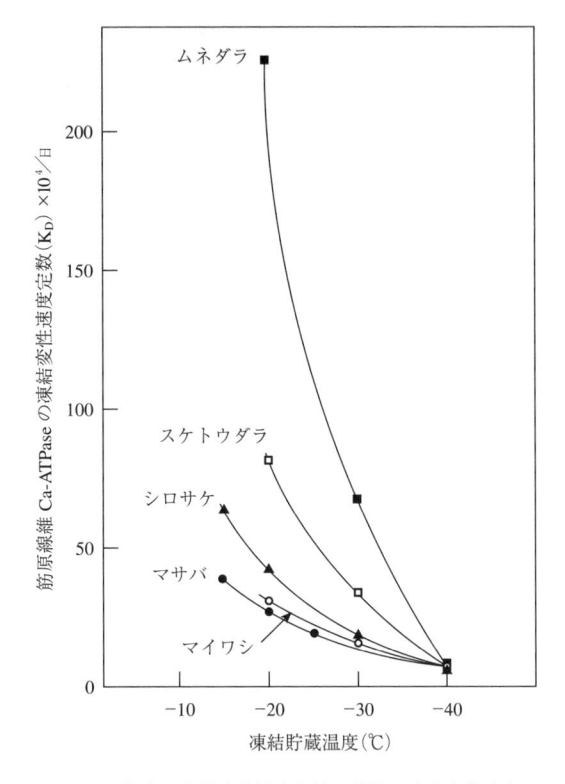

図4-1 魚肉の凍結貯蔵温度と筋原線維の凍結変性速度の関係（福田，1996）

コーゲンが死後，急激に分解して乳酸を生成するため，pHが低下する．とくに，グリコーゲン含量の多いカツオやサバでは酸味を感じるようになる．pHの低下は筋肉タンパク質を変性させるため，肉質にも悪影響を及ぼし，筋肉の弾力やみずみずしさが失われる．また，タラ科の魚類では，筋肉中に多量に含まれるトリメチルアミンオキシドが凍結貯蔵中に分解し，ホルムアルデヒドが生成されるため，ミオシン分子間の架橋形成による凝集変性の促進も報告されている（第2章§3-6参照）．

最大氷結晶生成帯においては，氷結晶の成長が著しく，様々な化学変化が促進されるために品質が低下する（第3章§3-1参照）．微細な氷結晶も次第に成長し，細胞膜を破壊したり塩類の濃縮を起こすため，タンパク質の変性が進行し，その結果，保水性が低下しドリップの流出が起きる．また，筋原線維間の距離が狭まって互いに結着し，硬いテクスチャーを示すようになる．水産物の氷結点は－0.75～－2.25℃の範囲にある．共晶点（eutectic point）とは溶質と溶媒がともに凍結する温度であるが，食品中ではこの温度においても溶液が残存している．さらに温度を下げるとガラス転移（glass transition）が起きるが，マグロ筋肉ではこの温度が－74℃前後である（図4-2）．加熱や酸処理などによっても筋肉中のタンパク質が構造変化し，保水性の低下が起きる．一方，死後の嫌気的代謝により筋肉のpHが低下しても，筋肉の構成タンパク質の電荷が減少して水分子を引き付ける力が弱くなるため，ドリップを生成しやすくなる．

急速凍結した凍結マグロを解凍すると，硬直が起こり筋肉が変形する現象がみられる場合があ

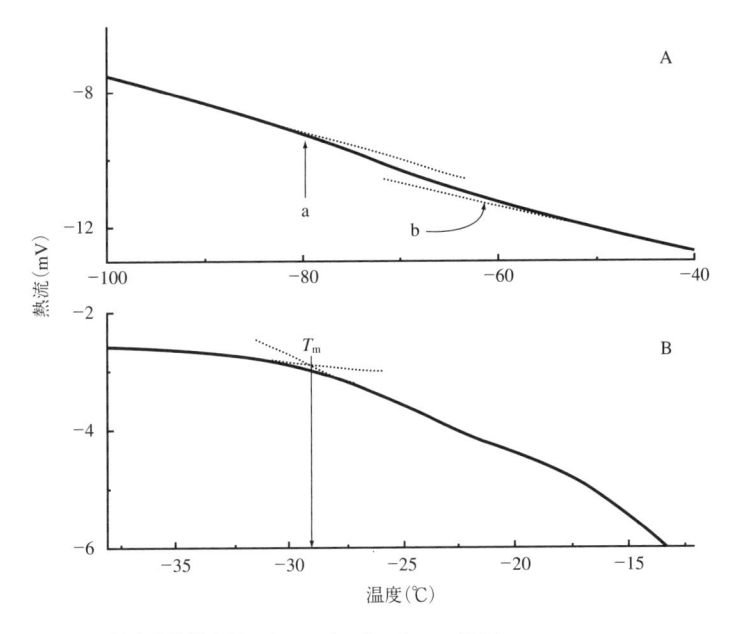

図 4-2 示差走査熱量分析によるマグロ肉のサーモグラム
(A) 直線的に温度を上げていくと，−80℃と−62℃の間でガラス転移がみられる．開始点と終了点をそれぞれaおよびbで示した．(B) 氷の融解開始点 T_m は−29℃である（−50℃で3時間保温後）．（Orlien ら，2003）

る．これは解凍硬直と呼ばれ，ATPやクレアチンリン酸の残存量が高いレベルに維持された状態の個体を急速凍結後，急速解凍した場合に発生する（第2章§2-3参照）．

　かまぼこなどの魚肉練り製品の原料として広く用いられている冷凍すり身は，細砕した魚肉を冷水で晒して脱水した晒し肉に，スクロースやソルビトールなどの糖類を添加して凍結貯蔵したものであるが，添加される糖類はミオシンなどのタンパク質の凍結変性を制御する効果がある．従来，スクロースおよびソルビトールが併用されていたが，現在冷凍すり身に凍結変性防止剤として添加される糖類はスクロース単独の場合が多く，8%程度の添加によって効率よく凍結変性を抑制できることが認められている（第8章§1-2参照）．

（石崎松一郎・落合芳博）

1-3 加熱による変化

　食品加工においては，タンパク質が原材料の加工適性を決定する最も重要な因子であり，タンパク質の水和性，保水性，ゲル形成性，粘着性，凝集性，乳化性，気泡性，脂質結合性などの特性が加工食品の品質に大きな影響を及ぼす．魚貝肉タンパク質が有する機能特性の中で最も広く知られているのがゲル形成性である．かまぼこなどの魚肉練り製品は，魚肉の細砕肉に2〜3%の食塩を添加して攪拌（らい潰）し，調味料や副原料を加えて成型した後，加熱，冷却の工程を経て製造される（第8章§1-2参照）．このようにしてできるゲルの代表がかまぼこであり，その独特な弾力に富んだテクスチャーを足☞と呼ぶ．魚肉練り製品は日本の伝統的水産加工食品の代表格で，魚肉の主要構成タンパク質であるミオシンの加熱変性に関する研究が精力的に進められてきた．

ミオシンの熱安定性は先に述べた凍結耐性と同様に，魚種特異的である．魚類は変温動物であることから，熱帯に生息する魚類のミオシンの熱安定性は寒帯に生息する魚類のミオシンに比べて高いことが Ca^{2+}-ATPase 活性を指標とした研究から明らかにされている（図4-3）．この熱安定性の魚種特異性は示差走査熱量分析☞によっても認められている．なお，甲殻類のオキアミのミオシンは，図4-3 中で示されているムネダラのそれよりも熱安定性が劣る．

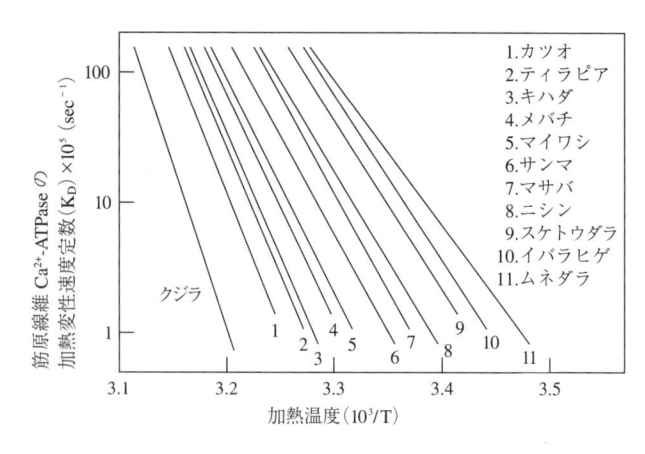

図4-3 魚類の筋原線維の熱安定性（橋本ら，1982）

魚肉練り製品の加熱ゲル形成過程における筋原線維タンパク質の変化が詳細に研究されている．コイのミオシンでは，高塩濃度下（0.5 M NaCl．魚肉練り製品の製造工程中における食塩添加濃度），30℃で加温した場合，オリゴマー（凝集体にまで至らない少数分子の結合）が形成される．しかしながら，この段階では Ca^{2+}-ATPase 活性の低下は起こらず，0℃で2～3日間貯蔵した場合のようなわずかな変化である．未変性ミオシンは生理的塩濃度下（0.1～0.2 M NaCl）ではフィラメントを形成する．30℃加温ミオシンではこのフィラメント形成能が認められず，オリゴマー形成に伴うフィラメント形成能の消失が加熱初期に起こるミオシンの最初の変化とみなすことができる．ミオシンをさらに加熱すると，αヘリックスの崩壊とミオシンの凝集が始まり，次第に大きな凝集体が形成される．αヘリックスの解離温度もまた魚類の体温と関連している．凝集体の形成にはミオシン分子の疎水性アミノ酸残基の相互作用やSH基間に形成される S-S 結合も関与することがわかっており，様々な因子が関与してミオシン凝集体が不可避的に形成されることになる．魚肉練り製品の加熱ゲルは，高濃度下で変性したミオシンの凝集体が，最終的に水分を保持したタンパク質の網目構造へと変化していくことによって形成されると考えられる．

☞ 足

魚肉練り製品の品質を決定する「歯切れの良さ」や「しなやかさ」などの物性に関わる要素を総合した言葉として「足」が一般的に用いられる．かまぼこ特有の食感を意味する職人用語である．この「足」は，原料魚の鮮度，らい潰の仕方，加熱条件によって大きく左右されるとともに，製品が製造される場所や種類あるいは嗜好性によっても異なってくる．したがって，「足」の基準というものは存在せず，生産者が使用する原料魚の状態をその都度判断して最適な「足」を産み出すよう工夫している．

☞ 示差走査熱量分析

Differential scanning calorimetry, DSC と省略される．測定試料と基準物質を一定の速さで加熱あるいは冷却する際の測定試料と基準物質との間の熱量の差を計測することで，融点やガラス転移点などを測定する熱分析の手法のこと．

スケトウダラやイトヨリダイを原料とした魚肉練り製品の製造では，塩ずり肉を高温（70〜90℃）で加熱する前に，あらかじめ中低温（4〜15℃で長時間，あるいは30℃前後で短時間）で加温してから高温加熱する，いわゆる二段加熱法が採用されている（第8章§1-4参照）．この中低温での加温操作は坐り☞（すわり）と呼ばれており，坐りによって加熱ゲルの弾力性は著しく強化される．この坐りは，筋肉に内在するトランスグルタミナーゼ（TGase）の作用によることがスケトウダラ冷凍すり身を用いた実験から証明された．トランスグルタミナーゼはミオシン重鎖間にε-(γ-グルタミル）リシン結合による架橋を形成させ，ミオシンの高分子量の架橋重合体が構築される．一方，魚肉練り製品の製造過程では，坐りの温度帯で一旦形成

> ☞ **坐りと戻り**
>
> 坐りと戻りは足と同様に，かまぼこ職人の業界用語である．魚肉の塩ずり身（肉糊，ゾル）は極めてゲル化しやすく，室温に放置しただけでも徐々に粘性を失い，凝固によって弾力性に富んだゲルに変化する．塩ずり身のこのような中低温下でのゲル化反応を坐りと呼ぶ．坐りは魚肉特有の現象であり，畜肉などのその他のゲル化反応には見られない．坐りの現象は魚種特異的であり，マグロ類，サメ類，淡水魚類などは総じて坐り応答が低く，一方タラ類，エソ類，イワシ類は高い．スケトウダラに代表される冷凍すり身の原料魚の多くは坐り応答が高いため，冷凍すり身を主原料とする場合，坐りを経たのち高温で加熱する二段加熱法を採用して弾力性の高い製品が製造されている．
> 坐りについては本文参照．

されたゲル構造が，50〜60℃の温度帯を通過する際に脆弱化し，著しいときはゲルが崩壊してしまうことがある．この現象は火戻り（ひもどり）あるいは単に戻り（もどり）と呼ばれる．この現象はミオシン・アクチン複合体の構造変化と筋肉中に存在するプロテアーゼによるミオシンの分解の同時進行によって起こると考えられている．ミオシンの分解を引き起こすプロテアーゼはすべてトリプシン様のセリンプロテアーゼである．筋形質タンパク質結合型プロテアーゼは水晒しによって除去できるが，筋原線維タンパク質結合型のプロテアーゼは水晒しでは除去できない．

筋原線維タンパク質についで含有量が多い筋形質タンパク質および最も少ない筋基質タンパク質は，筋原線維タンパク質とは異なる加熱挙動を示す．筋形質タンパク質，筋基質タンパク質ともに魚貝肉を加熱調理した際の肉質の脆弱性に大きく関与している（第7章§3.参照）．水溶性である筋形質タンパク質の約70％は解糖系酵素で占められ，そのほかにミオグロビン，パルブアルブミンが存在する．これらの筋形質タンパク質の大部分は加熱によって容易に変性して凝固し，不溶化する．サケやサバなどの水煮缶詰を開缶したときに，豆腐状の凝固物が魚肉表面を覆っていることがしばしば観察されるが，これはカードと呼ばれる典型的な筋形質タンパク質の加熱凝固物である．一方，筋形質タンパク質の約10％を占めるパルブアルブミンは，他の筋形質タンパク質に比べ熱安定性が顕著に高く，加熱によって不溶化することはない．筋基質タンパク質の主成分であるコラーゲンは，分子量約10万のサブユニットが3本より合わさった三重らせん構造（コイルドコイル）をとっているが（第2章§1-3参照），加熱によってコラーゲンは変性し，らせん構造が崩壊してサブユニットにほどける（ランダムコイル）．この状態の変性コラーゲンはゼラチンと呼ばれ，もともと不溶性であったコラーゲンが可溶性になる．ゼラチンは冷却によっ

て容易にゲル化するが，ゼラチンゲルは筋原線維タンパク質ゲル（かまぼこゲル）とは異なり，再加熱によってゾル化することから可逆性ゲルの性質を有する．魚貝肉のコラーゲンは畜肉に比べ，概して変性，溶解しやすいことが知られている．変性コラーゲンであるゼラチンをペプシンなどのタンパク質分解酵素で消化すると，分子量数百〜1万程度のペプチドが生成され，これらのコラーゲンペプチドは冷却してもゲル化しなくなる．コラーゲンペプチドの中には血圧上昇抑制効果を示す機能性ペプチドが数種確認されている．

1-4 塩蔵による変化

魚肉を塩漬，塩蔵した場合に起こるタンパク質の変化は，主としてNaClなどの中性塩で生じる筋原線維タンパク質の塩変性によって説明することができる．適度な濃度（〜0.5 M）の中性塩はミオシンとアクチンの親和力を増大させ，ミオシンの安定性を増加させることが知られている．しかしながら，塩濃度を2 Mに上昇させると，貯蔵中にミオシンとアクチンの親和力を示すMg^{2+}-ATPase活性は低下し，アクチンとミオシンが解離する．このときCa^{2+}-ATPase活性は変化しない（図4-4）．このような条件下では，アクチンは選択的に塩による変性を受け，結果としてアクチンから遊離したミオシンはその後不安定化する．また，塩漬処理はミオシン重鎖の多量化を引き起こすことも塩漬した魚肉のSDS-ポリアクリルアミド電気泳動解析☞から明らかにされている（図4-5）．

> ☞ **SDS-ポリアクリルアミド電気泳動**
>
> SDS-PAGEと省略される．界面活性剤の1種であるドデシル硫酸ナトリウム（sodium dodecyl sulfate, SDS）で処理されたタンパク質は分子量に応じた負の電荷量をもつため，支持体であるポリアクリルアミドゲル内において電場をかけると互いに分離される．タンパク質の分子量の大まかな推定，標的タンパク質の純度を調べるなどの目的で多用される．

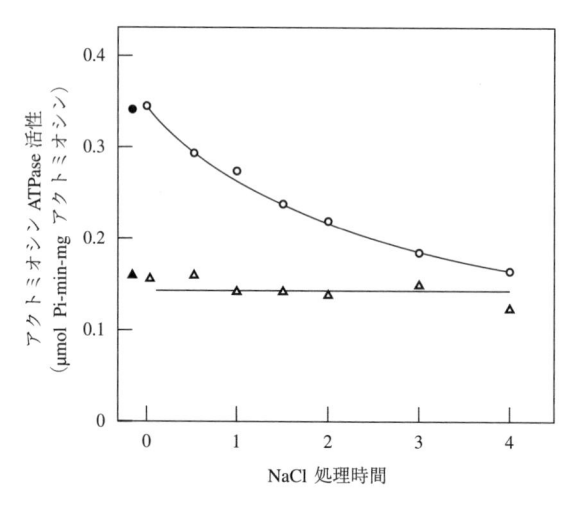

図4-4 NaCl処理に伴うコイ・アクトミオシンのCa^{2+}-およびMg^{2+}-ATPase活性の変化．（若目田ら，1984）．コイから抽出したアクトミオシンを2M NaClの存在下で10℃に貯蔵し，経時的にCa^{2+}-ATPase活性（△）およびMg^{2+}-ATPase活性（○）を測定した．▲および●はNaCl未処理を表す．

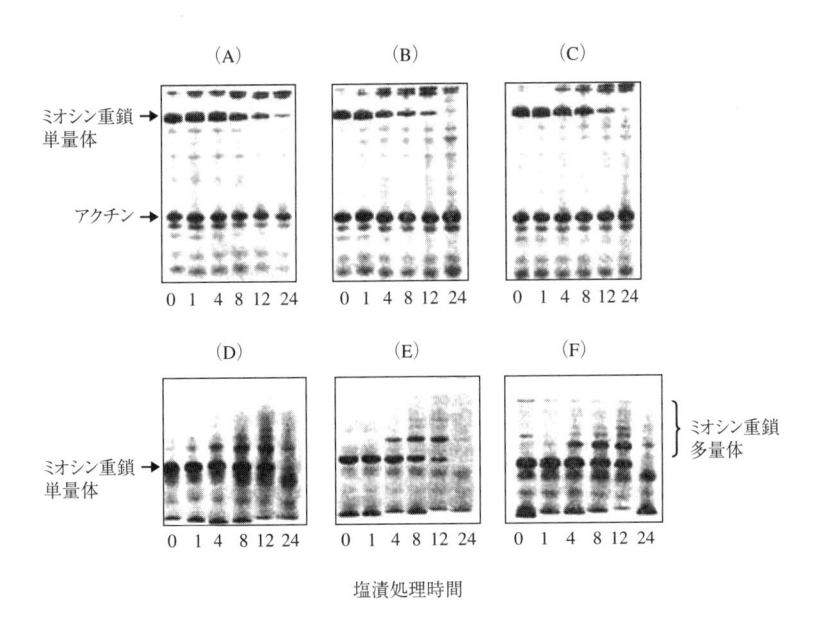

図4-5 スケトウダラ筋肉中の筋原線維タンパク質の成分組成と塩漬処理による変化．(伊藤ら，1990)
スケトウダラすり身（A, D），ミンチ肉（B, E）および細切肉（C, F）を3M NaClの存在下4℃で塩漬し，経時的に試料の一部をSDS-ポリアクリルアミドゲル電気泳動に供した．上段は5％，下段は1.8％ポリアクリルアミドゲル．

1-5 乾燥による変化

　魚貝肉の水分は表4-1に示したとおり，低いもので55％，高いものは90％にも達する．水産物を長期保存する目的で水分含量を減少させる加工手段が乾燥である（本章§4-1参照）．真空凍結乾燥した魚肉では良好な水戻り性を有しているが，天日乾燥や温風乾燥（解説参照）した魚肉では水戻り性は極端に悪くなる．これは，タンパク質が変性して不可逆的に不溶化することが原因であると推察されている．水産乾製品の多くは塩漬処理を施した後に乾燥する塩乾品であり，塩漬処理によって生じたミオシン重鎖の多量体形成がその後の乾燥工程で顕著に促進される（前項参照）．なお，このミオシン重鎖の多量体形成は，塩乾品のテクスチャーを決定する要因の1つとして重要視されている．

> **☞ 水戻り性**
>
> フリーズドライ食品などでは，食感を回復させるために予め食す前に水やお湯に浸漬して水分を吸収した状態に戻す必要がある．水を加えて元の食品の形状や食感に復元する能力を水戻り性（加水復元性）という．水以外のタンパク質などの分散状態が良好であれば乾燥過程でスポンジ状態が維持されるが，変性によってタンパク質の分散性が不十分である場合，水戻り性は低下する．したがって，水戻り性は乾燥食品の品質にとって重要な要素である．

1-6 発酵による変化

　塩辛は昔から作られてきた伝統食品で，製法が比較的簡単，食塩濃度が高いため保存性に優れた食品である（第8章§2-4参照）．保存性とともにうま味が生じる点が特徴で，これは自己消化によってタンパク質の分解が進行し，遊離アミノ酸が生成されることによる．一方，魚醤油は

魚貝類を高濃度の食塩とともに1～数年熟成させて製造する液体調味料であるが，近年この魚醤油の熟成中にタンパク質の分解が進行し，生活習慣病予防につながる機能性ペプチドを生成することが確認されている．

1-7 その他の変化

タンパク質は，分子内にカルボキシル基などの酸性基とアミノ基やイミダゾール基などの塩基性基を多数もつため，溶液のpHが変化するとそれぞれのイオン性基の解離状態が変化する．その結果，タンパク質の高次構造や水との親和性が変化して，場合によっては変性することがある．赤身魚の筋肉中にはグリコーゲンが多く，死後嫌気的条件下の解糖が促進されると筋肉のpHが6以下まで低下することがあり，筋原線維タンパク質の変性が生じやすい．このような酸変性を食酢で人為的に行うものが酢じめである（第7章§2-3参照）．

マグロ類でみられるヤケ肉現象に関して，ミオシン変性の観点から興味深い研究結果が報告されている．ヤケ肉とはマグロ肉特有の赤色が透明感のない白色に変色する現象であり，ヤケ肉が判明した時点でマグロの商品価値は極端に低下する．従来からヤケ肉の原因はpH低下と体温上昇に伴う筋肉タンパク質の変性であることが示唆されてきたが，詳細は不明であった．クロマグロ筋原線維の変性速度に対するpHおよび温度の影響を調べた研究によると，ヤケが発生したクロマグロ筋肉ではミオシンの著しい変性が生じており，その原因として熱変性の寄与が大きいと考えられた（今野，2010）．著しい体温上昇にpHの低下が加わることでミオシンの著しい変性が進行すると考えられる．

〈石崎松一郎〉

§2. 脂　質

動脈硬化や高血圧といった生活習慣病の原因が食事性脂質に密接に関係することが認められて以来，機能栄養成分のn-3系高度不飽和脂肪酸（n-3 PUFA）☞を豊富に含む魚類の栄養評価が高まった．しかしながら，加工や貯蔵中にこれらの脂肪酸は容易に酸化し，変色や酸化臭などが発生して製品の品質低下をしばしば招くという弱点も魚類は持ち合わせている．したがって，魚類を加工，貯蔵する上で脂質の安定性は極めて重要な要素となる．

> ☞ **n-3系高度不飽和脂肪酸**
>
> 魚類の脂質を構成する脂肪酸は炭素数が24まで，二重結合数は6までと，陸上動物のそれに比べて著しく種類が多い．また，脂肪酸は二重結合の有無によって不飽和脂肪酸および飽和脂肪酸に分けられる．二重結合を含む不飽和脂肪酸は，二重結合の存在する位置によりさらに分類でき，脂肪酸のカルボキシル基の反対側のメチル基の炭素から数えて3番目の炭素にはじめて二重結合が出現するものをn-3系列，6番目にはじめて出現するものをn-6系列という．魚類筋肉の脂肪酸組成の特徴として，n-3系高度不飽和脂肪酸（n-3 PUFA）の含量が多いことがあげられる．

2-1 魚貝類脂質の脂肪酸組成と不安定性

魚類の多くは，脂質含量が季節，海域，魚体の大小によって顕著に変動する．無脊椎動物でも

同様の変化が報告されている．

　魚貝類の脂質は，主として皮下脂肪や内臓に分布する単純脂質（蓄積脂質），生体膜の構成成分である複合脂質（組織脂質），およびこれらの加水分解物である誘導脂質に分類される．単純脂質は炭素数が多い脂肪酸，高級脂肪酸とグリセロールがエステル結合しており，グリセロールに3分子の脂肪酸がエステル結合したトリグリセリドは魚貝肉脂質の主成分である．魚貝肉はn-3 PUFAの代表であるドコサヘキサエン酸（docosahexaenoic acid, DHA）やエイコサペンタエン酸（eicosapentaenoic acid, EPA）の含量が高いことが特徴である．これらのn-3 PUFAは，分子内に二重結合（不飽和結合）を多数有するため，極めて酸化されやすい性質をもつ．ただし，魚貝類の生体組織中のドコサヘキサエン酸やエイコサペンタエン酸は，他の不飽和脂肪酸より極端に酸化されやすいということはない．ドコサヘキサエン酸やエイコサペンタエン酸が生体内で比較的安定な理由として，生体内の酸素分圧が大気中よりも低いこと，生体中には各種の抗酸化酵素や抗酸化物質が存在することなどがあげられる．さらに，生体内では水の存在が重要で，リン脂質のように分子間に疎水部と親水部の両方を含む脂質化合物は水中でミセル（多数の分子がその疎水性部を内側に，親水性部を外側に集合して形成される粒子）化がドコサヘキサエン酸やエイコサペンタエン酸の抗酸化に大きく関わっていることが明らかにされている．

2-2　氷蔵，凍結，解凍による脂質の変化

　食品を長期保存する技術が飛躍的に進歩したことで，長時間を経た水産食品が消費者の手に届く機会が増えている．それに伴い，水産食品に及ぼす空気による脂質の酸化の影響が重要視されるようになっている．低温中でも酸化は徐々に進行し，過酸化物やカルボニル化合物などの有害な二次生成物が発生し蓄積することから，水産食品は常に酸化による劣化にさらされているといっても過言ではない．

　魚貝類を氷蔵や凍結貯蔵した場合，筋肉中の脂質は酵素によって加水分解されたり，自動酸化されて劣化する．図4-6は氷蔵初期における筋肉中の脂質酸化の一次生成物であるヒドロペルオキシド☞の生成量を魚種別および部位別に比較したものであるが，血合筋の方が普通筋に比べて大きい傾向にある（大島・孫，2004）．なお，カツオのように普通筋，血合筋ともに脂質酸化が速いものもあれば，メダイのように血合筋の方が普通筋より極端に速いものもあり，魚種や部位によって低温貯蔵中に進行する脂質の酸化速度は異なる．脂質含量6％程度のマイワシ塩乾品を-20℃に凍結保存した場合でも，脂質酸化の指標である過酸化物価（PV）（解説参照）は徐々に増加し，脂質の酸化による劣化は進行する．脂質含量の多いイワシやサバなどの赤身魚は皮下に脂質を多く蓄えており，白身魚に比べ脂質の酸化速度は大きい．脂質酸化が進行すると，反応性の高い過酸化脂質（ヒドロペルオキ

> ☞ **ヒドロペルオキシド**
>
> 脂質の自動酸化によって生成する第一次酸化生成物が過酸化物であり，その形態がヒドロペルオキシド（官能基-OOHをもつ化合物の総称）である．過酸化物は不安定であり，そのままの形で蓄積されることはなく，分解されてアルデヒド（マロンアルデヒド），ケトンなどのカルボニル化合物を生成して酸敗を起こす．

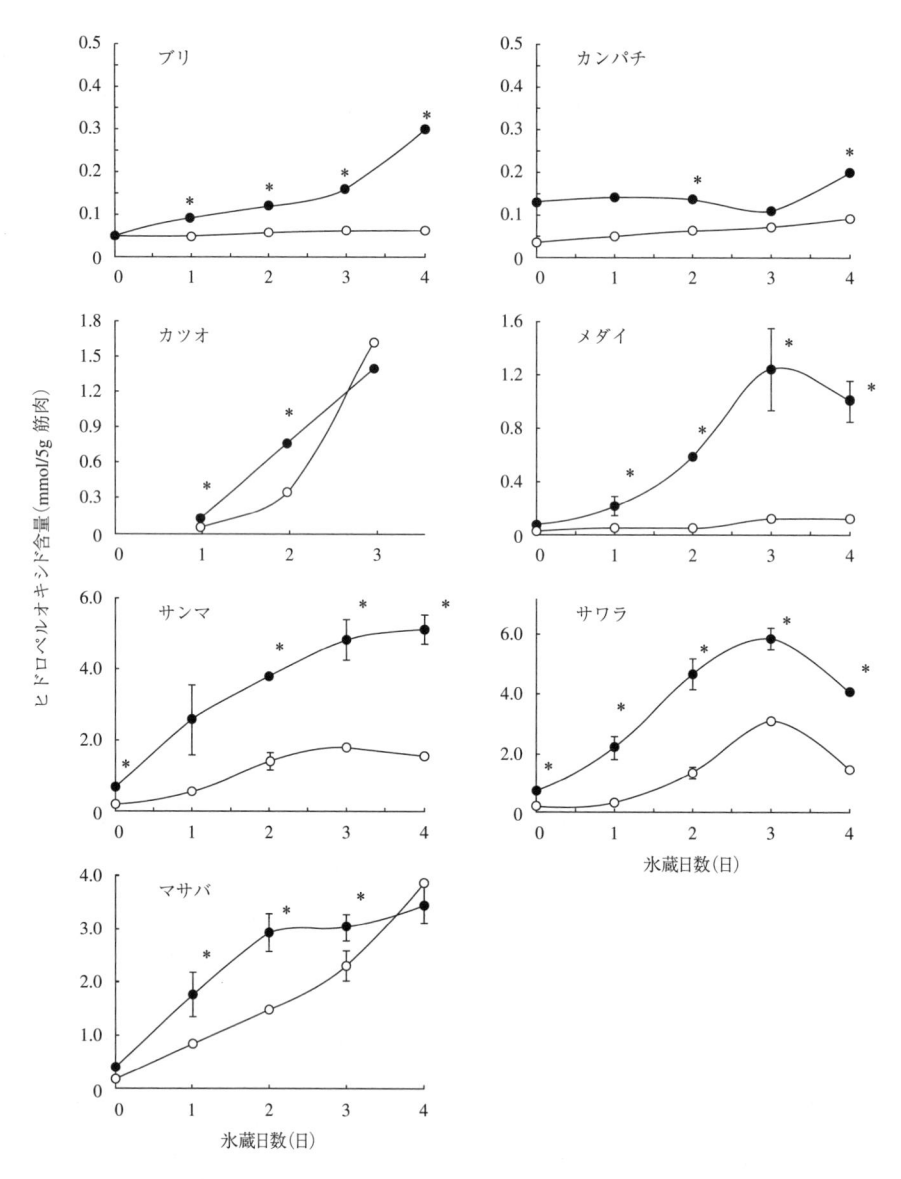

図4-6 各種魚類を氷蔵したときの筋肉脂質の酸化
−○−：普通筋，−●−：血合筋．普通筋と血合筋での有意差，＊$P<0.01$．（大島・孫，2004を改変）

シド）は二次生成物のアルデヒド，ケトンなどのカルボニル化合物が生成する．第5章で述べるようにこれらの酸化物中には不快な味や臭いを有するものがあり，魚貝類の品質劣化の要因となる．また，脂質酸化は自動酸化と呼ばれる連鎖反応で進行し，一端反応が開始されると酸化物の生成が促進される．これらの酸化物は反応性に富むため，タンパク質などと共有結合し，不可逆的なタンパク質変性をも促進する．このため，脂質酸化の進行は味や臭いの劣化以外にも，栄養価の低下や変異原性化合物を生成することがある．凍結保存中に脂質酸化によって生じたアルデヒドなどは，アミノ酸を代表とする窒素化合物と非酵素的に反応して［メイラード反応（Maillard reaction, 解説参照), アミノカルボニル反応 (aminocarbonyl reaction) の一種], 黄色や茶色の着色物を生じることがある. このような褐変現象は油焼けあるいは凍結焼け (freeze burn) と呼ばれ, 好ましい外観の喪失, 栄養価の低下などの品質劣化の原因となる. 一方, 貯蔵中に細胞膜 (リン脂質二重層, 解説参照) の主成分であるリン脂質はホスホリパーゼによる加水分解を受けてリゾリン脂質と遊離脂肪酸, さらにリゾリン脂質はリゾホスホリパーゼによる加水分解を受けて遊離脂肪酸を生ずる (図4-7A). この反応は魚貝類の塩蔵品でよくみられるが, 凍結保存中にも進行する. 遊離脂肪酸の増大は風味の低下をもたらすとともに, 脂質酸化の進行も促し, 筋原線維タンパク質を変性させて筋肉のテクスチャーをも劣化させる. リン脂質加水分解も酵素反応であるため, 一般に貯蔵温度が低いほど上述した反応は進行しにくいが, －5℃程度でむしろ促進されるという現象がみられる. これは, 凍結による筋肉組織の破壊のためではなく, 凍結による脱水がホスホリパーゼとリン脂質との相互作用を高め, 酵素－基質複合体形成が促進されるためと考えられている (図4-7B). 以上のような凍結保存による脂質成分の変性を防ぐためには, (1)速い凍結速度, (2)低く安定した保存温度, (3)アイスグレーズや包装による乾燥の防止, (4)アイスグレーズや包装による酸素との接触抑制, (5)真空包装や窒素置換などによる積極的な

> **褐変と油焼け**
>
> 水産食品は製造, 加工, 貯蔵中に様々な要因から変色することがある (本章§4-2参照). マグロ, クジラ肉のミオグロビンのメト化による褐変, メイラード反応産物のメラノイジンによる褐変 (解説), カツオのオレンジミートなどは非酵素的褐変の例である. 一方, 酵素が関与する変色として, ポリフェノールオキシダーゼによるエビの黒変があげられる. 一方, 油焼けは, 高度不飽和脂肪酸に富む魚類の乾製品や塩乾品で, 長期貯蔵中に表面が黄褐から赤褐色に変色し, 苦味, 渋味や不快臭を発する現象のことを表す. 油脂の酸化および分解, タンパク質の変性および分解による.

> **リゾリン脂質**
>
> リン脂質の2つの脂肪鎖のうち1つが加水分解された状態のリン脂質. リン脂質同様界面活性作用がある.

> **抗酸化剤**
>
> 酸化反応の進行を抑制する物質の総称. 食品添加物として用いられる場合は, 酸化防止剤と呼ばれる. 主なものに, アスコルビン酸 (ascorbic acid, ビタミンC), トコフェロール (tocopherol, ビタミンE), ジブチルヒドロキシトルエン (dibutylhydroxytoluene, BHT), ブチルヒドロキシアニソール (butylatedhydroxyanisole, BHA), エリソルビン酸ナトリウム, 亜硫酸ナトリウム, 二酸化硫黄, コーヒー豆抽出物, 緑茶抽出物などがある.

脱酸素, (6)トコフェロールなどの抗酸化剤の使用などが有効とされているが, 魚種や加工用途などによって変性の過程が異なるため, それぞれの特性を理解したうえで目的に応じた処理が必要とされる.

　一方, 解凍後の脂質の酸化が, マアジで調べられている. マアジを－20℃で35日間凍結貯蔵後, 流水解凍して5℃に冷蔵した場合と, 凍結せずに5℃で冷蔵したものを比較すると, 酸化の指標であるチオバルビツール酸 (TBA) 値 (解説参照) は凍結, 解凍処置をしたものが有意に高く, 凍結, 解凍処理は冷蔵中の脂質酸化を顕著に促進させることが明らかである (図4-8；小泉ら,

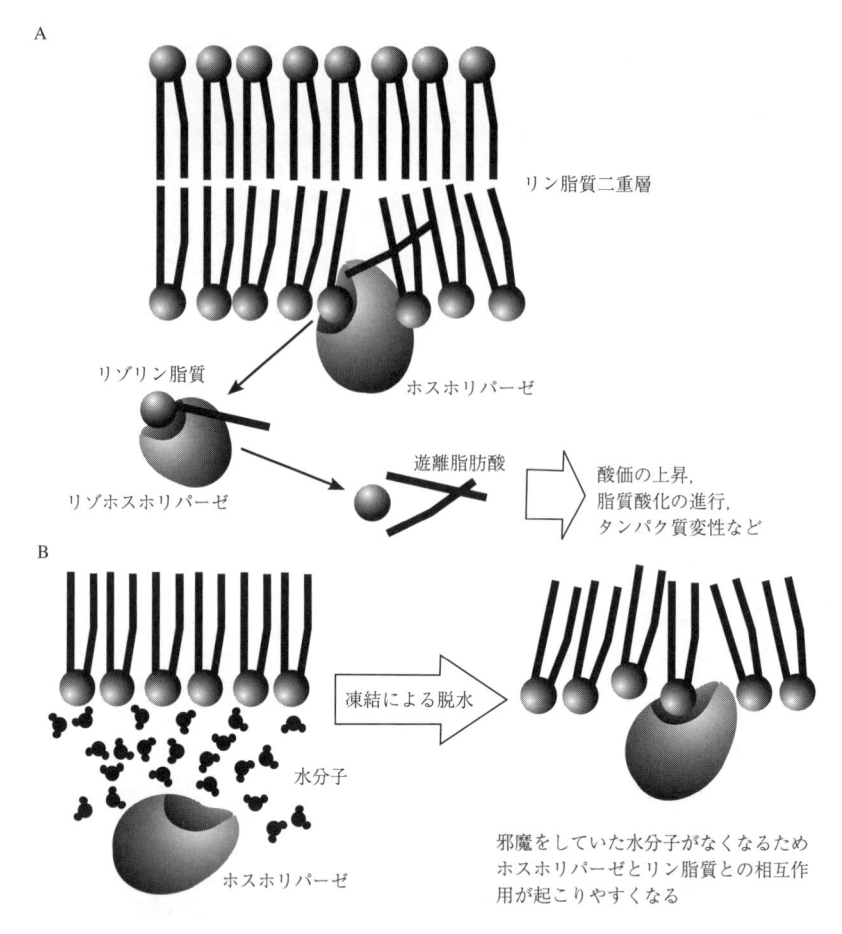

図4-7 脂質二重層膜リン脂質の分解
　　　A：リゾホスホリパーゼによる分解，B：凍結脱水による分解の促進

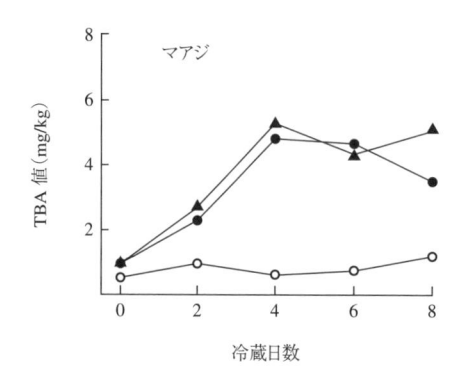

図4-8 マアジの冷蔵中におけるチオバルビツール酸（TBA）値の変化に及ぼす凍結・解凍処理の影響
　　　−○−：生鮮魚，−●−：凍結・解凍魚，−▲−：凍結・解凍2回繰り返し魚．（小泉ら，1988より改変）

1988). この促進には，凍結，解凍処理による組織の脆弱化が一部関与している.

2-3 加熱，乾燥による脂質の変化

本章で述べたように，魚貝類はn-3 PUFAの割合が陸上動植物に比べて高いことから，乾燥に伴う脂質酸化が生じやすい．一般に，食品乾物あたり30〜80％の水分含量で脂質酸化の速度は増大することが知られているが，乾燥中における脂質過酸化速度は魚種により大きく異なる（図4-9）．キンメダイの脂質は極めて安定であるのに対し，マイワシやゴマサバの脂質は不安定である．これは魚肉中に内在するα-トコフェロールなどの抗酸化性物質含量の差異や，中性脂質，リン脂質などの脂質分子種の相違が影響している．さらに，同一魚種においても脂質含量が異なれば，乾燥中の脂質酸化の様相は異なってくる．脂質含量の多いイワシは，皮下に蓄積脂質を多く蓄えており，乾燥によって脂質は酸化しながら表面および筋肉中に移行する．表面にしみ出た脂質は油焼けを起こし，製品の色だけではなく風味にも悪影響を及ぼし，品質は大きく低下する．

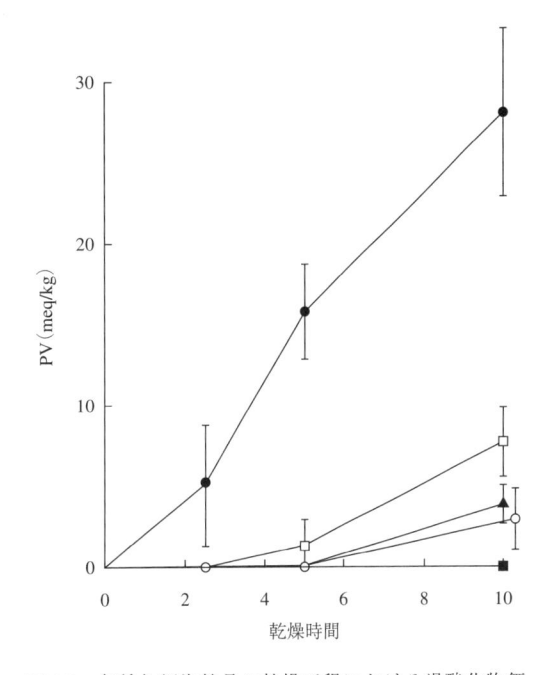

図4-9 各種魚類塩乾品の乾燥工程における過酸化物価（PV）の変化
フィレーとした試料を20％の食塩水（10℃）に20分間浸漬した後，25℃で乾燥した．
●：マイワシ，□：ゴマサバ，▲：マアジ，○：カマス，■：キンメダイ．（滝口，1999より）

2-4 塩蔵による変化

塩蔵品の製造に用いられる食塩もまた脂質酸化を促進するが，その促進機構は不明である．食塩を多量に含む魚類の塩蔵品の場合，適切な処理を施せないと塩蔵処理中，およびその後の貯蔵中に脂質酸化が速やかに進行し，炭素数の少ない低級脂肪酸やカルボニル化合物の生成によって不快な刺激臭と渋みを呈する．この現象は酸敗と呼ばれる．一方，イカの塩辛は長期保存後も含まれる魚油の酸化はほとんど起こらない．また，イクラでも水分が失われて卵膜が破壊されない限り，卵内部の脂質酸化はそれほど進行しない．アスタキサンチンなどの内在性抗酸化物質が脂質の酸化を制御している．

2-5 高圧処理による変化

食品の静菌，殺菌，酵素反応制御あるいはテクスチャー改変の目的で，高圧処理が様々な分野で試みられている．その多くは未だ試験研究の段階にあるが，魚肉脂質に対する高圧処理の影響

も検討されている．マイワシ細砕肉に 1000 MPa の圧力を施し，その後 5℃ で貯蔵した場合，9 日間の貯蔵においても遊離脂肪酸の生成が 0.1% 以下に抑えられた．これは，圧力処理によってリパーゼが失活したためであると解釈される．しかしながら，高圧処理は脂質酸化を促進させる傾向を示すことも報告されている．

（石崎松一郎）

§3. 糖　質

炭素に水が結合した分子形を有する糖質は，炭水化物とも呼ばれ，D-グルコース（ブドウ糖）などの単糖類，スクロース（ショ糖）など単糖の数個（2〜10）の縮合体である少糖類（オリゴ糖），デンプンなどの多糖類に分類される．糖質中，難消化性成分として位置づけられているのが食物繊維である．糖質は，分子に少なくとも 1 個のカルボニル基（C=O）と 2 個以上のヒドロキシ基（OH）をもっており，多くは $Cn(H_2O)m$ の一般式で表わされる．このカルボニル基に水素（H）を反応させてヒドロキシ基に変換させたものが糖アルコールである．また，ヒドロキシ基の 1 つがアミノ基（NH_2）に変換したものはアミノ糖と呼ばれ，その一種であるグルコサミンは，カニの甲羅などを形成するキチンの構成成分である．キチンとその脱アセチル化物であるキトサンは，動物由来の食物繊維である（伊東，2008）．

3-1　魚貝類の糖質

魚類などの水圏動物は，ヒトと同様に体内で二酸化炭素と水から糖質を合成することができないため，他の生物から種々の糖質を摂取してエネルギー源としている．魚類が蓄積する糖質は，そのほとんどが多糖類であるグリコーゲンである．その蓄積部位は筋肉と肝臓であるが，魚類では体内全量の 2/3 は筋肉に蓄積され，急激な運動時のエネルギー源となる．残りは肝臓にあり，血中グルコース濃度の調節に使われている．一方，カキでは中腸腺（肝臓に相当する消化器官）が主たる蓄積部位となっている．魚貝類に含まれるグリコーゲンは漁獲時の急激な運動や死後急速な分解により，ヒトが魚貝類を摂食しても，主要な糖質供給源にはならない．解糖により魚類，甲殻類（エビ類，カニ類）ではグリコーゲンは乳酸へ，軟体動物（イカ類，タコ類，貝類）ではオピン類や乳酸などへと速やかに分解される（第 2 章 §3-4 参照）．コンブ，ワカメ，ノリ，モズクなどの食用藻類は 25〜60% の糖質を含むが，そのほとんどが体内で消化されにくい食物繊維として存在している．

3-2　魚貝類の加工貯蔵中における糖質の消長

魚貝類の糖質はタンパク質，脂質に比べてその含量は相対的に低い（表 4-1）．しかしながら，カツオなどの回遊性の赤身魚は，マダラなどの白身魚に比べグリコーゲン含量が多い．カツオでは筋肉中に 1% 前後のグリコーゲンを有しており，運動エネルギーの補給源として寄与している（表 4-3）．貝類，とくにホタテガイやマガキなどの二枚貝ではグリコーゲンはエネルギー源として貯蔵され，その含量は季節により大きく変動する（図 4-10）．グリコーゲン自体は無味であるが，

表4-3 主な魚貝肉のグリコーゲン含量（mg/100g）

	含量
コイ	1,020
ニジマス	950
カツオ	910
スズキ	820
ソウダガツオ	600
マダラ	300
カワカマス	280
アサリ	600〜1,600
マガキ	1,300〜5,200
ホタテガイ	490〜6,600
ズワイガニ（脚肉）	200〜400
スルメイカ（胴肉）	540
クルマエビ	63

（山中, 1988より）

グリコーゲン含量が高いマガキでは「こく」や「とろみ」が増強され，海のミルクといわれるように美味になる．魚類普通筋のグリコーゲン含量は血合筋よりも高く，天然魚と養殖魚では後者の方が高い傾向にある．

グリコーゲン含量はカツオ缶詰においてみられるオレンジミートやホタテガイ乾製品の褐変反応に関与することが知られている（本章§4-2，解説参照）．図4-11に，グリコーゲン含量が異なるホタテガイ貝柱（閉殻筋）を5℃に貯蔵したときの解糖系中間代謝産物であるグルコース6-リン酸の変化と加熱褐変度の関係を示す．グリコーゲン含量が0.75および1.10％の活貝ではグルコース6-リン酸は13 mg/100g，グリコーゲン含量が7.36％の活貝でも26 mg/100gと低かった．しかしながら，これらを5℃に貯蔵すると，貯蔵3日後のグルコース6-リン酸は0.75，1.10および7.36％の試料でそれぞれ，31，73および137 mg/100gと増加した．これらの貝柱を加熱すると，1.10％の試料では弱い褐変，7.35％の試料では強い褐変が生じた．すなわち，急速凍結などによりグリコーゲン含量が高く維持された筋肉では，解凍とともにグリコーゲンが急速に分解され，グルコース6-リン酸やフルクトース6-リン酸などの還元糖リン酸が蓄積され褐変（メイラード反応，解説参照）が生じる（Kawashima and Yamanaka, 1996；山中，2002）．

一方，タラおよびイカ乾製品の貯蔵中に起こる褐変には，死後ATP分解に伴って蓄積される中性還元糖のリボースが関与していることが報告されている（Tarr, 1966；大村ら，2004）．同様に，ウマヅラハギ調味乾製品の変色にもリボースの関与が示唆されている（滝口，1991）．一方，グリコーゲン含量は，マグロ類の筋肉に多量に含まれるミオグロビンの自動酸化（メト化）にも少なからず影響を及ぼすことが明らかにされている．ミオグロビンのメト化はpHの低下などによって引き起こされる（本章§4-2参照）．筋肉中のグリコーゲン含量を低く抑えると死後のpH低下を抑制できるため，冷蔵中のマグロ肉のメト化の進行を遅らせることができると考えられ，養殖マグロでは出荷前の絶食が検討されている．クロマグロ以外にも，マサバ，マアジなどにおいて蓄養が行なわれるようになり，従来報告されてきた漁獲直後のグリコーゲン含量およびグリコーゲンから解糖を経て蓄積される乳酸含量は，蓄養した場合とは必ずしも一致しない場合がみられる．グリコーゲン含量は魚貝類の死後変化や肉質，あるいは品質に大きな影響を及ぶすことから，魚貝類加工品の品質を管理するためには，原料の漁獲直後の正確なグリコーゲン含量を調べることが必要である．リボースの糖類についても同様である．

3-3 魚貝類のプロテオグリカン

様々な構成糖，すなわちD-グルコース，D-マンノース，D-ガラクトース，L-フコース，N-アセ

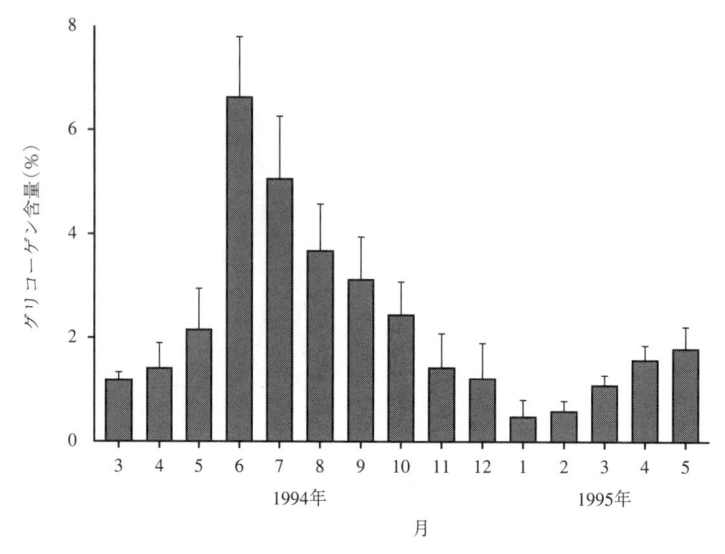

図4-10 ホタテガイ貝柱中のグリコーゲン含量の季節変動
(Kawashima・Yamanaka, 1996 より)

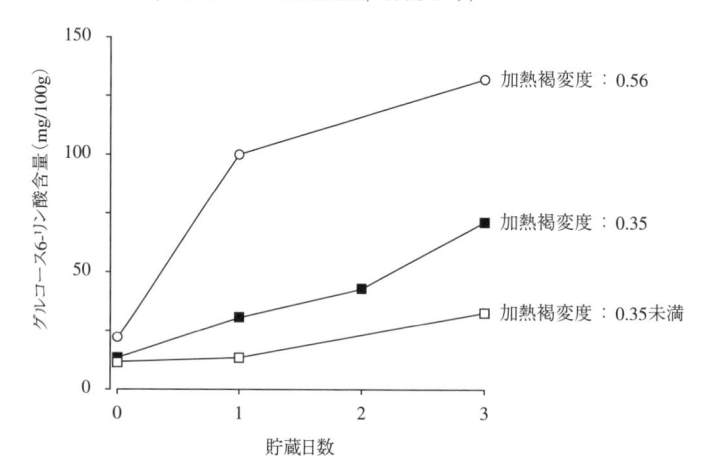

図4-11 グリコーゲン含量の異なるホタテガイ貝柱の5℃貯蔵におけるグルコース6-リン酸の変化と加熱褐変度の関係
グリコーゲン含量（％）　○：7.36，■：1.10，□：0.75．
加熱褐変度　0.35未満：褐変せず，0.35-0.40：弱い褐変，0.50以上：強い褐変を表す．なお，加熱褐変度は，110℃で90分間加熱したときの遊離液の450 nmにおける吸光度を指標とした．
(Kawashima・Yamanaka, 1996 より)

チルノイラミン酸（シアル酸），N-アセチル-D-グルコサミン，N-アセチル-D-ガラクトサミン，D-キシロース，D-グルクロン酸などの還元末端（C-1位）にタンパク質や脂質が共有結合したものを複合糖質と呼び，糖部分は糖鎖と呼ばれる．このうち，アミノ糖（N-アセチル-D-グルコサミンおよびN-アセチル-D-ガラクトサミン）やウロン酸（D-グルクロン酸およびD-イズロン酸）が構成糖となり，タンパク質と複合体を形成しているものをプロテオグリカンと呼ぶ．その糖鎖部分はグリコサミノグリカン（ムコ多糖）と呼ばれ，魚貝類の軟骨，皮，血管，眼球のガラス体に多く存在する（表4-4および4-5）．ヒアルロン酸，コンドロイチン，キチンは中性のグリコサミ

表4-4 魚類の組織器官別グリコサミノグリカン量　　（μmol/g 乾物）

魚種	器官	ウロン酸量	魚種	器官	ウロン酸量
イシガレイ	肝臓	1.8	メバチ	脂瞼	3.5
	消化管	2.8		眼球	4.0
	卵巣	0.80		普通筋	0.27
カツオ	眼球	10		血合筋	0.27
	普通筋	1.3		心臓	1.9
	血合筋	4.9		肝臓	0.74
	胃	1.7		膵臓	14
	幽門垂	1.1		胃	1.9
	腸	1.5		幽門垂	1.4
キハダ	脂瞼	4.0		腸	1.1
	眼球	2.2	ビンナガ	脂瞼	8.0
	普通筋	0.11		眼球	6.3
	血合筋	0.13		普通筋	0.17
	心臓	1.9		血合筋	4.4
	肝臓	1.5		肝臓	0.63
	胃	1.8		胃	1.4
	幽門垂	0.34		幽門垂	0.63
	腸	2.0			

グリコサミノグリカンはウロン酸とアミノ糖の2糖繰り返し構造を有することから，ウロン酸量として表示している．（土屋ら，1997より）

表4-5 軟体動物の組織器官別グリコサミノグリカン量　　（μmol/g 乾物）

魚種	器官	ウロン酸量	魚種	器官	ウロン酸量
〈二枚貝〉			〈巻貝〉		
タイラギ	貝柱	7.2	ヒメエゾボラ	外套膜	28
	外套膜	13		足	11
	足	16		内臓	7.7
	内臓	4.1	アヤボラ	外套膜	16
ホタテガイ	貝柱	18		足	29
	外套膜	4.2		内臓	5.1
	足	7.8	サザエ	外套膜	9.9
	内臓	4.0		足	5.7
ハマグリ	貝柱	7.5		内臓	1.6
	外套膜	23	〈頭足類〉		
	足	42	スルメイカ	皮	38
	内臓	28		外套膜	5.7
イガイ	貝柱	13		足	8.7
	外套膜	41		内臓	2.3
	足	7.7	ホタルイカ	皮	−
	内臓	50		外套膜	6.0
マガキ	貝柱	7.2		足	3.7
	外套膜	23		内臓	−
	足	−	マダコ	皮	31
	内臓	26		外套膜	11
				足	16
				内臓	12

グリコサミノグリカンはウロン酸とアミノ糖の2糖繰り返し構造を有することから，ウロン酸量として表示している．（土屋ら，1997より）

ノグリカンで，コンドロイチン硫酸は酸性のグリコサミノグリカン（酸性ムコ多糖）に属する．魚貝類プロテオグリカンの加工，貯蔵中における変化はほとんど調べられておらず，安定性など

の知見は皆無に等しい．複合糖質は，発生，分化，生殖，免疫，炎症，ガン化，感染などの様々な生命現象に関与していることが明らかにされてきており，その糖鎖構造と各種の細胞機能との関係が注目されている．

(石崎松一郎)

§4. その他の成分

4-1 水分

水分（moisture）はほとんどの食品において主成分であり，様々な物質を溶かし込んで物質間に化学反応の場を提供する．高温処理をともなう加工中においては，水分が蒸発により減少する．表4-6に，マアジ（可食部）の加工中の変化を示す．減少するのは自由水（free water）のみであり，結合水（bound water）は容易には失われない．凍結，貯蔵，解凍などの条件が不適切である場合，あるいは凍結耐性が低い水産物の場合は，解凍時にドリップを生成することがある．とくに，ATPが残存する高鮮度のクジラ肉の解凍時に，解凍硬直のために筋肉重量の3割程度に相当する水分がドリップとして失われる（第2章§2-3，同章§4-3参照）．凍結および解凍に伴うドリップの生成は，凍結による細胞膜の物理的破壊とタンパク質変性に伴う保水性の低下が主因とされている（本章§1-2参照）．水分活性（water activity, Aw）とは，純水に対する食品からの蒸気圧の比であり，自由水の割合が多いほど値は高くなる．その値は0と1の間にある．自由水は微生物が利用できる水分であるため，水分活性が高い食品（Aw > 0.8）では細菌，酵母，カビなど多くの微生物が繁殖しやすく，保存性が悪い．水分活性を下げる保存法として，乾燥，塩蔵などが古くから行われている．一方，凍結貯蔵中の乾燥は，水分の昇華が原因である．乾燥により食品の脂質が空気に触れやすくなるため，脂質などの酸化が促進される．

表4-6 マアジ（可食部）の加工にともなう成分の変動　　　　（100g当たり）

加工法	水分 (g)	灰分 (g)	Na (mg)	K (mg)	Ca (mg)	ビタミン			
						A[*1] (μg)	D (μg)	E[*2] (mg)	B_1 (mg)
生	74.4	1.3	120	370	27	10	2.0	0.4	0.10
水煮	70.4	1.3	120	370	33	12	2.5	0.3	0.09
焼き	65.6	1.8	170	490	65	13	1.9	0.6	0.11
開き干し（生）	68.4	2.5	670	310	36	Tr[*3]	3.0	0.7	0.10
開き干し（焼き）	60.0	3.0	770	350	57	Tr	2.6	1.0	0.12

[*1]：レチノール，[*2]：α-トコフェロール，[*3]：痕跡．

(五訂増補日本食品標準成分表から抜粋)

4-2 色素

魚貝類の表皮，生殖巣，筋肉などや海藻類には多様な色素（pigment）が存在し，それらの色調に深く関与しているほか，様々な生理機能を担っている（表4-7）．酸素の運搬や貯蔵に関わるのはヘモグロビン（hemoglobin），ミオグロビン（myoglobin），ヘモシアニン（hemocyanin）などのヘムタンパク質（heme protein）である．ヘモグロビンはpHに応じて酸素に対する親和性が変わるため，抹消部における酸素の効率的な放出が可能となる（ボーア効果，Bohr effect）．この性質はミオグロビンにはみられない．シトクロム類の含量は低いため，魚貝類の色調には関

与しないと考えられる.

　カロテノイド（carotenoid）は動物，植物などから800種類以上が見出されている．カロテノイドは単独のほか，甲殻類の殻に存在するクラスタシアニンのように，タンパク質に結合して存在するものや，脂肪酸などとのエステルとして存在するものもある．動物はカロテノイドを合成することはできないが，摂取したカロテノイドを体内で代謝し，様々な誘導体に変換することができる．海産魚の皮にはアスタキサンチン（astaxanthin）やツナキサンチン，淡水魚にはルテインやアロキサンチンが存在する．サケ・マス類の筋肉や卵巣の赤い色調は主としてアスタキサンチンの存在による．動物においては生殖器官に多く，孵化や稚魚の生残に関わっている．

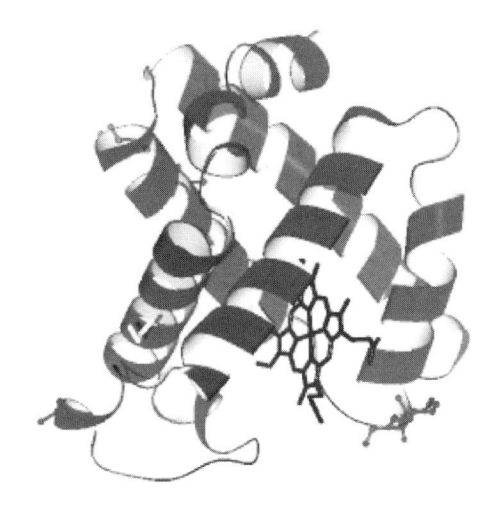

キハダ・ミオグロビンの立体構造

　魚類の血清は他の脊椎動物のものと同様に薄い黄色をしているが，これは胆赤素ビリルビン（bilirubin）によるものである．ウナギやカジカにみられる血清は胆緑素ビリベルジン（biliverdin）結合タンパク質を含むため青緑色を呈する．サザエの卵巣にはターボベルジンという胆汁色素が存在し，その色調に関与する．イカ類表皮の色は，生時あるいは死後しばらくの間は目まぐるしく変化するが，色素胞中においてオンモクロムを含む小嚢が活発な膨張，収縮を繰り返すためであり，これには小嚢から細胞膜へ放射状に広がるミオシン・アクチン系などの収縮タンパク質が関与している（第3章§2-6参照）．

　海藻類にはクロロフィルかカロテノイドが含まれるが，緑藻，褐藻，紅藻で成分組成は大きく異なる．カロテノイドについては，緑藻にはβ-カロテン，ルテインなど，褐藻にはβ-カロテン，ビオラキサンチン，フコキサンチンなど，紅藻にはβ-カロテン，ルテイン，ゼアキサンチンなどが分布する．紅藻にはフィコビリンが存在する．いずれの色素も光合成に関与している．

　生鮮魚で問題になるのは，マグロ類筋肉や魚類一般の血合筋の褐変，苦悶死による肉質劣化である．大西洋サケでは苦悶死により氷蔵中に皮および筋肉で変色が促進される．漁獲に伴うスト

アスタキサンチン

β-カロテン

表 4-7 水産生物における色素の分布，性状，機能

	分布	性状	機能	その他の特記事項
ヘモグロビン(血色素)	脊椎動物の血液(赤血球内)，無脊椎動物(アカガイなど)の血リンパ	タンパク質(分子量約17,000のサブユニットの四量体)．酸素結合のための鉄原子を含む．赤色を呈するが鉄の酸化状態により変化	抹消組織への酸素の運搬(ボーア効果を示す)	多毛類(ゴカイなど)が高分子ヘモグロビン(エリスロクルオリン)も合める
ミオグロビン(筋肉色素)	脊椎動物の骨格筋(主として運動筋)，心筋，軟体動物の歯舌筋など	タンパク質(分子量約17,000の単量体)．酸素結合のための鉄原子を含む．赤色を呈するが鉄の酸化状態により変化	酸素の貯蔵(ボーア効果を示さない)，一酸化窒素(NO)の代謝	含量の多い組織では赤い色調の発現に関与(マグロ血合筋や鯨類などではとくに高含量)
ヘモシアニン(血青素)	腹足類，頭足類，甲殻類の血リンパ(細胞外)	タンパク質．酸素結合のための銅原子を含む．酸素結合時は青色を呈する	抹消組織への酸素の運搬	血リンパの主成分(90%以上)
カロテノイド	魚類の体表(皮)，生殖巣，筋肉	脂溶性．イソプレンを基本構造として生合成される．赤，橙，黄色などを呈する．多様な分子種．カロテンとキサントフィルに分類	体色発現，抗酸化作用．海藻では光合成の補助色素	分子種：β-カロテン，ルテイン，ゼアキサンチン，アスタキサンチンなど．遊離型．タンパク質複合体などとしても存在
メラニン	魚貝類の体表，眼，頭足類の墨	黒色ないし褐色を呈する．遊離チロシンから生成	過剰の光を吸収？	成分：真正メラニン，フェオメラニン，アロメラニン
胆汁色素(ビリン類)	胆汁のほか，魚類の表皮(アイナメ，ヘラ)，鱗(サンマ)，血清(ウナギ)，骨，卵巣(アユ)	ヘムが肝臓で代謝されてできる最終産物．青，緑，黄緑色を呈するが条件により変化	抗酸化性	成分：ビリベルジン(胆緑素)，ビリルビン(胆赤素)
オンモクロム	甲殻類，頭足類などの眼，皮膚	トリプトファンから生合成され，黄，赤，紫色などを呈する	体色調節	成分：オマチン，オミン，オミジン
プリン類	魚類(サケ・マス，ウナギ)の表皮	核酸の代謝物．無色	体色(銀化)などに関与，紫外線を吸収	成分：グアニン，尿酸など
キノン類	ウニ類の殻，棘，ウミユリ類，紅藻	赤色(結晶の場合)	抗菌作用，忌避作用	成分：ナフトキノン(アミノクローム，スピノクローム)，アントラキノン
クロロフィル	海藻(緑藻，褐藻，紅藻)	Mgが配位したポルフィリン色素．脂溶性	光合成色素	成分：クロロフィルa(藻類共通の主成分)，b(緑藻のみ)，c(褐藻)，d(紅藻)
フィコビリン	紅藻	タンパク質と結合．胆汁色素と類似の構造．水溶性	光合成の補助色素	成分：フィコエリトリン(鮮紅色)，フィコシアニン(青色)，アロフィコシアニン(青藍色)

レスや苦悶死は，ATPの分解促進，pHの低下，死後硬直開始時間の短縮などの原因となり，その後の貯蔵中における魚肉の品質変化を促進する．一方，ヤケ肉といわれる現象では，脊椎骨周辺の筋肉が白濁し保水性が低下するが，その程度は魚体により大きく異なる．発生原因については主として，夏場の高水温（高体温）と嫌気的条件下の解糖促進などによる筋肉pHの低下と考えられている（本章§1-7参照）．

水産物の貯蔵や加工においては，好ましい変化だけでなく，商品価値を低下させる色変も生じる．主要な色変現象の発生事例，その機構などについて表4-8にまとめた．マグロ類やクジラ類の筋肉ではミオグロビン含量が高いため，ミオグロビン中のヘム鉄の酸化還元状態が肉色に反映する（図4-12）．肉を切り出してしばらくの間は通常，暗赤紫色を呈する．これは，ミオグロビンが酸素と結合していない状態（還元型，デオキシ型）にあるためで，しばらく放置しておくと空気中の酸素と結合して鮮赤色の酸素化型（オキシ型）が増加し，肉は鮮やかな赤色を呈するようになる．さらに時間が経過すると，ヘム鉄が酸化されて3価になったメト型の割合が増加して肉は褐変する．マグロ類などの肉の品質評価の指標としてメト化率がしばしば用いられる．これは，筋肉の水抽出液中のミオグロビン誘導体の組成，すなわち全ミオグロビンに対するメト型の割合を百分率で表したものである．魚類のミオグロビンは一般に不安定であるが，その自動酸化速度（autooxidation rate）には種特異性がみられ，低温に生息する種ほど概してその速度が大きい．一方，ミオグロビンの各種誘導体は加熱すると，さらにメトミオクロモーゲンなどに変化する．

ビリルビン

ビリベルジン

表4-8 貯蔵や加工にともなう水産物の色変

色調	発生例［現象の通称］	機 構	対 策
褐色	マグロ類，クジラ類などの筋肉［褐変］	メトミオグロビンの生成（ヘムの酸化）	超低温貯蔵，包装（MA）貯蔵など
	脂質含量の高い魚［油焼け］	脂質酸化	アイスグレーズ，抗酸化剤添加
	カツオ缶詰［オレンジミート］	アミノカルボニル反応	低温放置による人為的な鮮度低下
	魚醤油	アミノカルボニル反応	（好ましい変化につき不要）
黒色	エビ・カニ類	メラニンの生成	亜硫酸塩処理，CO_2処理
	カニ，マグロ，サケ缶詰（内面）［黒変］	硫化水素と缶材との反応	エナメル缶使用
赤色	マグロ筋肉などのCO処理（人為的）	カルボキシミオグロビンの生成	法令で禁止（国により異なる）
青色	カニ缶詰［ブルーミート］	ヘモシアニンが関与？	二段加熱（ヘモシアニンの除去）
	マグロ缶詰［青肉］	ミオグロビンとTMAOとの反応？	
（多様）	塩蔵魚，練り製品など	細菌の繁殖，カビの色素産生	繁殖抑制
（退色）	サケ筋肉（凍結保存中）	紫外線，内在酵素によるカロテノイドの酸化	グレーズ，低温貯蔵
	マグロ類などの筋肉［ヤケ肉］	高温，低pHによるタンパク質変性	即殺，温度管理（効果は不完全）

マグロ肉の場合，一般的なコールドチェーンの温度（−18℃）では速やかに褐変が進んでしまうため，生食用マグロの場合には褐変防止のため，−60℃程度の超低温で保管されることが多い．肉の褐変速度は，魚種，部位，鮮度，季節，漁法，保管温度，凍結および解凍速度，酸素分圧，脂質酸化など，多くの要因による影響を受ける．ナマズの一種 *Pagasianodon gigas* の筋肉では冷蔵中，脂質酸化に呼応して，メト化率の上昇とともに色彩値の1つa^*値（赤さの指標）の増加が認められている．また，落し身を氷蔵する場合，ヘモグロビンが混在するとa^*値が次第に減少していく（図4-13A）．このような条件下ではヘモグロビンにより脂質酸化が促進されるため，脂質酸化臭が強くなる（図4-13B）．これらの現象は，漁獲時に脱血しておかないと，魚肉の品質劣化が進みやすいことを示している（第2章§5-4,

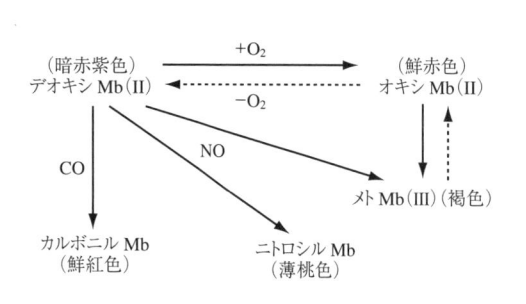

図4-12　ミオグロビン（Mb）の各種誘導体と色調との関係．括弧内のローマ数字はヘム鉄の酸化状態を示す．点線の矢印は，人為的な操作を加えない限り，生体内でのみ進む反応を示す．

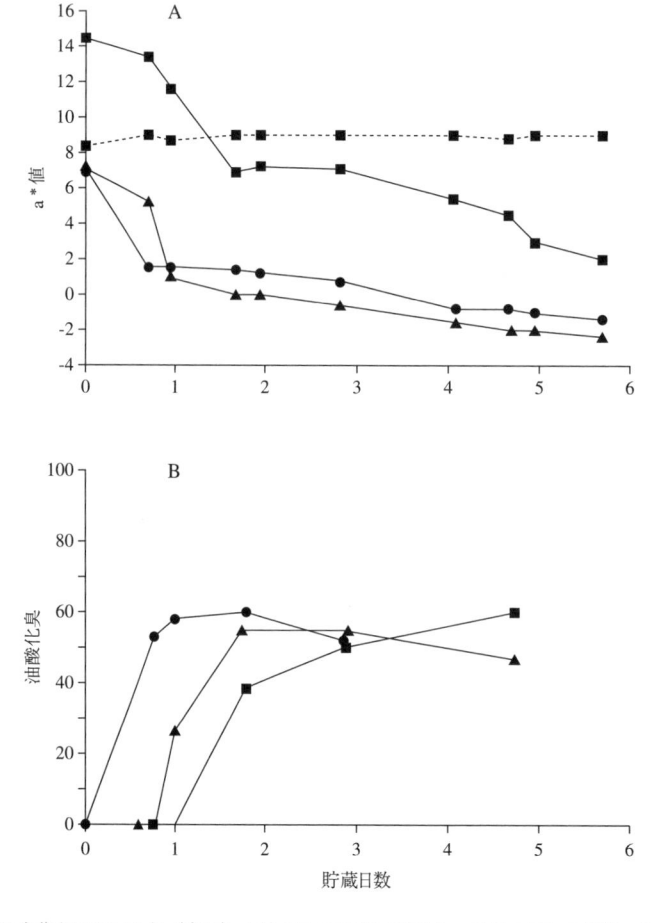

図4-13　魚肉落とし身の氷蔵中における色（赤さ）と酸化臭の変化に及ぼすヘモグロビンの影響．(Larsson K. ら，2007)
　　　▲：マダラ，●：ニシン，■：大西洋サケ．実線で示した区にはニジマス由来ヘモグロビン（20μM）を添加．

第3章§2-4参照）．ミオグロビンも同様に脂質酸化作用を示し，酸化脂質もまたヘムタンパク質の酸化を促進するので，マグロ類などの貯蔵時には注意を要する．さらにアルデヒド類の存在下では，ミオグロビンと筋原線維タンパク質の間に架橋が形成されることが認められている．一方，ミオグロビンは一酸化炭素を結合すると，より安定で鮮赤色を示すカルボキシ型（カルボニル型）へと変化するため（図4-12），赤身魚や白身魚血合筋の変色防止に利用されることがある．鮮度偽装の恐れや残存する一酸化炭素による中毒が危惧されるため，この処理法はわが国のように禁止されている国が多いものの，アメリカ合衆国のように条件付で認められているケースもある．

タンパク質に結合している状態のアスタキサンチンでは本来の赤い色調を示さないが，加熱などにより結合タンパク質の構造が変化すると本来の色が現れてくる．エビ・カニ類の加熱時にこのような変化をみることができる．貯蔵中のエビ類の黒変（melanosis）は，重合したヘモシアニンが示すフェノールオキシダーゼ活性によるものと考えられている．メイラード反応（本章§3-2，解説参照）は，糖（カルボニル基）とアミノ酸やタンパク質（アミノ基）との間に起こる化学反応で，メラノイジンという褐色物質の生成により褐変を起こす．また，この反応の副反応により，臭気成分も生成される．アミノカルボニル反応には，練り製品の焼き色など好ましい変化がある一方で，カツオ缶詰にみられるオレンジミートのように好ましくない例もある．

4-3　無機質，ビタミン類

魚貝類の加工中においては諸成分の変化がみられる．マアジ可食部の無機質およびビタミンの一部の変動を表4-6に示した．塩蔵，塩干などによって，製品中のナトリウム含量（あるいは塩分）が増加し，必然的に灰分も増加する．種々の添加物に含まれるナトリウムが塩分（食塩換算量）の増加につながるケースも少なくない．一方，リン酸塩は食品添加物として多目的に使用されるため，加工過程においてリンの含量が増加する場合がある．他の無機質については，水分の減少に伴う相対的な増加はみられるものの，実質的な変化はない．

ビタミン類については，加工の影響を受けるのは抗酸化ビタミンのAおよびEであり，その他のビタミンには大きな変化が認められない．ビタミンCは本来，魚貝類にはほとんど存在しない．α-トコフェロール（ビタミンEの1種）は冷蔵や冷凍中において酸化されキノン類を生じる．しかし，フェノール化合物などの摂餌投与により，筋肉中の酸化脂質の還元とともにトコフェロールが再生される．表には示さないが，缶詰の製造過程においてはビタミンB群のわずかな減少が起きる．乾燥によって諸成分の増加がみられるが，ほとんどの場合，水分の減少に伴う相対的な増加である．

4-4　その他の微量成分

トリメチルアミンオキシド（trimethylamine oxide，TMAO）は細菌由来の還元酵素によりトリメチルアミン（TMA）とホルムアルデヒドに変換され，生臭さの原因となる（第2章§3-6参照）．タラ類などで凍結貯蔵中にみられるスポンジ化は，TMAOアルドラーゼ活性（TMAOase）

が関与するホルムアルデヒドの生成，蓄積により，筋肉の塩溶性タンパク質画分が不溶化することが原因である（本章§1-2参照）．この現象には種間差や個体差がみられる．

（落合芳博・加藤　登）

引用文献

福田　裕（1996）：魚肉タンパク質の凍結変性，中央水研報，8, 77-92.

橋本昭彦・小林章良・新井健一（1982）：魚類筋原繊維Ca-ATPase活性の温度安定性と環境適応，日水誌，48, 671-684.

伊東　信（2008）：糖質の分類と構造，水圏生化学の基礎（渡部終五編），恒星社厚生閣，pp.99-108.

伊　剛・北田長義・山田典彦・関　伸夫・新井健一（1990）：スケトウダラ筋肉の塩漬中に起こる筋原線維タンパク質の生化学的変化，日水誌，56, 687-693.

Kawashima K. and Yamanaka H. (1996): Influences of seasonal variations in contents of glycogen and its metabolites on browning of cooked scallop adductor muscle., *Fish. Sci.*, 62, 639-642.

小泉千秋・帳　俊明・大島敏明・和田　俊（1988）：マイワシおよびマアジの冷蔵中における鮮度低下ならびに脂質劣化に及ぼす凍結・解凍処理の影響，日水誌，54, 2203-2210.

今野久仁彦（2010）：マグロ筋肉タンパク質の変性，生鮮マグロ類の高品質管理　漁獲から流通まで（今野久仁彦・落合芳博・福田　裕編），恒星社厚生閣，pp.54-67.

Larsson K., Almgren A. and Undeland I. (2007): Hemoglobin-mediated lipid oxidation and compositional characteristics of washed fish mince model systems made from cod (*Gadus morhua*), herring (*Clupea harengus*), and salmon (*Salmo salar*) muscle., *J. Agric. Food Chem.*, 55, 9027–9035.

文部科学省　科学技術・学術審議会・資源調査分科会（2005）：五訂増補日本食品標準成分表．

大村裕治・岡崎恵美子・山下久美子・山澤正勝・渡部終五（2005）：イカ乾製品の褐変に及ぼすリボースの影響，日水誌，70, 187-193.

大島敏明・孫　禎晧（2004）：水産物脂質成分の初期酸化が品質劣化に及ぼす影響，水産物の品質・鮮度とその高度保持技術（中添純一・山中英明編），恒星社厚生閣，pp.33-47.

Orlien V., Risbo J., Andersen M. L. and Skibsted L. H. (2003): The question of high- or low-temperature glass transition in frozen fish. construction of the supplemented state diagram for tuna muscle by differential scanning calorimetry. *J. Agric. Food Chem.*, 51, 211–217.

齋藤洋昭（2004）：食物連鎖における水産脂質の動態，水産機能性脂質－給源・機能・利用－（高橋是太郎編），恒星社厚生閣，pp.9-27.

田中武夫（1973）：魚肉氷結に伴う水の挙動，食品の水（日本水産学会編），恒星社厚生閣，pp.63-82.

Tarr H.L.A. (1966): Post-mortem changes in glycogen, nucleotides, sugar phosphates, and sugars in fish muscles–A review, *J. Food Sci.*, 31, 846-854.

滝口明秀（1989）：塩干しまいわしの貯蔵中における脂質劣化に及ぼす食塩の影響，日水誌，55, 1649-1654.

滝口明秀（1991）：調味乾燥ウマズラハギの貯蔵中における褐変脱酸素包装内でのメーラード反応のモデル試験，千葉水試研報，49, 49-54.

滝口明秀（1999）：魚種の異なる塩乾品の脂質劣化の相違，千葉水試研報，55, 73-77.

土屋隆英・佐々木正・渕野寿子（1997）：グリコサミノグリカン，魚介類の細胞外マトリックス（木村　茂編），恒星社厚生閣，pp.61-72.

和田　俊（1993）：水産脂質の脂肪酸分布と利用加工中の変化，水産脂質－その特性と生理活性（藤本健四郎編），恒星社厚生閣，pp.9-26.

若目田篤・新井健一（1984）：高濃度の塩存在下におけるコイのミオシンBの変性機構，日水誌，50, 635-643.

山中英明（1988）：糖および有機酸，魚介類のエキス成分（坂口守彦編），恒星社厚生閣，pp.44-45.

山中英明（2002）：ホタテガイ貝柱の硬化および褐変とその防止法，冷凍，77, 1019-1025.

参考図書

新井健一編（1991）：水産加工とタンパク質の変性制御，恒星社厚生閣，104pp.

Haard N.F. amd Simpson B.K. (2000): Seafood enzymes, marcel dekker.

畑江敬子（2005）：さしみの科学，成山堂書店，148pp.

平田　孝,菅原達也編（2008）：水産物の色素－嗜好性と機能性，恒星社厚生閣．

小泉千秋・大島敏明編（2005）：水産食品の加工と貯蔵，恒星社厚生閣，360pp.

今野久仁彦・落合芳博・福田　裕編（2010）：生鮮マグロ類の高品質管理－漁獲から流通まで，恒星社厚生閣．

野中順三九・小泉千秋・大島敏明著（2000）：食品保蔵学，恒星社厚生閣，239pp.

奥積昌世・藤井建夫編著（2000）：イカの栄養・機能成分，成山堂書店，214pp.

鈴木敦士・渡部終五・中川弘毅編（1998）：タンパク質の科学，朝倉書店，206pp.

竹内昌昭・藤井建夫・山澤正勝編（2000）：水産食品の事典，朝倉書店，436pp.

山澤正勝・関　伸夫・福田　裕編（2003）：かまぼこ　その科学と技術，恒星社厚生閣，377pp.

第5章　魚貝類の呈味成分と臭い成分

　魚貝類には特有の味やにおいがあり，これが食品としての魚貝類の独特な風味を特徴づけている．また，これまで述べてきたように，魚貝類の成分は生息環境，致死条件，貯蔵条件など外部の環境によって大きく影響を受ける．ここでは，呈味成分や臭い成分について触れるとともに，風味に影響を及ぼす因子について述べる．

(潮　秀樹)

§1. 呈味成分の種類と作用

　呈味物質とは味覚を刺激する物質で，われわれが食物を摂取する際にその嗜好性（preference）を決める一因子である．魚貝類の呈味物質には塩化ナトリウムを代表とする塩類のほか，エキス成分と呼ばれる水溶性の低分子有機化合物が含まれる．魚貝類のエキス成分は，遊離アミノ酸，オリゴペプチド，核酸関連物質，有機塩基，有機酸および糖などに分類される．最近になって脂溶性成分の脂肪酸なども味覚器を刺激することが明らかとなり，呈味成分としての位置づけが必要となっている．

　ヒトが感じる味は，甘味，苦味，酸味，塩味およびうま味の5基本味に，持続性，複雑さ，こく，まろやかさなどが複雑に組み合わさって構成される．一般的に，エネルギー物質として重要な糖に甘味が，毒を連想させる物質には苦味が，腐敗を連想させる物質には酸味が，ミネラル成分の存在を連想させる物質には塩味が，タンパク質や核酸などの生体成分の存在を連想させる物質にはうま味が割り当てられており，それぞれの物質に対する摂取行動や忌避行動を惹起する．

　多様な味にどのような成分が寄与するかについては，一般に天然エキスの成分組成を模して調製した合成エキス中から，特定の成分あるいは一群の成分を除いて，天然エキスと比較することによって明らかにできる（オミッションテスト）．この方法によって呈味有効成分であると判断された成分のみによる単純な合成エキスを作製し，その他の成分を添加してさらに評価することによってオミッションテストでははっきりしなかった呈味有効成分を特定することができる（アディションテスト）．このような煩雑な手法を用いることによって数種の魚貝類呈味有効成分が特定されている（表5-1）．

1-1　無機塩類

　無機塩類は海産物に限らずかなりの量が含まれるが，そのうち呈味に強く影響を与える物質として塩化ナトリウムがあげられる．そのものが典型的な塩味を呈するだけでなく，甘味やうま味の感じ方に影響を与える．これについては，塩類以外の呈味成分に加えて，ナトリウムイオンと

表 5-1　魚貝類の呈味有効成分　　　　　　　　　　(mg/100g)

	クロアワビ	バフンウニ	ズワイガニ	ホタテガイ	アサリ
タウリン	946	105	243	784	<u>555</u>
グリシン	<u>174</u>	<u>842</u>	<u>623</u>	<u>1925</u>	<u>180</u>
L-アラニン	98	<u>261</u>	<u>187</u>	<u>256</u>	74
L-グルタミン酸	<u>109</u>	<u>103</u>	<u>19</u>	<u>140</u>	<u>90</u>
L-バリン	37	<u>154</u>	30	8	4
L-メチオニン	13	<u>47</u>	19	3	3
L-アルギニン	299	316	<u>579</u>	<u>323</u>	<u>53</u>
AMP	<u>90</u>	10	<u>32</u>	<u>172</u>	<u>28</u>
IMP	−	<u>2</u>	5	−	−
GMP	−	<u>2</u>	<u>4</u>	−	−
グリシンベタイン	<u>975</u>	7	<u>357</u>	339	42
コハク酸	−	1.2	9	10	<u>65</u>
Na^+	ND	ND	191	73	244
K^+	ND	ND	197	218	273
Cl^-	ND	ND	<u>336</u>	<u>95</u>	<u>322</u>
PO_4^{3-}	ND	ND	<u>217</u>	213	74

下線で示したものが，呈味有効成分の濃度．
−：未検出，ND：未測定．
(Fuke・Konosu, 1991)

塩素イオンの存在が味の形成に非常に重要なことを示した，ズワイガニ呈味成分の研究が最初である．最近になって哺乳類の味覚器である味蕾にカルシウムイオンを感知する受容体が発現しており，ヒトもカルシウムイオンを感じることが明らかになった．その水産物の味に及ぼす影響についても解明が期待される．

1-2　遊離アミノ酸

アミノ酸の味としてはグルタミン酸ナトリウムが代表例で，うま味を呈するアミノ酸として池田菊苗博士によって1908年に見出された．長い間，西欧諸国では基本味として認められていなかったが，現在では甘味，苦味，酸味，塩味とともに5基本味の1つとされている．哺乳類のアミノ酸受容体については最近研究が進みつつある．味覚器である味蕾の味細胞に存在する7回膜貫通型のGタンパク質共役受容体（G protein-coupled receptor，GPCR；解説参照）が特定のアミノ酸を受容した際に，味細胞内では各種キナーゼカスケードや，イノシトール1,4,5-トリスリン酸やカルシウムイオンなどのセカンドメッセンジャーを介する細胞内情報伝達が作動する．さらに，基底膜側から神経伝達物質が放出されて味覚神経へと伝達され，中枢神経系で味として認識される．魚類でも同様な

池田菊苗博士

1864年生まれ．東京帝国大学教授時代に，酸甘塩苦の4基本味以外の味成分を「うま味」と名づけ，昆布のうまみ成分がグルタミン酸ナトリウム塩であることを発見して1908年にグルタミン酸を主成分とする調味料の製造方法に関する特許を取得した．この成果を発表した論文が日本語で表記されていたため，世界では長い間日の目を見なかったが，その後のかつお節のイノシン酸（小玉新太郎による）と干ししいたけのグアニル酸（国中明による）の成果とともに評価され，1985年に開催された第一回うま味国際シンポジウムを機に，うま味（英語表記 = umami）という用語が国際的に用いられることとなった．

表 5-2 哺乳類の味覚におけるアミノ酸の呈味

アミノ酸	L型	D型	アミノ酸	L型	D型
アラニン	甘い	非常に甘い	メチオニン	苦い	甘い
セリン	少し甘い	非常に甘い	ヒスチジン	苦い	甘い
トレオニン	少し甘い	少し甘い	チロシン	少し苦い	甘い
バリン	苦い	非常に甘い	トリプトファン	苦い	非常に甘い
ロイシン	苦い	非常に甘い	オルニチン	苦い	少し甘い
イソロイシン	苦い	甘い	アルギニン	少し苦い	少し甘い

改訂水産海洋ハンドブック（2010）より，一部改変．

機構が存在するが，哺乳類に比べてアミノ酸に応答する細胞が多く，その感受性も高いとされる．魚類では遊離アミノ酸がエネルギー源として重要であることから，アミノ酸への嗜好が強いと考えることもできる．最近，魚類の味覚に関わる GPCR のアイソフォームが同定され，T1R1（taste receptor type 1 member 1，Tas1R1）と T1R3，T1R2a と T1R3，T1R2b と T1R3 の 3 種のヘテロダイマーが生理的に機能しているとともに，全てが L 型アミノ酸に感受性をもつことが明らかとなった．興味深いことに，哺乳類ではこれらのうち，T1R2 と T1R3 のヘテロダイマーが糖を認識する甘味受容体（解説参照）であることから，脊椎動物の進化に伴ってアミノ酸受容体から甘味受容体が派生してきたと考えられる．

哺乳類の味覚におけるアミノ酸の味について表 5-2 にまとめる．L-アラニン，グリシン，L-セリン，L-トレオニンは甘味を呈し，とくにグリシン，L-アラニン，L-プロリンは無脊椎動物の甘味に関与する．L-バリン，L-ロイシン，L-イソロイシン，L-メチオニン，L-ヒスチジン，L-チロシン，L-オルニチン，L-アルギニンは苦味を呈する．L-アルギニンは多くの無脊椎動物の呈味有効成分とされ，風味質を高めるとされる．ウニ生殖腺ではL-バリンが特有の苦味に，L-メチオニンが独特の風味に寄与するとされる（表 5-1）．自然界にそれほど多く存在していないD-型のアミノ酸にも味が割り当てられており興味深い．

> ☞ D-型アミノ酸
>
> 生体を構成するアミノ酸のうち，グリシンを除くアミノ酸には光学異性体が存在し，それぞれの異性体を L 型，D 型と呼ぶ．タンパク質を構成するアミノ酸は L 型であるが，魚貝類のエキス成分中に D 型が認められることがある．エビ，カニ，数種の二枚貝ではL-アラニンに匹敵するほどの含量のD-アラニンが認められることがある．アカガイやマダコではD-アスパラギン酸が認められる．とくにD-アラニンは無脊椎動物の浸透圧調節に重要な役割をしており，ラセマーゼによってL型から変換される．D-アラニンはほとんどの酵素によって認識されないため，多量に蓄積したとしても生体恒常性に大きな影響を与えないものと考えられる．

1-3 ペプチド

魚醤油など発酵を伴う魚貝類加工品では，製造過程中にタンパク質が加水分解されて多くのペプチドが生成されるとともに，その味わいも深くなる．これはペプチドが呈味性を有するためである．ヒスチジンと β アラニンからなるジペプチドのカルノシン（carnosine）は，かつお節の特徴的呈味成分とされる．τ-メチルヒスチジンと β アラニンからなるジペプチドのバレニン

（balenine）の呈味性には pH 依存性があり，高い pH では甘味や濃厚感を与え，クジラの「こく」を付与するといわれる．無脊椎動物から脊椎動物まで広く分布し，生体内の酸化還元反応に重要なトリペプチドの還元型グルタチオン（glutathione，GSH）はホタテガイ合成エキスの甘味，うま味，持続性を増強する．しかしながら，魚貝類のペプチドの呈味性についてはいまだ不明な点が多く，今後の展開が待たれるところである．

カルノシン
（β-アラニル-L-ヒスチジン）

バレニン
（β-アラニル-τ-メチル-L-ヒスチジン）

グルタミン酸　システイン　グリシン
還元型グルタチオン（GSH）

酸化型グルタチオン（GSSG）

1-4　核酸関連物質

核酸関連物質では，生体内のエネルギー分子として重要な ATP と，それから生じる ADP，AMP，IMP，イノシンおよびヒポキサンチンが魚貝類で見出される（第2章§3-2，第3章§1-3参照）．IMP はうま味をもち，グルタミン酸ナトリウムと共存することによって互いの味を強めあう相乗効果（synergistic effect）がある．これは，IMP がうま味受容体のグルタミン酸ナトリウム結合部位とは異なるところに結合することで受容体の構造が変化し，グルタミン酸ナトリウムと受容体との結合を強めるため（アロステリック効果）であると考えられている．AMP は強い味を示さないが，グルタミン酸ナトリウムとの相乗効果が認められる．

1-5　有機塩基

有機塩基のベタイン（betaine）類には甘味を呈するグリシンベタイン（glycine betaine）が含まれる．このほか，βアラニンベタイン（β alanine betaine），カルニチン（carnitine），ホマ

グリシンベタイン　βアラニンベタイン　カルニチン

ホマリン　トリゴネリン

リン（homarine），トリゴネリン（trigonelline）などが魚貝類に見出されるが，味への寄与は不明である．トリメチルアミンオキシドは弱い甘味を呈し，エビやタコ・イカにおける呈味有効成分とされている．

1-6　有機酸

魚貝類の味には有機酸も関与する．コハク酸（succinate acid）はシジミやアサリなどの貝類に多く検出され，アサリの独特なフレーバーの発現に寄与しているとされる．乳酸はかつお節の呈味有効成分と考えられており，酸味を与えて味のまとまりの形成に寄与すると考えられている．

1-7　糖

魚貝肉にはグルコースが含まれるが，その含量は死直後には数～数十 mg/100g であり，死後増加して 100mg/100g に達することもある．しかしながら，この程度の濃度では味にはほとんど寄与しない．グリコーゲンは単糖であるグルコースが縮合重合した多糖類であり，一般にはエキス成分には含めない．グリコーゲンは貝類やウニの生殖巣に多く含まれ，その含量が高い時期が旬となっている（第 4 章 §3-2 参照）．そのものには呈味性はないが，「こく」や「とろみ」を増して，味の持続性やまとまりに寄与すると考えられている．

1-8　脂肪酸および脂質

脂質や脂肪酸には直接的な味がなく，脂質の粘度や融解によるその変化などがテクスチャーや味覚に影響を与えるものとされてきたが，近年，リノール酸，リノレン酸，アラキドン酸，エイコサペンタエン酸やドコサヘキサエン酸などの高度不飽和脂肪酸がヒトやマウスの味覚受容器によって化学受容されると考えられるようになってきた．糖には甘味，アミノ酸には甘味やうま味などが割り当てられており，エネルギー源として重要な脂質にも味が割り当てられている方が理解しやすい．その受容機構については不明な点が多い．不飽和脂肪酸が味蕾の味細胞の膜電位に影響を及ぼす可能性や CD36 などの脂質輸送体・受容体が不飽和脂肪酸と結合することによって細胞内に情報伝達される可能性などが考えられている．また，畜肉などに含まれるアラキドン酸

の酸化によって生じる物質が呈味性を高める作用を有することも明らかにされており，味の修飾物質としての脂質やその分解物は見逃すことができない．

(潮　秀樹)

§2．呈味成分の分布と季節変化

2-1　成長に伴う変化

　魚貝肉のエキス成分の組成は，年齢，季節，部位，環境などによって大きく異なる．孵化期は卵に蓄積されていた栄養源への依存から，摂食による栄養源の獲得への移行期であり，個体にとって劇的な段階である．そのため，この時期に非タンパク態窒素が一般的に増加する．ニジマスでは，グリシン，L-アラニン，L-ヒスチジン，タウリン，アンセリン，クレアチンなどが増加し，リン酸化ペプチドが激減する．1年魚であるアユは秋に産卵して，そのまま斃死するが，産卵期に向けて筋肉中のグリシン，L-プロリンなどが減少し，タウリンやクレアチンなどの増加がみられる．これは，産卵期に筋タンパク質を分解して生殖巣の成熟および遡河のためにエネルギーを供給する一方，生体の強度を保つために筋基質タンパク質のコラーゲンを合成するためであると推定される．大西洋サケでは成長に伴ってアンセリンが増加し，タウリンやグリシンが減少する．これは河川から外洋へ降河するときの塩分変化へ適応するためと考えられる．

2-2　季節変化

　一方，魚貝類の体成分は大きな季節変化を示す．とくに，魚類では脂質含量（これと逆相関的に水分含量）が，貝類ではグリコーゲン含量が大きく変動する．これには，性成熟と産卵のための生理的な応答と，餌料量や海況などの環境の影響が複雑に反映されていると考えられる．多くの魚貝類では，産卵期の前が旬とされ，脂質やグリコーゲン含量が高まる時期と一致する．上述したように，これらの成分は魚貝類の呈味性を向上する．呈味成分の本体ともいえる遊離アミノ酸組成については，イシガレイで産卵期にグリシン量が4倍以上に達し，マボヤでエキス窒素が9月に最高値となる．クルマエビでは2月にグリシン量が最大値となり，5月ごろの小型のスルメイカでは10月ごろの大型のものに比べてグリシン，L-プロリン，タウリンが多い．これらの魚貝類では，卵が成熟すると，脂質やグリコーゲン含量が低下し，旬が終わる．ただし，魚貝類によっては成熟卵を蓄えていることに価値があるものもあり，旬とのずれがみられる．

2-3　部位に伴う差

　背部，腹部，尾部など筋肉の部位によって脂質含量と水分含量が大きく異なるが，遊離アミノ酸などのエキス成分の分布にはあまり大きな差異が認められない．しかしながら，トリメチルアミンオキシドについてはビンナガマグロで尾部に近い筋肉で多い．普通筋と比較して血合筋には脂質が多く，水分とタンパク質が少ない．また，エキス窒素量や遊離アミノ酸量も少なく，とくにカツオなどの回遊性赤身魚ではL-ヒスチジンやアンセリン量が少ない．一方，タウリンは血合筋に多い．

(潮　秀樹)

§3. 臭い成分の種類と作用

死直後の魚貝類の多くはほとんど無臭であるが，その後，代謝の進行，自己消化，微生物の作用によって臭いが生じる．臭いは，水産物の受諾性や嗜好性（preference）に影響を及ぼす重要な因子である（第3章§1-1参照）．鮮度低下や加工調理によって臭いは変化する．また，餌や環境水に含まれる成分による着臭も水産物の品質に影響を与える．

ヒューマンゲノムプロジェクトによると，人は300以上の機能しうる嗅覚受容体遺伝子をもつとされる．鼻腔内に発現する嗅覚受容体は，味覚におけるアミノ酸受容体と同様に7回膜貫通型のGPCRである．嗅覚受容体は臭い成分が結合すると3量体型Gタンパク質を介してアデニル酸シクラーゼ活性を賦活し，細胞内cAMP濃度の上昇などを引き起こして情報が嗅覚神経へと伝達される（解説参照）．

3-1 特有臭

特有臭は魚貝類がもともと有する特有の臭いのことであり，いくつかの魚貝類では特有臭の原因化合物が特定されている．代表的なものを表5-3にまとめた．魚貝類に豊富な高度不飽和脂肪酸が生体内で酸化分解されて生じるアルデヒドやアルコールなどには，ヒトの閾値（threshold）☞が極めて低いものがあり，水産動物種の特徴となる場合がある．また，チオール類などの含硫化合物も閾値が低く，特有臭となることが多い．一方，環境水に混入した化学成分が原因となる着臭もある．アユのキュウリ様の香りが特有臭の代表例である．これは(Z)-3-ヘキセナール［(Z)-3-hexenal］，(E)-2-ノネナール［(E)-2-nonenal］，3,6-ノナジエノール（3,6-nonadienal）などの不飽和アルデヒドや不飽和アルコールを主成分とする．アユのリポキシゲナーゼが脂肪酸を酸化する際に生じるとする説と，珪藻由来の成分による着臭とする説がある．ナマコ，ホヤ，マガキの特有臭も不飽和アルコールに由来すると考えられている．ジメチルスルフィド（dimethylsulfide）は海藻のジメチルβプロピオテチン（dimethyl-β-propiothetin）の分解によって生じ，磯臭さを呈する．異臭の原因ともなるが，極低濃度ではむしろ好ましく，マガキや甲殻類の特有臭を形成する．淡水魚の特有臭はピペリジンと呼ばれる環状アミンによる．魚肉や水道水のカビ臭は藍藻由来のジェオスミン（geosmin）や2-メチルイソボルネオール（2-methylisoborneol）が原因とされる．一方，脂質の少ないタラの冷凍臭成分として脂肪酸の酸化で生じる cis-4-ヘプテナール（cis-4-heptenal），trans-2-ヘプテナール，trans-2, cis-4-ヘプタジエナール（trans-2, cis-4-heptadienal）などの不飽和アルデヒドが同定されている．中でも，cis-4-ヘプテナールはナンキョクオキアミの不快臭としても重要である．

> ☞ **閾値（いきち，しきいち）**
> 刺激の存在あるいは刺激の量的差異を感知するために必要な最小限の刺激の値のこと．例えば，塩味を感じる最低の塩化ナトリウム濃度など．

表5-3 魚貝類の主要な臭い成分とその構造

種類	化合物の種類	化合物名	特徴	構造式あるいは示性式
特有臭	アルコール，カルボニル化合物	(Z)-3-ヘキセナール	アユの臭い	
		(E)-2-ノネナール		
		3,6-ノナジエノール	アユ，マガキの臭い	
		ジェオスミン	カビ臭	
		2-メチルイソボルネオール	カビ臭	
	含硫黄化合物	ジメチルスルフィド	磯臭，オキアミの臭い，不快臭	$(CH_3)_2S$
	含窒素化合物	ピペリジン	川魚臭	
鮮度低下臭	カルボニル化合物	ホルムアルデヒド	油焼け臭，刺激臭，低温貯蔵臭	HCHO
		アセトアルデヒド		CH_3CHO
		プロパナール		
		ブタナール		
		2-メチルプロパナール		
		ペンタナール		
		ヘキサナール		
		アセトン		$(CH_3)_2CO$
		cis-4-ヘプテナール	タラの冷凍臭，オキアミの不快臭	
		trans-2-ヘプテナール	タラの冷凍臭	
		trans-2, cis-4-ヘプタジエナール		

表5-3 続き

鮮度低下臭	含硫黄化合物	硫化水素	不快臭，極微量で香気	H_2S
		メタンチオール	腐った玉ねぎ臭	CH_3SH
		ジメチルスルフィド	不快臭	前出
		ジエチルスルフィド	不快臭	$(C_2H_5)_2S$
	含窒素化合物	アンモニア	刺激臭	NH_3
		メチルアミン	刺激臭，生臭さ臭	CH_3NH_2
		ジメチルアミン		$(CH_3)_2NH$
		トリメチルアミン		$(CH_3)_3N$
		ジエチルアミン		$(C_2H_5)_2NH$
		ピペリジン	生臭さ臭	前出
		ピリジン類	刺激臭，生臭さ臭	(ピリジン構造式)
		インドール	糞臭，極微量で香気	(インドール構造式)
	カルボン酸	ギ酸	酸敗臭	$HCOOH$
		酢酸		CH_3COOH
		プロパン酸		CH_3CH_2COOH
		ブタン酸		$CH_3CH_2CH_2COOH$
加熱加工臭	アルコール，カルボニル化合物	アクリルアルデヒド，2-ブテナール，ヘキサナール，ヘプタナール，5-ヘプテナール，オクタナール，ノナナール，2,4-オクタジエン-3-オール，1,5,8-ウンデカトリエン-3-オールなど	微量で加熱香気	省略
	含硫黄化合物	3,5-ジメチル-1,2,4-トリチオラン		省略
	含窒素化合物	ピラジン類		(ピラジン構造式)（ピラジン）

3-2 鮮度低下臭

漁獲後の時間経過に伴って，水産動物体内や体表では内在性の代謝酵素や，外界微生物による分解で速やかに化学反応が進行し，新たな臭気成分が生じる（第2章§3-6参照）．多くの場合，これらの臭気成分は不快に感じられ，鮮度低下臭を形成する．トリメチルアミン（trimethylamine, TMA）を代表とする含窒素化合物や脂質酸化（第4章§2-2参照）によって生じる油焼け臭が代表例である．微生物による腐敗が進行すると含窒素化合物のほかに硫化水素（hydrogen sulfide),メタンチオール（methanethiol),ジメチルスルフィド（dimethyl sulfide),ジエチルスルフィド（diethyl sulfide)などの含硫化合物も増加し，腐敗臭を呈するようになる．軟骨魚類では筋肉中に多量に蓄積する尿素が分解してアンモニアが生成して刺激臭を発する．このほか,メチルアミン（methylamine),プロピルアミン（propylamine),イソプロピルアミン(isopropylamine),ブチルアミン（butylamine),sec-ブチルアミン，ジエチルアミン(diethylamine),ジメチルアミン（dimethylamine, DMA),トリメチルアミンなどの鎖状アミン,ピペリジン（piperidine),ピリジン類（pyridines),ピラジン類（pyradines),インドール（indole)などの環状アミンが魚貝類で検出されている．ピペリジンは生臭さを呈する．インドールは糞臭があり，腐敗臭に寄与する．また，ギ酸（formic acid),酢酸（acetic acid),プロパン酸（propionic acid),ブタン酸（butanic acid)などのカルボン酸は酸敗臭を呈する．アルデヒド類では，ホルムアルデヒド（formaldehyde),アセトアルデヒド（acetoaldehyde),プロパナール（propanal),ブタナール（butanal),2-メチルプロパナール（2-methylpropanal),ペンタナール（pentanal),ヘキサナール（hexanal)などが検出され,ケトン体としてはアセトン（acetone)などが認められ,刺激臭を呈する．これらのカルボニル化合物は第4章§2-2で述べたように不飽和脂肪酸の酸化分解によって生じたり，メイラード反応の結果生じたα-ジカルボニル化合物とα-アミノ酸の縮合物が酸化的脱炭酸を受けて炭素数の1つ少ないアルデヒドとアミノレダクトンを生成する反応(ストレッカー分解)によっても生じ，微量で後述する加熱加工臭の形成に重要な働きをする（第4章メイラード反応解説参照).

3-3 加熱加工臭

加熱を伴う加工，調理過程においては，体成分が熱分解したり，互いに反応したりして，アンモニア，カルボニル化合物，硫化水素などを発生し，さらに反応して各種ヘテロ環化合物となり，加熱加工臭を発する．アミノレダクトンが縮合して生じるピラジン類は加熱食品の香気成分として知られる．その他，調理加工中に生じる魚貝類の香気成分として，アルコール類，エステル類が検出されている．また,かつお節などの燻製品には燻煙に由来するフェノール,フェノールエーテル，シクロペンテン誘導体，γラクトン誘導体，ジベンゾフランなどが検出されている．

〔潮　秀樹〕

§4. 呈味性の管理

4-1 呈味性と鮮度

本章§1.で述べたように，魚貝類の味の構成には多種多様な成分が関与している．これらの中で，中心的な役割を果しているのは，核酸関連化合物，アミノ酸，有機酸などの低分子エキス成分である．第2章§3.で詳しく述べたように,エキス成分は死後の時間経過に伴ってダイナミックに変動し，これに伴って呈味性にも大きな影響を与える．魚貝類の死（個体死）後も細胞は生きた状態にあるが,呼吸器系,循環器系が停止するため酸素や栄養の供給は絶たれる．エネルギー

生産はフォスファゲンや嫌気的代謝に依存することになり，時間の経過に伴って嫌気的代謝産物の生成と蓄積が進行する．細胞内のグリコーゲンの枯渇または嫌気的代謝産物による細胞内pHの低下によってエネルギーの供給が停滞し，死後硬直，細胞機能の停止を経てやがて細胞死，解硬に至る．この間には自己消化酵素の作用によりタンパク質の分解産物が生成される．最終的には腐敗が進行することになる．このような死後の一連の変化は畜肉でも起こる．いわゆる熟成および腐敗の進行である．魚貝類では死後の変化が著しく速いが，畜肉と同様に呈味性の向上する期間が存在する．死後の反応の中で呈味性に最も大きな影響を与えるのはATPから酵素的に分解されて生じるIMPやAMPの蓄積である．IMP（AMP）濃度の上昇は，うま味を呈するアミノ酸との相乗効果により呈味性の向上に大きく貢献する．一例としてブリ普通筋の核酸関連化合物の変化を調べた結果を図5-1に示す（村田，1995）．死直後はATPが核酸関連化合物の約80％を占めるが，時間経過に伴ってATPの急速な消失とIMPの増加が観察される．また，このとき同時にIMPのイノシン，ヒポキサンチンへの分解やトリメチルアミンの生成などの好ましくない変化も徐々に進行する．以上のように，魚貝類の呈味性は鮮度と密接に関連しており，高鮮度，高品質の魚貝類の供給を目指すことが呈味性の管理にも繋がる．

　個体死から腐敗にいたる死後変化の過程には酵素反応，化学反応，物理的反応，微生物の繁殖などが関与する．これらはいずれも温度に著しく依存する．したがって，魚貝類の死後変化の進行速度も保存温度に強く依存する．第3章で述べた冷蔵および凍結保存による鮮度保持技術は，呈味性の管理という点からも非常に重要である．凍結保存すれば魚貝類を含めた食品の当初の価値を長期間保存することが可能である．しかしながら，タンパク質の凍結変性や脂質の酸化，氷結晶による細胞傷害を防止することはできず，解凍時にドリップとして栄養成分や呈味成分が流失してしまうこと，死後変化に関係する反応が急激に進行してしまうこと，さらにテクスチャーや臭いの変化などが問題となる．

　第3章で述べたように，魚貝類の死後変化は，貯蔵温度以外にも，動物の種類，生息時の生理状態，栄養状態，生育環境，致死方法など，様々な要因によって影響を受けることが明らかにされている．これらの要因は死後の生化学反応に関与する酵素活性の強さや死直後のATPやグリコーゲンの濃度を左右し死後変化に影

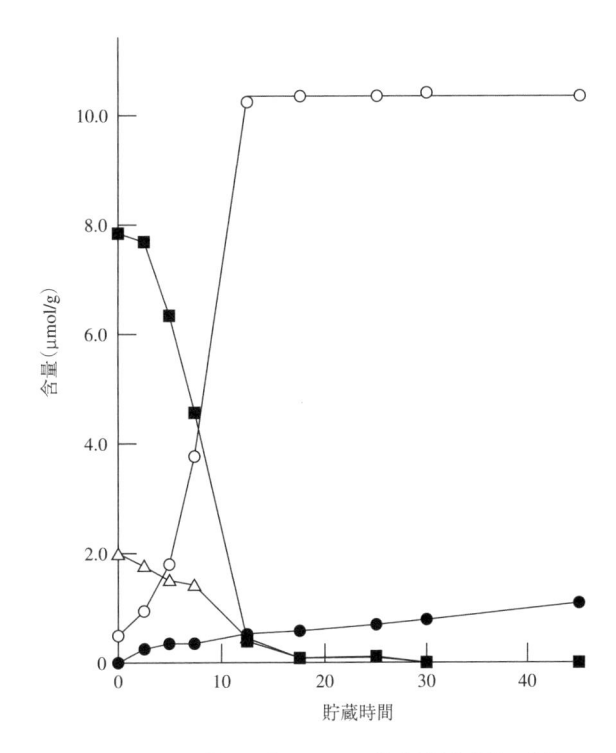

図5-1　ブリ普通筋の氷蔵中における核酸関連化合物の変化
（村田，1995を改変）
○：IMP，■：ATP，△：ADP，●：イノシン（HxR）

響を与える．魚種による死後の生化学的反応速度の違いを示す例として図 5-2 に数種魚種筋肉の K 値（第 3 章 §1-3 参照）の経時変化を比較した結果を示す（阿部, 1994）．呈味性の観点からは，高品質，高鮮度の魚貝類を提供するとともに，魚種ごとの死後変化の特性，漁獲時期，漁獲方法などの情報を提供することが重要と思われる．

一方，死後変化の過程では，死後硬直，解硬によるテクスチャーの変化，臭い成分の生成，色調の変化など，広義の味覚に影響するさまざまな変化が連動して起こる．このため, 調理法によっては呈味性のみでは評価できない側面もある．例えば，「踊り食い」や「活き造り」などはテクスチャーや「生きている」という究極の鮮度を味わう調理法と考えられ，呈味性はあまり問題にされない（第 7 章 §2-1 参照）．

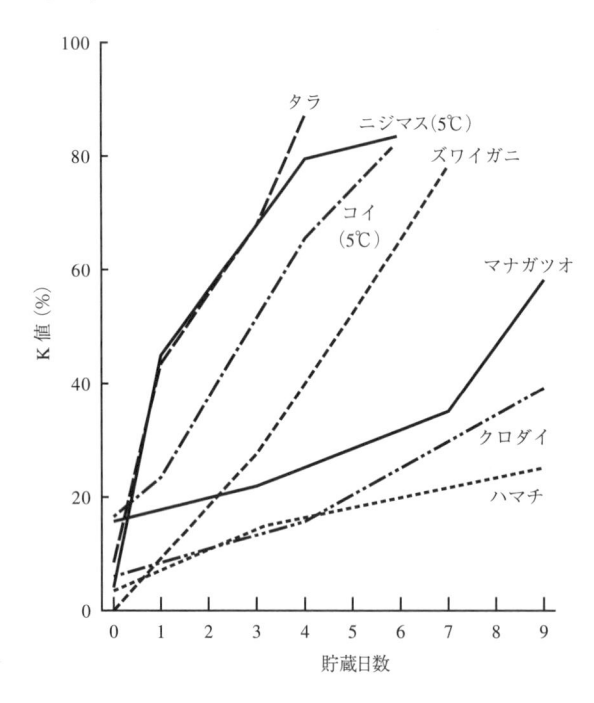

図 5-2　即殺して氷蔵した場合の K 値の経時変化．ニジマスとコイの貯蔵温度は 5℃．（阿部, 1994）

4-2　呈味性に関係するその他の要因

養殖魚は一般に天然魚に比べて不味であり，また，鮮度の低下に伴う食感の低下が速い傾向にある．しかしながら，両者のエキス成分組成には大きな違いがない場合が多い．味覚の違いは，直接的には餌由来の脂肪が原因とされているが，餌環境を含めて養殖環境と自然環境の違いを反映する．この問題に関連して，餌料組成と魚肉エキス成分組成との関係も調べられ，いくつかの知見が得られている．

水生無脊椎動物は，種々の環境要因（温度，塩分，酸素濃度など）に対して遺伝子レベルで応答し，環境に順応することが知られている．このとき生合成される代謝産物にはアミノ酸や有機酸が含まれ，呈味性にも影響する．また，無脊椎動物は開放血管系をもつため，体液の浸透圧は

環境水の浸透圧によって変動する．体液の浸透圧変化に伴う細胞容積の変動を避けるために，無脊椎動物は高浸透圧環境に置かれたときにオスモライト☞として非必須アミノ酸やベタイン類を生合成する．種によって違いはあるが，グリシン，L-アラニン，L-プロリン，L-グルタミン，タウリンなどが主要な非必須アミノ酸系のオスモライトである．これらのオスモライトの中には呈味に関与する成分も含まれ，高浸透圧順応による呈味性の向上が期待できる．なお，近年，節足動物や軟体動物のなかにL-アラニン

> ☞ **オスモライト**
>
> 細胞外液（体液や血漿）および細胞内液の浸透圧調節に利用される低分子有機化合物の総称であり，浸透圧調節物質または浸透圧有効物質ともいわれる．水生無脊椎動物や軟骨魚類は，オスモライトの濃度を調節することにより環境水の浸透圧に適応し，細胞内イオン環境の恒常性を維持している．本文に記述したように，水生無脊椎動物では非必須アミノ酸が主要なオスモライトである．軟骨魚類では主に尿素やTMAOが利用される．

とともにD-アラニンをオスモライトとして生合成するものがあることが明らかにされている．D-アラニンはグリシンに似た爽快な甘みをもち，L-アラニンとの甘みの質の違いが識別可能とされていることから，無脊椎動物の呈味性について検討を行う際には，D型アミノ酸の存在にも留意することが必要である（本章§1-2参照）．アメリカザリガニ，クルマエビ，チョウセンハマグリを用いて浸透圧順応に伴う遊離アミノ酸の変動を調べた結果を図5-3に紹介する（阿部，2004）．高浸透順化により遊離アミノ酸総量は増加し，とくに，グリシン，アラニンなどの甘みアミノ酸の増加が顕著である．なお，アラニンの増加量のうち，約50％はD-アラニンとされている．高浸透順応時には，ヌクレオチド含量は10％程度増加し，乳酸は減少傾向を示すという．また，水分の減少，海水からの塩類の移行も呈味性に影響するものと考えられる．以上のように，高浸透順応により呈味性の向上が期待できるが，水分減少による歩留まりの減少も予想されるため，個々の種について適切な条件を検討する必要があろう．

動物の低酸素耐性は種によって大きく異なり，生息環境との関わりが大きい．水生無脊椎動物

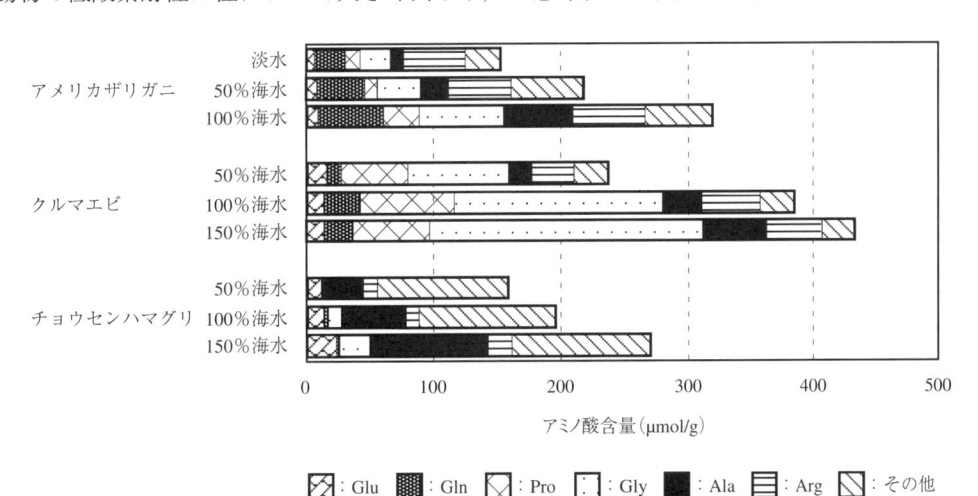

図5-3 浸透ストレス下におけるアメリカザリガニ筋肉，クルマエビ筋肉およびチョウセンハマグリ足筋の遊離アミノ酸の変動．それぞれ5尾の平均値．（阿部，2004を改変）

の中には，二枚貝類のように高い低酸素耐性をもつものがあり，この特性を利用した密閉海水パックによる低温活貝輸送も行なわれている．低酸素環境下ではエネルギー生産を嫌気的解糖系に依存することになり，嫌気的代謝産物が生成，蓄積する（第2章§3-4参照）．嫌気的代謝産物には呈味成分も含まれるため呈味性の向上が期待できる．一方，グリコーゲンやATPの減少を伴うため，死後の品質劣化への影響も予想される．魚類の嫌気的代謝産物は通常，乳酸である．無脊椎動物の代謝産物としては乳酸，プロピオン酸，コハク酸などの有機酸類，アラニン，オピン類などが知られている．一般的に，無脊椎動物の嫌気的代謝産物は多種類である場合が多く，また，種によって様々である．無脊椎動物の嫌気的代謝に関しては多くの報告があるが，呈味性との関連をみたものは比較的少ない．ホタテガイでは，12時間の低酸素ストレス負荷によってグリコーゲンとアルギニンが減少し，乳酸，コハク酸，AMPが増加する結果，好気的環境に置いたものよりもうま味と食感が増すとされている．チョウセンハマグリを5℃の低酸素海水中に置いた場合にはアスパラギン酸が減少し，アラニンおよびコハク酸が増加した．ただし，これらの変動は6日間のストレス負荷期間中わずかであった．一方，同様の実験を10および20℃で行った場合はATPの急激な減少とAMPの増加，コハク酸の変動が観察された．このような低酸素ストレス応答の温度依存性は節足動物のクルマエビでも認められており，低温下では代謝自体が抑制されている結果と推察されている（阿部，2004）．以上のように，低酸素ストレスの負荷は，とくに二枚貝類において呈味性の向上につながるものと期待されるが，温度の設定については，呈味性のほかグリコーゲンおよびATPの消費が死後変化に与える影響なども含めてさらに詳細に検討する必要がある．

（菅野信弘）

引用文献

阿部宏喜（1994）：魚のおいしさの科学，魚の科学（鴻巣章二監修，阿部宏喜・福家眞也編），朝倉書店，p.45

阿部宏喜（2004）：環境馴化とエキス成分の変動，水産物の品質・鮮度とその高度保持技術（中添純一・山中英明編），恒星社厚生閣，pp.23-32.

村田道代（1995）：魚介類の鮮度判定と品質保持（渡辺悦生編），恒星社厚生閣，pp.82-89.

参考図書

鴻巣章二・橋本周久編（1992）：水産利用化学，恒星社厚生閣，403pp.

鈴木平光・和田俊・三浦理代編（2004）：水産食品栄養学，技報堂出版，357pp.

中添純一・山中英明編（2004）：水産物の品質・鮮度とその高度保持技術，恒星社厚生閣．

竹内昌昭・藤井健夫・山澤正勝編（2000）：水産食品の辞典，朝倉書店，436pp.

竹内俊郎ら編（2010）：改訂水産海洋ハンドブック，生物研究社．

第6章　水産食品の栄養と機能性

　わが国ではとくに若年層を中心に魚離れが進んでいる．一方，外国では先進国をはじめとしてむしろ魚食ブームとなっている．その原因は，水産物が生活習慣病を防ぐ最も効果的な食べ物と認識されていることによる．従来から魚貝肉のタンパク質は必須アミノ酸がバランス良く含まれており，卵白や乳タンパク質に匹敵する栄養価をもつことが明らかにされていた．最近はさらに，魚油に循環器系の疾患を予防する成分が特異的に含まれていることが示され，科学的な根拠の基に水産物の栄養特性が消費者の志向を引きつけている．本章では，水産食品の栄養につき，主要成分，微量成分に分類してヒトの栄養との関係を詳述した後，近年ブームになっている機能性食品を解説して水産物の役割を示した．

§1. 水産食品の栄養

　魚貝類の主要成分は水を除くとタンパク質，脂質，糖質，核酸などで，その中でもタンパク質が20％程度と最も多い．次いで脂質の順となるが，糖質のほか，ミネラル，ビタミンなどの栄養成分も多く含まれている（表6-1）．

1-1　タンパク質

　水産物はわが国では動物性タンパク質源の約半分を供給する重要な食品である．したがって，タンパク質は水産食品の栄養特性の中で最も重要である．タンパク質の栄養価は体の必要とするアミノ酸をいかに効率よく摂取するかによって決定される．摂取したタンパク質が消化，摂取される割合を消化吸収率（％）と呼ぶ．通常，タンパク質が消化されて生ずるアミノ酸はほとんどが吸収されるので単に消化率（digestibility）と呼ぶ．実験的には吸収された窒素と大便中に排泄された窒素から測定する．また，吸収された窒素と尿中に排泄された窒素からアミノ酸の利用割合（％）を推定でき，その割合を生物価（biological value, BV）と呼ぶ．さらに，消化率に生物価を乗じた値を正味タンパク質利用率（net protein utilization, NPU）と呼び，これはタンパク質が体内で利用される割合を表す．このように食品中のタンパク質の利用割合を実験動物やヒトを用いて測定する方法を生物学的評価法と呼ぶ．従来から多くの実験結果が蓄積されてきたが，数多くの食品のタンパク質の栄養価を多大な経費と長時間を要する生物学的評価法で判定することは不可能に近いため，化学的評価法が求められた．実際，生物学的評価法の結果から，食品タンパク質の栄養価はタンパク質中のアミノ酸組成に大きく依存することが明らかになった．

表 6-1 水産食品の成分組成

種名 (食品名)	水分	タンパク質	脂質	炭水化物	灰分	ナトリウム	カリウム	カルシウム	マグネシウム	リン	鉄	亜鉛	銅	マンガン	レチノール	αカロテン	βカロテン	クリプトキサンチン	β-カロテン当量	レチノール当量	D
	(g)					(mg)									(μg)						
アジ	74.4	20.7	3.5	0.1	1.3	120	370	27	34	230	0.7	0.7	0.08	0.01	10	Tr	Tr	(0)	(Tr)	10	2.0
アユ(天然)	77.7	18.3	2.4	0.1	1.5	70	370	270	24	310	0.9	0.8	0.06	0.16	35	(0)	(0)	(0)	(0)	35	1.0
アユ(養殖)	72.0	17.8	7.9	0.6	1.7	55	360	250	24	320	0.8	0.9	0.05	Tr	55	(0)	(0)	(0)	(0)	55	8.0
イワシ	64.4	19.8	13.9	0.7	1.2	120	310	70	34	230	1.8	1.1	0.14	0.05	40	Tr	Tr	(0)	(Tr)	40	10.0
ウナギ	62.1	17.1	19.3	0.3	1.2	74	230	130	20	260	0.5	1.4	0.04	0.04	2400	0	1	0	1	2400	18.0
カツオ	72.2	25.8	0.5	0.1	1.4	43	430	11	42	280	1.9	0.8	0.11	0.01	5	0	0	0	0	5	4.0
サケ	72.3	22.3	4.1	0.1	1.2	66	350	14	28	240	0.5	0.5	0.07	0.01	11	0	0	(0)	0	11	32.0
サバ	65.7	20.7	12.1	0.3	1.2	140	320	9	32	230	1.1	1.0	0.10	0.01	24	0	0	0	0	24	11.0
サンマ	55.8	18.5	24.6	0.1	1.0	130	200	32	28	180	1.4	0.8	0.11	0.02	13	0	0	0	0	13	19.0
タイ	72.2	20.6	5.8	0.1	1.3	55	440	11	31	220	0.2	0.4	0.02	0.01	8	0	0	0	0	8	5.0
タラ	80.4	18.1	0.2	0.1	1.2	130	350	41	32	270	0.4	0.5	0.06	0.01	56	0	0	−	0	56	0
ニシン	66.1	17.4	15.1	0.1	1.3	110	350	27	33	240	1.0	1.1	0.09	0.02	18	0	0	0	0	18	22.0
ヒラメ	76.8	20.0	2.0	Tr	1.2	46	440	22	26	240	0.1	0.4	0.03	0.01	12	0	0	0	0	12	3.0
フグ	78.9	19.3	0.3	0.2	1.3	100	430	6	25	250	0.2	0.9	0.02	0.01	3	0	0	−	0	3	4.0
ブリ(天然)	59.6	21.4	17.6	0.3	1.1	32	380	5	26	130	1.3	0.7	0.08	0.01	50	−	−	−	(0)	50	8.0
ブリ(養殖)	60.8	19.7	18.2	0.3	1.0	37	310	12	28	200	0.9	0.9	0.09	0.01	28	0	0	0	0	28	4.0
マグロ(赤身)	70.4	26.4	1.4	0.1	1.7	49	380	5	45	270	1.1	0.4	0.04	0.01	83	0	0	0	0	83	5.0
マグロ(脂身)	51.4	20.1	27.5	0.1	0.9	71	230	7	35	180	1.6	0.5	0.04	Tr	270	0	0	0	0	270	18.0
アサリ	90.3	6.0	0.3	0.4	3.0	870	140	66	100	85	3.8	1.0	0.06	0.10	2	1	21	0	22	4	0
ハマグリ	88.8	6.1	0.5	1.8	2.8	780	160	130	81	96	2.1	1.7	0.10	0.14	7	0	25	−	25	9	(0)
ホタテガイ	82.3	13.5	0.9	1.5	1.8	320	310	22	59	210	2.2	2.7	0.13	0.12	10	1	150	0	150	23	(0)
イカ	79.0	18.1	1.2	0.2	1.5	300	270	14	54	250	0.1	1.5	0.34	0.01	13	0	0	0	0	13	0
エビ	76.1	21.6	0.6	Tr	1.7	170	430	41	46	310	0.5	1.4	0.42	0.02	0	0	49	0	49	4	(0)
カニ	84.0	13.9	0.4	0.1	1.6	310	310	90	42	170	0.5	2.6	0.35	0.02	Tr	−	−	−	(0)	(Tr)	(0)
タコ	81.1	16.4	0.7	0.1	1.7	280	290	16	55	160	0.6	1.6	0.30	0.03	5	−	−	−	(0)	5	(0)
ナマコ	92.2	4.6	0.3	0.5	2.4	680	54	72	160	25	0.1	0.2	0.04	0.03	0	0	5	0	5	Tr	(0)
ウニ	73.8	16.0	4.8	3.3	2.1	220	340	12	27	390	0.9	2.0	0.05	0.05	0	63	650	23	700	58	(0)
あまのり	8.4	39.4	3.7	38.7	9.8	610	3100	140	340	690	10.7	3.7	0.62	2.51	(0)	8800	38000	1900	43000	3600	(0)
まこんぶ	9.5	8.2	1.2	61.5	19.6	2800	6100	710	510	200	3.9	0.8	0.13	0.25	(0)	0	1100	41	1100	95	(0)
てんぐさ	98.5	Tr	Tr	1.5	Tr	2	1	10	2	1	0.2	Tr	Tr	0.04	(0)	0	0	0	(0)	(0)	(0)
わかめ	89.0	1.9	0.2	5.6	3.3	610	730	100	110	36	0.7	0.3	0.02	0.05	(0)	0	930	26	940	79	(0)
アジ開き干し	60.0	24.6	12.3	0.1	3.0	770	350	57	38	270	0.9	0.9	0.10	0.01	Tr	(0)	Tr	(0)	(Tr)	(Tr)	2.6
イワシ丸干し	54.6	32.8	5.5	0.7	6.4	1500	470	440	100	570	4.4	1.8	0.21	0.10	40	(0)	(0)	(0)	(0)	40	50.0
イワシ 缶詰	66.3	20.7	10.6	0.1	2.3	330	250	320	44	360	2.6	1.4	0.19	0.13	9	(0)	(0)	(0)	(0)	9	6.0
ウナギ かば焼	50.5	23.0	21.0	3.1	2.4	510	300	150	15	300	0.8	2.7	0.07	−	1500	(0)	(0)	(0)	(0)	1500	19.0
かつお節	15.2	77.1	2.9	0.8	4.0	130	940	28	70	790	5.5	2.8	0.27	−	Tr	−	−	−	(0)	(Tr)	6.0
塩ざけ	63.6	22.4	11.1	0.1	2.8	720	320	16	30	270	0.3	0.4	0.05	0.01	24	0	0	0	0	24	23.0
イクラ	48.4	32.6	15.6	0.2	3.2	910	210	94	95	530	2.0	2.1	0.76	0.06	330	0	0	(0)	0	330	44.0
タラコ	65.2	24	4.7	0.4	5.7	1800	300	24	13	390	0.6	3.1	0.08	0.04	24	0	0	0	0	24	4.0
ホッケ 開き干し	71.9	18.2	6.9	0.1	2.9	680	330	160	37	300	0.5	0.9	0.05	0.03	21	0	0	0	0	21	4.0
からすみ	25.9	40.4	28.9	0.3	4.5	1400	170	9	23	530	1.5	9.3	0.19	0.04	350	0	8	2	8	350	33.0
蒸しかまぼこ	74.4	12.0	0.9	9.7	3.0	1000	110	25	14	60	0.3	0.2	0.03	0.03	Tr	−	−	−	(0)	(Tr)	2.0

(0):推定値0, (Tr):推定値 微量, Tr:微量, −:未測定

表6-1 水産食品の成分組成（続き）

可食部100g当たり																			
ビタミン										脂肪酸			コレステロール	食物繊維			食塩相当量	備考
E				K	B_1	B_2	ナイアシン	B_6	B_{12}	葉酸	パントテン酸	C	飽和	一価不飽和	多価不飽和		水溶性	不溶性	総量		
トコフェロール																					
α	β	γ	δ																	
(mg)				(μg)	(mg)			(μg)		(mg)			(g)			(mg)	(g)			g	
0.4	Tr	Tr	Tr	(0)	0.10	0.20	5.4	0.40	0.7	12	0.70	Tr	0.86	0.81	0.95	77	(0)	(0)	(0)	0.3	マアジ
1.2	0	0	0	(0)	0.13	0.15	3.1	0.17	10.3	27	0.67	2	0.65	0.61	0.54	83	(0)	(0)	(0)	0.2	
5.0	0.1	0.1	0	(0)	0.15	0.14	3.5	0.28	2.6	28	1.22	2	2.44	2.48	1.40	110	(0)	(0)	(0)	0.1	
0.7	Tr	Tr	Tr	Tr	0.03	0.36	8.2	0.44	9.5	11	1.17	Tr	3.84	2.80	3.81	65	(0)	(0)	(0)	0.3	マイワシ
7.4	0.0	0.1	0	(0)	0.37	0.48	3.0	0.13	3.5	14	2.17	2	4.12	8.44	2.89	230	(0)	(0)	(0)	0.2	
0.3	0	0	0	(0)	0.13	0.17	19.0	0.76	8.4	6	0.70	Tr	0.12	0.07	0.14	60	(0)	(0)	(0)	0.1	春獲り
1.2	0	Tr	0	(0)	0.15	0.21	6.7	0.64	5.9	20	1.27	1	0.66	1.64	0.91	59	(0)	(0)	(0)	0.2	シロサケ
0.9	0	0	0	5.0	0.15	0.28	10.4	0.51	10.6	12	0.76	Tr	3.29	3.62	1.91	64	(0)	(0)	(0)	0.4	マサバ
1.3	0	0	0	Tr	0.01	0.26	7.0	0.51	17.7	17	0.81	Tr	4.23	10.44	4.58	66	(0)	(0)	(0)	0.3	
1.0	0	0	0	(0)	0.09	0.05	6.0	0.31	1.2	5	0.64	1	1.47	1.59	1.38	65	(0)	(0)	(0)	0.1	マダイ（天然）
0.5	0	0	0	(0)	0.07	0.14	1.1	0.05	4.0	6	0.40	0	0.03	0.03	0.07	74	(0)	(0)	(0)	0.3	スケトウダラ
3.1	0	0	0	(0)	0.01	0.23	4.0	0.42	17.4	13	1.06	Tr	2.97	7.18	2.39	68	(0)	(0)	(0)	0.3	
0.6	0	0	0	(0)	0.04	0.11	5.0	0.33	1.0	16	0.82	3	0.43	0.48	0.61	55	(0)	(0)	(0)	0.1	天然
0.8	0	0	0	(0)	0.06	0.21	5.9	0.45	1.9	3	0.36	Tr	0.06	0.04	0.10	65	(0)	(0)	(0)	0.3	トラフグ（養殖）
2.0	0	0	0	(0)	0.23	0.36	9.5	0.42	3.8	7	1.01	2	4.42	4.35	3.72	72	(0)	(0)	(0)	0.1	
4.1	0	0.1	Tr	Tr	0.16	0.19	9.1	0.42	3.4	8	0.97	2	3.98	5.17	4.52	72	(0)	(0)	(0)	0.1	
0.8	0	0	0	Tr	0.10	0.05	14.2	0.85	1.3	8	0.41	2	0.25	0.29	0.19	50	(0)	(0)	(0)	0.1	クロマグロ
1.5	0	0	0	(0)	0.04	0.07	9.8	0.82	1.0	8	0.47	4	5.91	10.20	6.41	55	(0)	(0)	(0)	0.2	クロマグロ
0.4	0	0	0	Tr	0.02	0.16	1.4	0.04	52.4	11	0.39	1	0.02	0.01	0.04	40	(0)	(0)	(0)	2.2	
0.5	0	0	0	Tr	0.08	0.16	1.1	0.08	28.4	20	0.37	1	0.08	0.04	0.11	25	(0)	(0)	(0)	2.0	
0.9	0	0	0	1	0.05	0.29	1.7	0.07	11.4	87	0.66	3	0.18	0.09	0.15	33	(0)	(0)	(0)	0.8	
2.1	0	0.1	0	(0)	0.05	0.04	4.2	0.20	6.5	5	0.54	1	0.16	0.05	0.29	270	(0)	(0)	(0)	0.8	スルメイカ
1.8	0	0	0	(0)	0.11	0.06	3.8	0.12	1.9	23	1.11	Tr	0.08	0.05	0.12	170	(0)	(0)	(0)	0.4	クルマエビ
2.1	0	0	0	(0)	0.24	0.60	8.0	0.13	4.3	15	0.48	Tr	0.03	0.06	0.13	44	(0)	(0)	(0)	0.8	ズワイガニ
1.9	0	0	0	Tr	0.03	0.09	2.2	0.07	1.3	4	0.24	Tr	0.07	0.03	0.14	150	(0)	(0)	(0)	0.7	マダコ
0.4	0	0	0	(0)	0.05	0.02	0.1	0.04	2.3	4	0.71	0	0.04	0.04	0.05	1	(0)	(0)	(0)	1.7	
3.6	0	Tr	0	27	0.10	0.44	1.1	0.15	1.3	360	0.72	3	0.63	0.77	1.02	290	(0)	(0)	(0)	0.6	生
4.3	0	0	0	2600	1.21	2.68	11.8	0.61	77.6	1200	0.93	160	0.55	0.20	1.39	21	−	−	31.2	1.5	ほしのり
0.9	0	0	0	90	0.48	0.37	1.4	0.03	−	260	0.21	25	0.31	0.27	0.28	0	−	−	27.1	7.1	煮干し
0	0	0	0	0	Tr	0	0	0	0	0	0	0	−	−	−	0	−	−	1.5	0	寒天
0.1	0	0	0	140	0.07	0.18	0.9	0.03	0.3	29	0.19	15	−	−	−	0	−	−	3.6	1.5	原藻，生
1.0	0	Tr	0	(0)	0.12	0.14	4.7	0.32	8.5	6	0.75	(0)	3.23	3.10	2.47	96	(0)	(0)	(0)	2.0	マアジ，焼き
0.7	0	0	0	1	0.01	0.41	15.6	0.68	29.3	31	1.00	Tr	1.48	1.11	1.50	110	(0)	(0)	(0)	3.8	
2.6	0	0	0	(0)	0.03	0.30	8.5	0.16	15.7	7	0.63	(0)	2.71	2.22	3.17	80	(0)	(0)	(0)	0.8	水煮，マイワシ製品
4.9	0	0.1	0	(0)	0.75	0.74	4.1	0.09	2.2	13	1.29	Tr	5.32	9.85	3.39	230	(0)	(0)	(0)	1.3	
1.2	0.3	0.1	0.2	(0)	0.55	0.35	45.0	0.53	14.8	11	0.82	(0)	0.62	0.33	0.81	180	(0)	(0)	(0)	0.3	
0.4	0	0	0	(0)	0.14	0.15	7.1	0.58	6.9	11	0.95	1	2.56	4.41	2.58	64	(0)	(0)	(0)	1.8	
9.1	0	0	0	(0)	0.42	0.55	0.1	0.06	47.3	100	2.36	6	2.42	3.82	4.97	480	(0)	(0)	(0)	2.3	
7.1	0	Tr	0	Tr	0.71	0.43	49.5	0.25	18.1	52	3.68	33	0.71	0.81	1.28	350	(0)	(0)	(0)	4.6	生
1.1	0	0	0	(0)	0.09	0.23	3.1	0.16	3.9	4	0.32	2	1.39	2.39	1.50	82	(0)	(0)	(0)	1.7	
9.7	0	0	0	7	0.01	0.93	2.7	0.26	28.4	62	5.17	10	2.68	5.71	5.83	860	(0)	(0)	(0)	3.6	
0.2	0	0	0	(0)	Tr	0.01	0.5	0.01	0.3	5	0	0	0.13	0.09	0.23	15	(0)	(0)	(0)	2.5	

五訂増補 日本食品標準成分表（文部科学省）より

動物は自分で合成できないアミノ酸を食品中のタンパク質や遊離アミノ酸（free amino acid）から摂取しなければならない．このようなアミノ酸を必須アミノ酸（essential amino acid，全てL型）と呼ぶ．成長したヒトやラット（シロネズミ）は必須アミノ酸としてアルギニン，イソロイシン，トリプトファン，トレオニン，バリン，ヒスチジン，フェニルアラニン，メチオニン，リシン，ロイシンを必要とする．他の10種類のアミノ酸は体内で合成できる．フェニルアラニン，チロシン，トリプトファンでは合成できない部分はベンゼン環であるが，チロシンはフェニルアラニンから合成できる．分岐鎖アミノ酸のバリン，ロイシン，イソロイシンでは枝分かれした炭化水素部分が合成できない．リシンではεアミノ基をもつ側鎖が合成できない．メチオニンも合成できないが，システイン（2量体はシスチン）はメチオニンから合成できる．この必須アミノ酸組成に基づくタンパク質を評価する方法を化学的評価法と呼び，その算定値を一般的な意味で化学価（ケミカルスコア，chemical score）と呼ぶ．国際連合食糧農業機関（FAO）は1957年に，ヒトを用いた必須アミノ酸の必要量に関する試験結果および多くの生物試験によって極めて良質のタンパク質であると判断された鶏卵，母乳，牛乳のアミノ酸組成から，ヒトの必須アミノ酸必要量パターンを提案した．このパターンに基づいて算定された化学価はタンパク価（protein score）と呼ばれた．同様に1973年にFAO/世界保健機構（WHO）によって提案された化学価はアミノ酸スコア（amino acid score）と呼ばれた（表6-2）．その後，1985年にFAO/WHO/国連大学（UNU）は新たな化学価をアミノ酸スコアとして提案した．

　アミノ酸スコアによる化学的評価法では，ヒトの必須アミノ酸必要量を基に定めた理想的な必須アミノ酸組成をもつタンパク質を想定し，食品のアミノ酸組成と比較する．比較して最も劣るアミノ酸の百分率（％）をアミノ酸スコアとし，当該アミノ酸を第1制限アミノ酸（first

表6-2　アミノ酸評点パターン

アミノ酸	略号	タンパク質当たりの必須アミノ酸（mg/g タンパク質*）								窒素当たりの必須アミノ酸（mg/gN）-算定用評点パターン-	
		1973年（FAO/WHO）				1985年（FAO/WHO/UNU）				1973年	1985年
		乳児	学齢期 10～12歳	成人	一般用	乳児	学齢期前 2～5歳	学齢期 10～12歳	成人	一般用	学齢期前 2～5歳
ヒスチジン	His	14	−	−	−	26	19	19	16	−	120
イソロイシン	Ile	35	37	18	40	46	28	28	13	250	180
ロイシン	Leu	80	56	25	70	93	66	44	19	440	410
リシン	Lys	52	75	22	55	66	58	44	16	340	360
メチオニン	Met										
＋シスチン	Cys	29	34	24	35	42	25	22	17	220	160
フェニルアラニン	Phe										
＋チロシン	Tyr	63	34	25	60	72	63	22	19	380	390
トレオニン	Thr	44	44	13	40	43	34	28	9	250	210
トリプトファン	Trp	8.5	4.6	6.5	10	17	11	9	5	60	70
バリン	Val	47	41	18	50	55	35	25	13	310	220
合計											
ヒスチジン込み		373	−	−	−	460	339	241	127	−	2,120
ヒスチジン除く		359	326	152	360	434	320	222	111	2,250	2,000

*この場合のタンパク質量は，「窒素量×6.25」である．

（改訂日本食品アミノ酸組成表，1986）

表6-3 生鮮魚貝肉のアミノ酸スコア

種名	Ile	Leu	Lys	SAA	AAA	Thr	Trp	Val	His	アミノ酸スコア	（参考）第2制限アミノ酸	種名	Ile	Leu	Lys	SAA	AAA	Thr	Trp	Val	His	アミノ酸スコア	（参考）第2制限アミノ酸
アジ	116	114	171	118	126	116	117	103		100		ブリ（養殖）	116	109	162	123	118	112	122	106		100	
	161	122	161	163	123	138	100	145	217	100			161	117	153	169	115	133	104	150	392	100	
アユ（天然,養殖）	116	114	171	127	124	104	118	106		100		クロマグロ（赤身）	112	107	159	109	113	108	117	100		100	
	161	122	161	175	121	124	101	150	167	100			156	115	150	150	110	129	100	141	483	100	
マイワシ	116	111	165	109	124	116	117	106		100		クロマグロ（脂身）	108	102	162	109	113	108	120	103		100	
	161	120	156	150	121	138	100	150	267	100			150	110	153	150	110	129	103	145	442	100	
ウナギ	116	107	165	114	118	104	113	100		100		アサリ	92	89	118	100	105	104	98	81		Val 81	Leu 89
	161	115	156	156	115	124	97	141	217	Trp 97			128	95	111	138	103	124	84	114	100	Trp 84	Leu 95
カツオ	108	102	153	123	111	100	132	100		100		カキ	84	80	112	95	103	96	92	77		Val 77	Leu 80
	150	110	144	169	108	119	113	141	458	100			117	85	106	131	100	114	79	109	108	Trp 79	Leu 85
サケ	112	107	162	118	121	116	117	106		100		サザエ	80	84	91	95	84	84	77	71		Val 71	Trp 77
	156	115	153	163	118	138	100	150	267	100			111	90	86	131	82	100	66	100	66	Trp 66	AAA 82
サバ	112	109	162	127	121	116	115	106		100		ハマグリ	92	86	118	105	97	88	103	81		Val 81	Leu 86
	156	117	153	175	118	138	99	150	325	Trp 99			128	93	112	144	95	105	89	114	108	Trp 89	Leu 93
サンマ	116	111	162	123	121	116	118	106		100		ホタテガイ	84	82	109	100	92	96	78	71		Val 71	Trp 78
	161	120	153	169	118	138	101	150	308	100			117	88	103	138	90	114	67	100	100	Trp 67	Leu 88
マダイ	120	116	176	118	121	116	113	110		100		イカ	92	95	124	95	95	92	83	71		Val 71	Trp 83
	167	124	167	163	118	138	97	155	142	Trp 97			128	102	117	131	92	110	71	100	100	Trp 71	AAA 92
タラ	116	114	176	118	121	108	108	100		100		クルマエビ	88	93	135	95	108	84	90	74		Val 74	Thr 84
	161	122	167	163	118	129	93	141	150	Trp 93			122	100	128	131	105	99	77	105	100	Trp 77	
ニシン	120	116	174	127	124	108	117	113		100		ズワイガニ	96	89	124	91	108	92	98	81		Val 81	Leu 89
	167	124	164	175	121	129	100	159	133	100			133	95	117	125	105	110	84	114	108	Trp 84	Leu 95
ヒラメ	120	118	185	127	132	124	120	106		100		マダコ	92	89	109	77	92	96	78	71		Val 71	SAA 77
	167	127	175	175	128	148	103	150	142	100			128	95	103	106	90	114	67	100	100	Trp 67	AAA 90
フグ	120	109	165	118	113	104	120	103		100		ナマコ	76	59	59	68	82	116	77	77		Leu/Lys 59	SAA 68
	167	117	156	163	110	124	103	145	125	100			106	63	56	94	79	138	66	109	54	His 54	Lys 56
ブリ（天然）	120	109	168	123	121	112	122	106		100													
	167	117	158	169	118	133	104	150	408	100													

アミノ酸の略号は表6-2と同じ．上段：1973年FAO/WHOパターンによる，下段：1985年FAO/WHO/UNUパターン（2～5歳）による．
SAA：含硫アミノ酸（メチオニン＋システイン），AAA：芳香族アミノ酸（フェニルアラニン＋チロシン）（改訂日本食品アミノ酸組成表，1986）

limited amino acid）と呼ぶ．基準値より低い値の必須アミノ酸が複数存在するときには，低い方から順に第1制限アミノ酸，第2制限アミノ酸などという．基準値を下回るアミノ酸がない場合，アミノ酸スコアは100となる．

表6-3に魚貝肉の必須アミノ酸組成と学齢期前2～5歳の必須アミノ酸を基準としたアミノ酸スコアを示したが，魚肉ではほとんどが100と極めて栄養価が高い．ただし，ウナギ，サバ，マダイなどでは，アミノ酸スコアがわずかに100に及ばないものもある．貝類はアミノ酸スコアがやや低い傾向にある．多くの場合第一制限アミノ酸はトリプトファン☞である．

> ☞ **制限アミノ酸とトリプトファン**
>
> 魚肉は一時期，トリプトファン含量が著しく低いことで，化学的評価では乳製品，鶏卵，畜肉に比べて栄養価が劣るといわれ，食品としての価値も低くみられた．一方，生物学的評価法では魚肉の栄養価は乳製品などと遜色ないことが知られていたため，トリプトファンの測定法の見直しが行われた．その結果，魚肉中のトリプトファン含量は基準値以上かほぼ等しい値にあることが示された．

1-2 脂　質

1）脂肪酸　　脂肪酸で二重結合をもたないものを飽和脂肪酸（saturated fatty acid）という．1つもつものを1価不飽和脂肪酸，2つ以上もつものを多価不飽和脂肪酸と呼ぶ．さらに，4つ以上の二重結合をもつものは高度不飽和脂肪酸（polyunsaturated fatty acid, PUFA）と呼ばれる（第4章§2. 参照）．タンパク質のアミノ酸の場合と同様に，脂質にもその構成成分である脂肪酸にヒトの栄養に必要な必須脂肪酸と呼ばれるものがある．必須脂肪酸にはリノール酸

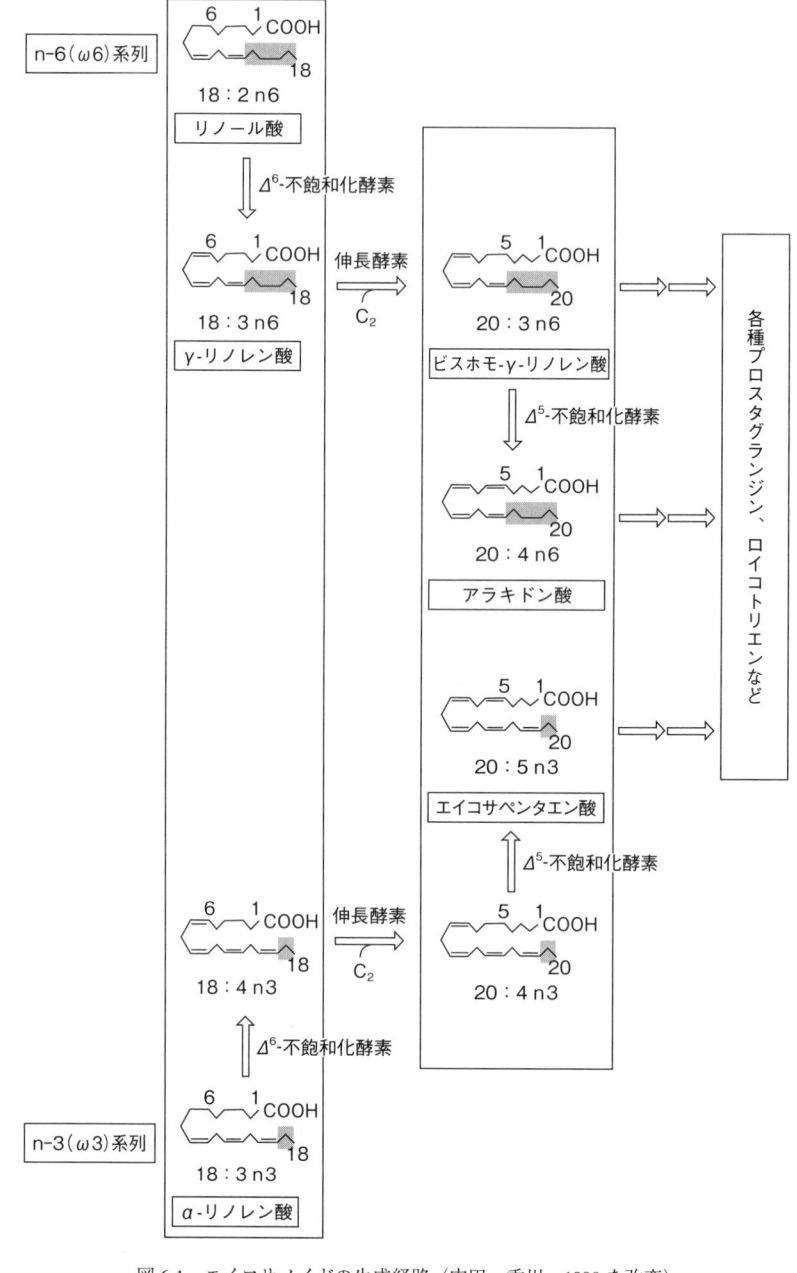

図6-1　エイコサノイドの生成経路（内田・香川，1990を改変）

（18:2n-6，linolic acid），α-リノレン酸（18:3n-3，α-linolic acid），エイコサペンタエン酸（20:5n-3，eicosapentaenoic acid，EPA，正式化学名はイコサペンタエン酸，icosapentaenoic acid），ドコサヘキサエン酸（22:6n-3，docosahexaenoic acid，DHA）などがある．各脂肪酸で最初および2番目の数字は，それぞれ炭素数および二重結合の数を表す．また，n-6 および n-3（またはω6およびω3）は分子構造上，末端メチル基の炭素原子から，それぞれ6番目および3番目の炭素に最初の二重結合が存在することを表す．動物は，二重結合1個のオレイン酸（18:1n-9，oleic acid）の末端メチル基側に第二の二重結合を作れない．健康なヒトの体内ではリノール酸を基にγ-リノレン酸，アラキドン酸（20:4n-6，arachidonic acid）が順次合成される．また，α-リノレン酸を基にエイコサペンタエン酸，ドコサヘキサエン酸が生合成される．必須脂肪酸が欠乏すると，成長不良，皮膚異常，病気感染に対する抵抗性が弱まる．

エイコサペンタエン酸およびドコサヘキサエン酸は，後述する機能性成分としても重要である．両脂肪酸は n-3 系列の脂肪酸で，これに対して畜肉，鶏肉，植物油に多く含まれるリノール酸は n-6 系列の脂肪酸である．n-3 の脂肪酸と n-6 の脂肪酸は全く異なった経路で代謝され，生体内でお互いに代替することはできない．n-6 系列のアラキドン酸およびビス-γ-リノレン酸（20:3n-6，bishomo-γ-linoleic acid，イコサトリエン酸），エイコサペンタエン酸の3つの脂肪酸のみがプロスタグランジン（prostaglandin）やロイコトリエン（leukotriene）の前駆体となり得る．各脂肪酸，これらの前駆体も含めてエイコサノイド（eicosanoid）と呼ぶ（図6-1）．各種のプロスタグランジン類はそれぞれ特有の生理作用を示し，生体内では相互の微妙なバランスによって血小板の凝集，動脈壁の弛緩や収縮，血液の粘度の調節などが行われている．魚貝類ではとくにエイコサペンタエン酸が豊富に含まれており（表6-4），健康に優れていることが知られている．

> **プロスタグランジン，ロイコトリエン**
>
> われわれの生体内には，ホルモンや神経伝達物質に属さない生体機能調節物質が多く存在する．プロスタグランジンやロイコトリエンもそのような物質に属し，いずれも多くの同族体が存在してそれぞれ異なった生物活性を示す．これらの物質はごく微量にしか存在しないが強力な生物活性をもつ．一方，これらの物質の産生は局所的で，濃度の高い産生域で生物活性を発揮した後，速やかに不活性化されて，生物活性が全身に及ぶことを阻止する機能を備えている．

ドコサヘキサエン酸はヒト体内では脳細胞で約25％，網膜視細胞では60％以上と細胞膜を構成する主成分となっており，神経細胞の膜流動性，化学反応，シナプス形成など神経細胞に重要な役割を果たしていると考えられている．ヒトはドコサヘキサエン酸の合成酵素を欠くため，ドコサヘキサエン酸を多く含む魚肉の摂取は必須である．

2）コレステロール　コレステロール（cholesterol）に代表される種々のステロールは，細胞膜の構成成分として存在するほか，胆汁酸やホルモンなどに変換され，生命維持に重要な役割を果たしている．血中ではリポタンパク質の一部として移動する．血中コレステロール濃度が高いと高脂血症，動脈硬化，胆石などが起こりやすくなるが，濃度が低いと貧血や脳出血などが起こりやすくなる．

表 6-4 生鮮魚貝肉の脂溶性成分組成

魚種	脂質	脂肪酸総量	脂肪酸 100g当たり			コレステロール	トコフェロール (mg)				E効力	脂質1g当たり脂肪酸				脂肪酸組成 (%)			脂肪酸総量 100g当たり脂肪酸						
			飽和	不飽和 一価	多価		α	β	γ	δ		総量	飽和	不飽和 一価	多価	飽和	不飽和 一価	多 価	10:0 デカン酸	12:0 ラウリン酸	14:0 ミリスチン酸	14:1 ミリストレイン酸	15:0 ペンタデカン酸	16:0 パルミチン酸	16:1 パルミトレイン酸	17:0 ヘプタデカン酸	17:1 ヘプタデセン酸
	g	(......g......)				mg	(mg)					(......mg......)				(......%......)			(......g......)							
マアジ	6.9	5.16	1.84	1.81	1.51	70	0.9	0	0	0	0.9	748	267	262	219	35.6	35.0	29.2			3.7		0.5	23.0	7.5	1.0	1.0
マイワシ	13.8	10.62	3.39	3.48	3.75	75	2.0	0	0	0	2.0	770	246	252	272	31.9	32.7	35.2			7.9		0.3	19.0	7.7	0.9	1.1
カツオ	2.0	1.25	0.49	0.28	0.48	65	1.2	0	0	0	1.2	623	243	142	238	39.0	22.7	38.2			2.6	θ	0.9	23.6	3.7	2.0	1.1
サケ	6.1	4.24	0.98	1.83	1.43	70	0.7	0	0	0	0.7	694	160	300	234	23.0	43.1	33.7			4.3		0.2	13.5	6.7	0.7	0.8
サバ	16.5	13.49	3.96	5.40	4.132	55	1.8	0	0	0	1.8	817	240	327	250	29.3	40.0	30.6			4.0		0.4	18.5	5.1	1.3	0.7
サンマ	16.2	13.19	2.93	6.61	3.65	60	1.9	0	0	0	1.9	814	181	408	225	22.2	50.0	27.6			7.6	0.1	0.3	11.1	4.3	0.9	0.7
マダイ (天然)	3.4	2.70	0.88	1.14	0.68	80	1.4	0	0	0	1.4	795	260	335	200	32.7	42.1	25.1			3.9		0.5	19.8	6.5	0.8	0.7
マダイ (養殖)	14.8	12.62	3.51	4.66	4.45	85	1.8	0	0	0	1.8	853	237	315	301	27.7	36.9	35.2			4.4		0.3	17.1	6.9	0.4	0.9
タラ	0.4	0.22	0.05	0.04	0.13	60	0.9	0	0	0	0.9	565	135	109	321	23.8	19.3	56.8			1.2		0.2	17.3	2.7	0.7	0.4
ニシン	17.0	14.13	3.35	8.08	2.70	60	3.1	0	0	0	3.1	831	197	475	159	23.7	57.2	19.1			8.0		0.2	14.0	6.6	0.1	0.8
フグ	0.1	0.04	0.01	0.01	0.02	60	0.4	0	0	0	0.4	433	135	83	215	31.1	19.2	49.6			0.9	0.1	0.2	19.9	2.8	0.7	0.1
ブリ (天然)	17.6	12.48	4.40	4.33	3.75	70	2.0	0	0	0	2.0	709	250	246	213	35.2	34.7	30.0			5.7		0.7	20.9	7.0	1.6	0.9
クロマグロ (赤身)	1.4	0.74	0.25	0.30	0.19	50	0.8	0	0	0	0.8	524	175	212	137	33.4	40.4	26.1			2.8		0.4	19.1	3.6	1.6	0.9
クロマグロ (脂身)	24.6	20.12	5.29	9.10	5.73	55	1.5	0	0	0	1.5	818	215	370	233	26.2	45.2	28.4			4.0	0	0.4	15.5	4.4	1.2	0.9
カキ	1.8	0.98*	0.30	0.23	0.41	50	1.2	0	0	0	1.2	544*	167	128	230	30.7	23.5	42.3			4.6	1	0.6	20.1	4.6	1.4	1.3
サザエ	0.4	0.12	0.04	0.03	0.05	170	3.3	0	0	0	3.3	288	98	63	127	34.0	21.8	44.2			2.3		2.1	20.6	1.5	2.9	0.9
ハマグリ	0.9	0.21	0.07	0.05	0.09	47	0.7	0	0	0	0.7	230	73	53	104	31.8	23.1	45.0			1.5		0.3	19.0	4.7	3.3	0.2
ホタテガイ	1.2	0.43	0.13	0.12	0.18	40	0.8	0	0	0	0.8	366	111	103	152	30.2	28.2	41.5			3.7		0.6	18.5	8.1	1.0	1.0
イカ	1.0	0.39	0.14	0.03	0.22	300	2.1	0	0	0	2.1	384	135	28	221	35.1	7.4	57.5			2.3		0.3	26.3	0.4	0.4	
ズワイガニ	0.5	0.26	0.05	0.07	0.14	50	2.1	0	0	0	2.1	506	92	143	271	18.2	28.2	53.5			0.9		0.1	13.5	3.5	0.7	1.2
マダコ	0.7	0.24	0.07	0.03	0.14	90	0.7	0	0	0	0.7	328	94	39	195	28.7	12.0	59.3			1.0	0.1	0.3	16.0	1.3	1.6	
鶏 むね	12.3	10.88	3.37	5.60	1.91	80	0.3	0	0	0	0.3	884	274	455	155	31.0	51.5	17.5			1.0	0.3	2.1	23.6	7.0	1.0	0.1
豚 肩ロース	22.6	18.57	8.09	8.38	2.10	65	0.2	0	0	0	0.2	822	358	371	93	43.5	45.1	11.3	0.1	0.1	1.6	θ	θ	26.2	3.0	0.3	0.3
和牛 サーロイン	31.0	27.99	11.91	15.55	0.53	60	0.3	0	0	0	0.3	900	383	500	17	42.5	55.5	1.9	θ	0.1	3.0	1.4	0.3	27.9	6.2	0.7	0.8

第6章　水産食品の栄養と機能性

脂肪酸総量100g当たり脂肪酸 (g)

魚種	18:0 ステアリン酸	18:1 オレイン酸	18:2 n-6 リノール酸	18:3 n-3 α-リノレン酸	18:4 n-3 オクタデカテトラエン酸	20:0 アラキジン酸	20:1 イコセン酸	20:2 n-6 イコサジエン酸	20:3 n-6 イコサトリエン酸	20:4 n-3 イコサテトラエン酸	20:4 n-6 アラキドン酸	20:5 n-3 エイコサペンタエン酸	22:1 ドコセン酸	22:2 ドコサジエン酸	22:5 n-3 ドコサペンタエン酸	22:5 n-6 ドコサペンタエン酸	22:6 n-3 ドコサヘキサエン酸	24:1 テトラコセン酸	備考
アジ	7.0	22.6	0.9	0.5	0.6	0.4	1.3	0.1	0.2	0.4	1.6	7.9	1.3		2.5		14.5	1.3	
マイワシ	3.3	13.0	2.6	1.0	3.5	0.5	5.4	0.1	0.2	1.0	0.9	13.0	4.0		2.2		10.7	1.5	
カツオ	9.7	15.7	1.4	0.5	0.8	0.2	0.8	0.3	0.2	0.3	2.2	6.2	0.5		0.8	0.7	24.8	0.9	
サケ	4.2	23.2	1.0	0.5	0.7	0.1	6.1	0.1	0.1	0.9	0.7	8.6	5.3		3.7		17.4	1.0	シロザケ
サバ	4.9	26.5	1.4	0.8	2.0	0.2	3.9	0.1	0.1	0.7	1.4	9.0	2.7		1.9		13.2	1.1	
サンマ	1.9	6.6	1.7	1.2	4.1	0.4	17.2	0.3	0.1	1.1	0.6	6.4	19.3		1.5		10.6	1.8	
マダイ (天然)	7.3	29.4	1.2	0.5	0.6	0.4	3.2	0.2	0.5	0.7	0.6	5.8	1.2		3.0		11.0	1.1	
マダイ (養殖)	5.2	21.5	3.9	0.8	1.8	0.3	3.8	ө	0.2	1.1	1.0	8.6	2.3		3.3		14.5	1.5	
タラ	4.3	12.7	0.5	0.2	0.4	0.1	2.1	0.1	0.1	0.4	3.5	16.7	0.6		2.0		32.9	0.8	
ニシン	1.3	22.4	1.3	0.8	2.1	0.3	12.2	0.2	0.1	0.3	0.7	7.0	14.1		0.6		6.1	1.1	
フグ	9.1	13.6	0.9		0.2	0.2	0.9	0.1	0.1	0.2	6.0	8.8	0.3		5.6		26.2	1.4	トラフグ
ブリ (天然)	6.1	18.9	1.5	0.8	1.5	0.2	4.0	0.1	0.1	0.7	1.3	7.2	2.5		2.5		14.3	1.4	
クロマグロ (赤身)	9.3	24.7	1.1	0.5	0.8	0.2	4.8	0.2	0.1	0.6	2.1	3.6	5.1		1.5		15.6	1.3	
クロマグロ (脂身)	4.9	20.7	1.5	0.9	2.0	0.2	7.8	0.3	0.1	0.7	0.8	6.4	9.8		1.4		14.3	1.5	
カキ	3.9	10.9	2.3	1.2	5.9	0.1	2.9	0.3	0.6	3.8	1.5	16.3	0.2	5.8	1.0		9.4	3.6	未同定脂肪酸3.6g, 総量(*)には含まれるが, 飽和, 一価, 多価には含まれない.
サザエ	6.0	8.1	3.5	0.9	0.4	0.1	3.0	0.4	0.4		14.6	6.1			11.8		0.5	8.3	
ハマグリ	7.4	6.3	0.5	1.3	2.1	0.3	9.1	3.2	0.2	11.0	5.5	6.3			2.5		10.5	2.8	
ホタテガイ	6.1	10.1	1.6	0.9	3.5	0.3	5.4	0.7	0.1	0.9	3.6	16.1	0.4		0.7		13.1	3.2	
イカ	5.8	3.5	ө		ө		3.3	0.2	0.1		2.8	14.3	ө		0.9		38.9	0.2	
ズワイガニ	2.9	20.0	0.5	0.3	0.2	0.1	2.2	0.6	0.5	0.2	4.4	27.8	0.6		1.2		18.3	0.7	
マダコ	9.8	4.7	0.3	0.1			4.2	0.3		0.2	8.8	17.7	0.1		2.4		29.4	1.6	
鶏 むね	6.2	43.3	15.0	0.8	0.1	0.2	0.8	0.1	0.1		0.5	0.3			0.1		0.5		皮24%
豚 肩ロース	15.0	41.1	9.9	0.6		0.2	0.7	0.4	0.1		0.3				0.1				脂身10%
和牛 サーロイン	10.4	46.7	1.8	ө		0.1	0.4		0.1										脂身15%

各成分とも, 記載単位に達しなかった場合はө, 検出されなかった場合は0.

（日本食品脂溶性成分表, 1989）より抜粋

1-3 ミネラル

ミネラルは（mineral）食品成分表では灰分に含まれており，無機質とも呼ばれ，ナトリウム，カリウム，カルシウム，マグネシウム，リン，鉄，亜鉛，銅，マンガンが含まれる（表6-1）．ナトリウム，カリウム，カルシウム，マグネシウム，リンはヒトの1日の摂取量は100 mg 以上となるが，その他の無機質はそれ以下である．

ナトリウムは，細胞外の浸透圧維持，糖の吸収，神経細胞や筋肉細胞の機能に関与する．また，骨の構成要素として骨格の維持に寄与している．欠乏によって疲労感や低血圧などが生ずるが，過剰摂取によって浮腫（むくみ）や高血圧などが生ずる．カリウムは，細胞内の浸透圧や細胞活性の維持に機能している．食塩の過剰摂取や老化によってカリウムが失われると，細胞の活性が低下する．

カルシウムは骨の主要構成要素の1つである．灰分含量をみると，魚貝肉では畜肉より高く，これは魚貝肉にはカルシウム含量が高い小骨や殻片が含まれていることによる．カルシウムイオンは細胞内には微量にしか存在しないが，これに結合するタンパク質を介して細胞内の多くの生体内反応を調節している．また，カルシウムは血液の凝固に関与している．魚貝類では，貝殻，珊瑚の炭酸カルシウム，甲殻類外骨格のキチン（chitin）のほか，魚類の骨，歯，鱗にはリン酸カルシウムとして多く含まれている．魚類の耳石の主成分は炭酸カルシウムである．

マグネシウムは，骨の弾性維持，細胞のカリウム濃度調節，細胞のエネルギー蓄積，消費に必須である．生活習慣病やアルコール中毒で細胞内マグネシウムの低下がみられる．リンはカルシウムとともに骨の主要構成要素である．細胞膜や細胞の情報伝達に重要なリン脂質（解説参照）をも構成するほか，ATPやクレアチンリン酸（creatine phosphate）などの高エネルギーリン酸化合物の反応に関与する重要な元素である（第2章§1-3，§3-3 参照）．

鉄はヒトへの吸収効果からヘモグロビン（hemoglobin）とミオグロビン（myoglobin）を構成しているヘム鉄とそれ以外の非ヘム鉄に分けることができる．ヘム鉄はヒトの腸管から20～30％の効率で吸収されるが，非ヘム鉄はわずか数％に過ぎない．その理由は，ヘム鉄は小腸の上皮細胞内でヘム部分が分解されて非ヘム鉄になった後，代謝プールに入ることによる．鉄はヘモグロビンやミオグロビン中，ヘム鉄を構成しており，それぞれ生体内の酸素の運搬および貯蔵に機能している（第4章§4-2参照）．また，酸化還元反応に関わることによって生体内のエネルギー（ATP）生産に重要な役割を果たしている．鉄はミトコンドリアの好気的代謝で生ずる活性酸素を消去する酵素にも含まれている．鉄の不足は貧血や組織の活性低下を引き起こす．

亜鉛はあらゆる生物にとって必須の金属である．核酸や酵素の構成成分としての役割を果たす．亜鉛の欠乏により，小児では成長障害，皮膚炎が起こる．成人では皮膚，粘膜，血球，肝臓などの再生不良，味覚や嗅覚の障害が生ずる．亜鉛含量はカキで100 g 当たり10～100 mgと断然多く，魚類では2 mg 程度，牛乳では0.3 mgとなっている．

哺乳類では銅の欠乏により，骨格系の異常や毛髪の発達異常が観察される．酵素の構成要素として重要で，遺伝的に欠乏を起こす病気が知られている．マンガンも酵素の構成要素として重要である．マグネシウムが関与する種々の酵素反応にマンガンも作用する．

1-4 ビタミン

ビタミン（vitamin）は生体内には少量しか存在しないが生体機能の維持に必須の栄養素である．この性質はミネラルや微量元素に類似する．ビタミンは水溶性のものと脂溶性のものがある．脂溶性ビタミンにはビタミン A，ビタミン D，ビタミン E，ビタミン K が含まれる．一方，水溶性ビタミンにはビタミン B_1，ビタミン B_2，ナイアシン（niacin），ビタミン B_6，ビタミン B_{12}，葉酸（folic acid），パントテン酸（panthothenic acid），ビタミン C など 10 種類ほどが知られている（表 6-1）．

ビタミン A（レチノール，retinol）は β-カロテン（β-carotene）1 分子から 2 分子生成する（第 4 章 §4-2 参照）．α-カロテン，クリプトキサンチン（cryptoxanthin）からも生ずるが，この場合その構造特性から 1 分子からビタミン A は 1 分子しか生じない．ビタミン A は視覚の正常化，成長，生殖作用，感染予防に機能する．過剰摂取により頭痛，吐き気，骨や皮膚の異常が生ずる．ビタミン A はサメ肝臓，ヤツメウナギ筋肉，ウナギ筋肉や肝臓，アンコウ肝臓，ギンダラ筋肉などに豊富に存在する．また，海苔にも多量に含まれている．

レチノール

ビタミン D（コレカルシフェロール，cholecalciferol）は，カルシウムと結合する特異的なタンパク質の生合成を調節し，骨格形成などに機能する．ビタミン D の欠乏により，小児のくる病，成人の骨軟化症などが生ずる．ビタミン D を含む海産魚は多種にわたるが，陸上動物や無脊椎動物にはほとんど含まれない．

強力な酸化防止剤でもあるビタミン E は脂質過酸化の防止，細胞壁や生体膜の機能を維持する．欠乏すると，神経機能低下，筋無力症，不妊などが起こる．食品中のビタミン E は主として α-，β-，γ-，δ-トコフェロール（tochopherol）である．

ビタミン K は植物由来で，血液凝固や骨の形成に関連した機能を果たす．

水溶性ビタミンは魚類では一般に肝臓や血合筋に多く含まれる．その主要な働きはビタミン C を除いて補酵素（coenzyme）としての機能である．補酵素は，酵素のタンパク質部分（アポ酵素，apoenzyme）と可逆的に結合して酵素作用の発現に機能する補欠分子族（prosthetic group）である．補欠分子族とは酵素タンパク質にしっかりと結合した補因子（cofactor）をいう．酵素タンパク質はそれだけでは活性が全くないか弱いが，ある別の物質の添加により十分な活性が発現する．この補助的な因子を補因子と呼ぶ．マグネシウムイオンやカルシウムイオンが代表例である．これらは補酵素とはいわず補因子と呼ばれる．

わが国で発見されたビタミン B_1（チアミン，thiamine）は，イネやムギの胚芽に多く含まれており，不足すると倦怠感，食欲不振，浮腫などを伴う脚気になる．各種酵素の補酵素として糖質や分岐鎖アミノ酸の代謝に必須である．

水溶性ビタミンでとくに重要な働きをするものはビタミン B_2 とナイアシンである．ビタミン B_2（リボフラビン，riboflavin）はフラビン酵素の補酵素としてほとんどの代謝に関わっているほか，電子受容体としてミトコンドリアでの ATP 合成に必要なプロトンの供給源となる（第 2

章§3-1参照).欠乏すると,口内炎,眼球炎,脂漏性皮膚炎,成長障害などが起こる.ナイアシンは生体内で同じ作用を示すニコチン酸(nicotinic acid)およびニコチン酸アミド(nicotinamide)からなり,ビタミンB_2と同じ働きをする.欠乏により,皮膚炎,下痢,精神神経障害,成長障害などが生ずる.

ビタミンB_6はピリドキシン(pyridoxine),ピリドキサール(pyridoxal),ピリドキサミン(pyridoxamine)など10種類以上の同様の機能をもつ化合物の総称である.生物界に広く分布し,とくに穀類に多い.アミノトランスフェラーゼ(aminotransferase)やデカルボキシラーゼ(decarboxylase)などの補酵素として働く.欠乏すると皮膚炎,動脈硬化性血管障害,食欲不振などになり,ひどくなると中枢神経系に障害が起こる.

ビタミンB_{12}はシアノコバラミン(cyanocobalamin)など,同様の機能をもつ化合物の総称である.動物と微生物にあり,植物にはない.アミノ酸,奇数鎖脂肪酸,核酸などの代謝に関与する酵素の補酵素として働くほか,ヘモグロビン合成にも関与する.悪性貧血の予防と治療に有効な因子として発見された.魚貝類はビタミンB_{12}の供給源となっている.

> **奇数鎖脂肪酸**
>
> 脂肪酸の生合成や分解は2炭素ずつの結合および遊離を基本にする.したがって天然には偶数の炭素鎖をもつ脂肪酸(偶数鎖脂肪酸)のみが一般的であるが,例外的に奇数鎖脂肪酸もみられる.

葉酸は補酵素として核酸の合成や代謝,アミノ酸の代謝などに関与する.必要量はごく微量であるが,胎児の成長に重要である.

パントテン酸は代謝に重要な働きをする補酵素A(コエンザイムA,coenzyme A,CoA)および脂肪酸の生合成に関与するアシルキャリアータンパク質(acyl carrier protein,ACP)の構成成分である.欠乏により,皮膚炎,副腎障害,末梢神経障害などが生ずる.

ビタミンCはアスコルビン酸とも呼ばれ,強い還元剤である.生体内の各種の物質代謝,とくに酸化還元反応に関与するとともに,コラーゲンの生合成にも働く.不足すると壊血病になる.

1-5 その他

食物繊維は,消化管機能や腸の蠕(ぜん)動運動の促進,栄養素の吸収を緩慢にすることなど,種々の生理作用がある.水溶性と不溶性の食物繊維(表6-1)で生理作用が異なると考えられている.海藻に含まれているアルギン酸や寒天は代表的な植物性の食物繊維である.動物性の食物繊維としてエビの甲殻やカニの甲羅に含まれているキチンからの誘導体であるキトサンがあげられる.このような天然の食品に含まれている食物繊維のほか,種々の難溶性オリゴ糖が合成されており,後述する特定保健用食品に利用されている.キトサンは,消化管内で胆汁酸と結合して糞便中に排泄されることにより,胆汁酸の腸肝循環を抑制し,体内のコレステロー

> **蠕動運動**
>
> 消化管などに存在する平滑筋が行う収縮運動のことで,内容物を移動させる役割をしている.食道や直腸もこの運動を行う.蠕動運動は自律神経の働きによって行われているため,意識的に調整することはできないが,食物や水分の摂取,運動などの刺激によって活発化する.

ルプールを減少させ，血中コレステロール値を低下させる作用を示す．

そのほか，食品中には微量にしか存在しない元素，クロム，モリブデン，バナジウム，コバルト，ニッケル，ヨウ素も生体機能の維持に重要とされているが，その詳細な機構はよくわかっていない．

§2. 機能性食品

食品には一次機能（栄養特性），二次機能（味，色，臭い，歯ごたえなどの嗜好性），三次機能（生体調節作用，健康増進作用）がある．食品機能（food functionality）の言葉は文部科学省（当時は文部省）の特定研究「食品機能の系統的解析と展開」で最初に用いられた．それ以降，食品に含まれる薬効成分の科学的検証が行われるようになった．機能性食品（functional food）はとくに三次機能に注目した食品であるが，市場での通称「健康食品（health food）」と区別するために，法律でも機能性食品の内容が規定された．

2-1 保健機能食品

1991年に「特定保健用食品」（特保）が厚生省（現，厚生労働省）によって規定された．生体の生理的機能などに影響を与える保健機能成分を含む食品で，血圧，血中のコレステロールなどを正常に保つことを助けたり，おなかの調子を整えるのに役立つなどの特定の保健の用途に資する旨を表示するものをいう．特定保健用食品は厚生労働省が認定した機能性食品で（図6-2），その法制上の特徴は健康の追究である．その後，同省は栄養補助食品（狭義でのサプリメント）の普及に配慮し，これに「栄養機能食品」の名称を与え，2001年には保健機能食品制度が発足した．栄養機能食品は食品の一次機能を，特定保健用食品は三次機能を目的としたものである．特定保健用食品は，生理的機能や特定の保健機能を示す有効性や安全性などに関する厚生労働省の審査を個別に受け，承認，許可される．一方，栄養機能食品は，同省が定めた規準に達した特定の栄養成分を含み，その栄養成分の有効機能を示すものである．なお，保健機能食品制度については，2009年9月1日に消費者庁が設立されたため，業務が消費者庁に移管されている．

一方，栄養表示基準制度があり，これは健康増進法第31条第1項に基づき販売する食品について，国民の栄養摂取の状況からみて重要な栄養成分，熱量を日本語で表示することが義務づけられている．また，その表示が一定の栄養成分，熱量についての強調表示である場合には，含有量が基準を満たすことを義務づけた制度である．具体的な基準内容については，厚生労働省告示でつぎのように定められている．(1)規制の対象となる表示栄養成分，熱量の範囲を示すこと，(2)熱量，タンパク質，

図6-2 特定保健用食品およびその条件付き食品のマーク（消費者庁）

脂質，炭水化物，ナトリウムおよび表示された栄養成分の含有量をこの順番で記載すること，(3) 強調表示では，食物繊維，カルシウムなどについて「高」「含有」などを表示する場合や，熱量，脂質などについて「無」「低」などを表示する場合に基準を満たすこと，である．

また，2015年4月に新しく機能性表示食品制度がはじまり，これまでの国の認可ではなく，事業所の責任において機能性表示が可能な「機能性表示食品」が設定された（図6-3）．

栄養補助食品，健康補助食品，サプリメントなどを含む，いわゆる「健康食品」として販売されている食品は，業者が独自の判断で販売しているもので，法令上の規制はない．機能性食品は薬剤のように疾病の治療を目的としたものではなく，あくまでも健康維持，体調維持を目的として設計された食品である（図6-3）．

1) **特定保健用食品**　特定保健用食品とは，健康増進法第26条第1項の許可または同法第29条第1項の承認を受けて，食生活において特定の保健の目的で摂取をする者に対し，その摂取により当該保健の目的が期待できる旨の表示をする食品を指す（図6-4）．関与成分の疾病リスク低減効果が医学的，栄養学的に確立されている場合，疾病リスク低減表示を認める特定保健用食品（疾病リスク低減表示）と，特定保健用食品としての許可実績が十分であるなど科学的根拠が蓄積されている関与成分について規格基準を定め，消費者委員会の個別審査なく，事務局において規格基準に適合するか否かの審査を行い許可する特定保健用食品（規格基準型）の2種類がある．2018年では1,000品目超が特定保健用食品として登録されている．

特定保健用食品は，生理機能とその作用機構が明らかになっており，その食品中に含まれる機能性成分が明確にされている機能性食品である．したがって，成分別分類，疾病別分類，作用部位別分類，作用機構別分類が可能であるが，表6-5に示した「保健の用途別」の分類が最も一般的に用いられている．これは疾病別分類に最も近いが，特定保健用食品には「虫歯」以外の疾病名を表示できないので用途別分類という表現となっている．機能性食品の法的な分類によれば，特定保健用食品は厚生労働省の制定した「特別用途食品」の1領域に過ぎない．特定保健用食品

医薬品	保健機能食品			一般食品
(医薬部外品を含む)	特定保健用食品 (個別許可型)	栄養機能食品 (規格規準型)	機能性表示食品 (届出型)	(いわゆる健康食品を含む)

図6-3　保健機能食品の分類と位置づけ

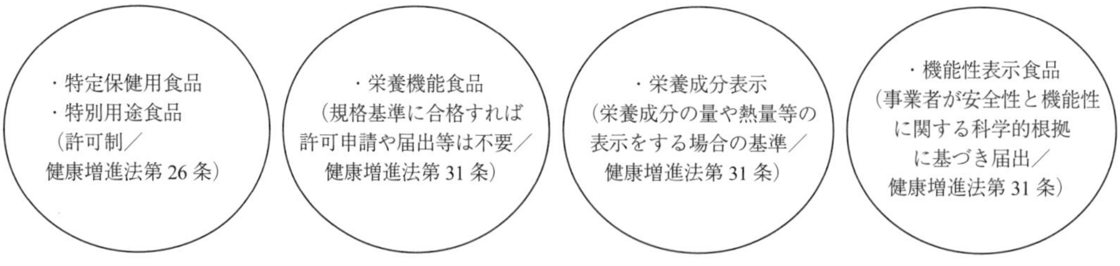

- ・特定保健用食品
- ・特別用途食品
  （許可制／
  健康増進法第26条）

- ・栄養機能食品
  （規格基準に合格すれば許可申請や届出等は不要／
  健康増進法第31条）

- ・栄養成分表示
  （栄養成分の量や熱量等の表示をする場合の基準／
  健康増進法第31条）

- ・機能性表示食品
  （事業者が安全性と機能性に関する科学的根拠に基づき届出／
  健康増進法第31条）

図6-4　食品において健康や栄養に関する表示を行える制度

表 6-5 特定保健用食品の分類

表示の内容	有効成分
おなかの調子を整える	食物繊維（難消化性デキストリン，低分子アルギン酸など），オリゴ糖（フラクトオリゴ糖，大豆オリゴ糖，コーヒー豆マンノオリゴ糖など），生菌（乳酸菌，ビフィズス菌など）
血圧が高めの方に適する	アンギオテンシン変換酵素阻害性ペプチド（イワシペプチド，かつお節ペプチド，カゼインデカペプチドなど），杜仲茶配糖体，γ-アミノ酪酸，酢酸
コレステロールが高めの方に適する	難消化性多糖類（キトサン，低分子アルギン酸），植物ステロール，大豆ペプチド・タンパク質，茶カテキン
血糖値の気になる方へ	難消化性デキストリン，グアバ葉ポリフェノール，アラビノース，小麦アルブミン，豆鼓エキス
ミネラルの吸収を助ける	カゼインホスホペプチド，ヘム鉄，クエン酸リンゴ酸カルシウム，フラクトオリゴ糖
食後の血中の中性脂肪を抑える	グロビンペプチド，コーヒー豆マンノオリゴ糖，ウーロン茶ポリフェノール，EPA，DHA，中鎖脂肪酸，茶カテキン，βコングリシニン
虫歯の原因になりにくい	パラチノース，糖アルコール，茶ポリフェノール，マルチトール，エリスリトール，キシリトール，乳タンパク質分解物（CPP-ACP），リンゴ酸オリゴ糖カルシウム（Pos-Ca），緑茶フッ素
体脂肪がつきにくい	中鎖脂肪酸，茶カテキン
骨の健康が気になる方に適する	イソフラボン，乳塩基性タンパク質（MBP），フラクトオリゴ糖，ビタミン K_2，ポリグルタミン酸

以外の特別用途食品は，(1)病者用食品，(2)妊産婦・授乳婦用粉乳，(3)乳幼児用調製粉乳，(4)えん下困難者用食品（旧，高齢者用食品），のように分類されている．低アレルゲン米は機能性食品の初例の 1 つで，1993 年に認可された特定保健用食品の第 1 号となったが，現在は病者用食品に分類されている．

特定保健用食品の審査で要求している有効性の科学的根拠のレベルには届かないものの，一定の有効性が確認される食品を，限定的な科学的根拠である旨の表示をすることを条件として，許可対象と認めた．これを条件付き特定保健用食品という（図 6-2）．表示方法としては，「○○を含んでおり，根拠は必ずしも確立されていませんが，△△に適している可能性がある食品です．」とする．

2）**栄養機能食品** 栄養機能食品は，同省が定めた健康増進法第 31 条に基づく規準に達した栄養成分（ビタミン，ミネラル）の補給のために利用される食品で，栄養成分の機能の表示をして販売できる．規格基準に適合すれば許可申請や届出などは不要である．栄養機能食品として販売するためには，1 日当たりの摂取目安量に含まれる当該栄養成分量が，定められた上・下限値の範囲内にあることを表示するほか，栄養機能表示，注意喚起表示も必要である．栄養機能食品の表示に当たっては，法令で表示が義務づけられている事項および表示が禁止されている事項に注意しなければならない．とくに留意が必要なものは，栄養機能食品の規格基準が定められている栄養成分以外の成分の機能の表示や特定の保健の用途の表示をしてはならないこと，「栄養機能食品（ビタミン C）」など，栄養機能表示をする栄養成分の名称を「栄養機能食品」の表示に続けて表示すること，消費者庁長官が個別に審査などをしているかのような表示をしないこと，である．

栄養機能食品で表示できる成分は，ミネラルで亜鉛，カルシウム，鉄，銅，マグネシウム，ビタミンでナイアシン，パントテン酸，ビオチン，ビタミンA，β-カロテン（ビタミンA前駆体），ビタミンB_1，ビタミンB_2，ビタミンB_6，ビタミンB_{12}，ビタミンC，ビタミンD，ビタミンE，葉酸である．

3) 機能性表示食品　機能性表示食品は，特定保健用食品と異なり，国の審査はなく，事業者の責任において機能性を表示した食品であり，2015年4月1日に施行された食品表示法に基づく食品表示基準により新たに規定された．販売する60日前までに安全性，機能性の科学的根拠に関する情報を「機能性表示食品の届出等に関するガイドラインに沿って，事業者が消費者庁長官に届け出ることで機能性の表示が可能となる．

生鮮食品を含めたすべての食品（特別用途食品，特定保健用食品，栄養機能食品，健康増進法施行規則で定める栄養素の過剰摂取につながるものは除く）が対象になる．

また，容器包装の表示にあたっては，食品表示基準による方法のほか，「機能性表示食品」，「届出番号」「届出表示」（機能性関与成分及び機能性）などの表示が必要である．これらの内容は消費者庁ウェブサイトで公開されている．

2-2 水産食品の機能性

1) 水産物由来の特別保健用食品の適用素材　世界中で水産食品が健康によいと認識されてきているが，その大きな理由は機能性に優れていることによる．前述のように栄養特性においても水産食品は鶏卵や牛乳に比べて遜色ないことが明らかにされているが，特定の物質に至っては特定保健用食品の有効成分としても認められている．

低分子化アルギン酸ナトリウムは，昆布やひじきなどの褐藻類の海藻に多く含まれているアルギン酸（alginic acid）を，加熱加水分解して，低分子化した物質である．水に溶けやすく粘性のゲルを形成するので，消化管内で胆汁酸類やコレステロールを吸着して，体内への吸収を防ぎ，排出を促す効果が知られている．水溶性の寒天（agar）や，キチン（chitin）を脱アセチル化した化合物のキトサン（chitosan）も多糖類の食物繊維として特定保健用食品の有効成分にも認められている．

> **☞ キチン**
>
> キチンはN-アセチル-D-グルコサミンがβ $1\rightarrow4$結合した長い直鎖構造のアミノ糖である．

生活習慣病の1つである高血圧症の予防や改善には，血管抵抗性の低下や血液流量の低下を図ればよい．レニン・アンギオテンシン系においては，アンギオテンシン（angiotensin）I（Asp-Arg-Val-Tyr-Ile-His-Pro-Phe-His-Leu）が分解して生成するアンジオテンシンII（Asp-Arg-Val-Tyr-Ile-His-Pro-Phe）が昇圧ペプチドで，血管に対してアンギオテンシンII受容体への結合を介して血管平滑筋を収縮させる．また，副腎に対してはアルドステロン（aldosterone）

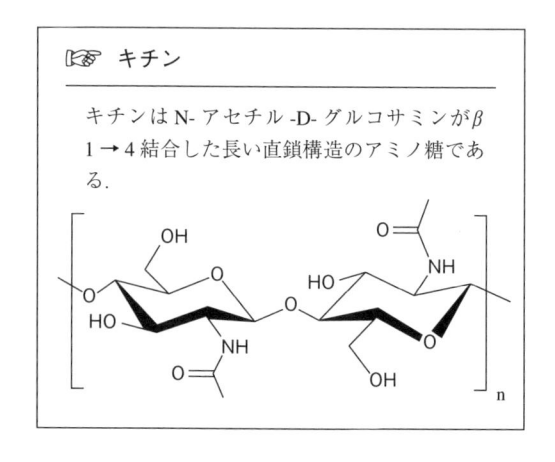

の分泌を促進し，腎臓でナトリウムを貯留させる．アンギオテンシンIからアンギオテンシンIIへの分解は，アンギオテンシン変換酵素（angiotensin converting enzyme，ACE）が触媒する．アミノ酸の結合体であるペプチドには，緩やかなACE阻害作用のあるものがある．したがって，これらのペプチドを摂取することにより，ACEの働きを抑制し，血管を収縮させるアンギオテンシンIIの生産の低下，さらに，血圧を下げる物質（ブラジキニン，bradikynin）の分解の減少の，複合効果で血圧を低下させることができる．これまで報告されているACE阻害作用を有する魚貝類は20種類以上あり，同定されたACE阻害ペプチドは100種類を超える．この中で特定保健用食品の有効成分として認められているのは，イワシ由来のサーデンペプチド，かつお節ペプチド，海苔オリゴペプチド，わかめペプチドである．

特定保健用食品素材として認められているキトサン，エイコサペンタエン酸，ドコサヘキサエン酸の効果は既に説明した．

2）その他の機能性物質　タウリン（taurine）はタンパク質を構成しないアミノ酸の一種であるが，魚類の血合筋や，貝類，海苔などに豊富に含まれる．胆汁酸と結合して，血中コレステロールを低下させる作用があることが知られている．視力回復，肝機能向上，血圧降下にも有効とされる．

タウリンの構造

そのほか，魚貝類に豊富に含まれるアスタキサンチン（astaxanthin）をはじめとしたカロテノイド（carotenoid），魚類筋肉に多いジペプチドのカルノシン（carnosine），高エネルギーリン酸化合物となるクレアチン（creatine），海藻に含まれる種々の粘質多糖などが注目されており，その生理作用の解明が急がれている．また，アミノ酸はタンパク質合成の基質としての役割のほか，自身でもいくつかの生理活性物質の前駆体となることが知られており，機能性の面から注目されている．

（渡部終五）

引用文献

左右田健次（1987）：微量元素と生体（木村修一・左右田健次編），秀潤社，p111．

田宮信雄・八木達彦訳（1988）：コーンスタンプ生化学（第5版），東京化学同人，p637．

参考図書

科学技術庁資源調査会・資源調査所（1986）：改訂日本食品アミノ酸組成表，大蔵省印刷局．

科学技術庁震源調査会（1989）：日本食品脂溶性成分表，大蔵省印刷局．

鴻巣章二編（1984）：水産食品と栄養，恒星社厚生閣．

文部科学省科学技術・学術審議会資源調査分科会編（2005）：五訂増補日本食品標準成分表，国立印刷局．

食品機能性の科学編集委員会（2008）：食品機能性の科学，産業技術サービスセンター．

内田　驍・香川靖雄編（1990）：情報の伝達と物質の働きI，分子生物科学5，岩波書店．

渡部終五編（2008）：水圏生化学の基礎，恒星社厚生閣．

第7章　水産物の調理特性

　魚貝類は，日本人の食生活において重要なタンパク質源であり，種類も豊富である．魚貝類の形態が多様であるように，魚貝肉の味（taste）やテクスチャー（texture）には，それぞれ特徴があり，それらを生かす調理法が古くから発達している．魚貝肉は畜肉に比べて結合組織が少なく，肉質が軟らかいため，生で食べることができる．とくにわが国では，新鮮な魚貝類を生で食べる習慣がある．また，鮮度低下の速い魚貝類を衛生的に食べる方法として，煮る，焼くなどの加熱調理法がある．さらに，地方によっては独自の乾燥品や発酵品が工夫され，だし材料としても利用されている．ここでは，水産物の調理特性について，主な調理法と関連させながら説明する．

§1. 魚体の処理

　種類によって多少異なるが，水洗い，頭部，内臓の除去，血抜き，切断などの処理が一般的に行われている．原魚そのままの形を丸（ラウンド，round fish），魚体から頭部，鰓，内臓を除いたものをドレス（dress）と呼ぶ．背側から脊椎骨に沿って包丁を入れ腹側の皮を介して両側の筋肉部を接合させたものを背開き，背側の皮を介して両側の筋肉部を結合させたものを腹開きと呼ぶ（図7-1）．また，脊椎骨を両側の筋肉部のいずれかに付けたまま背側および腹側の両方の結合を切り離す調理法を二枚おろし，両側の筋肉部のいずれからも脊椎骨を切り離す調理法を三枚

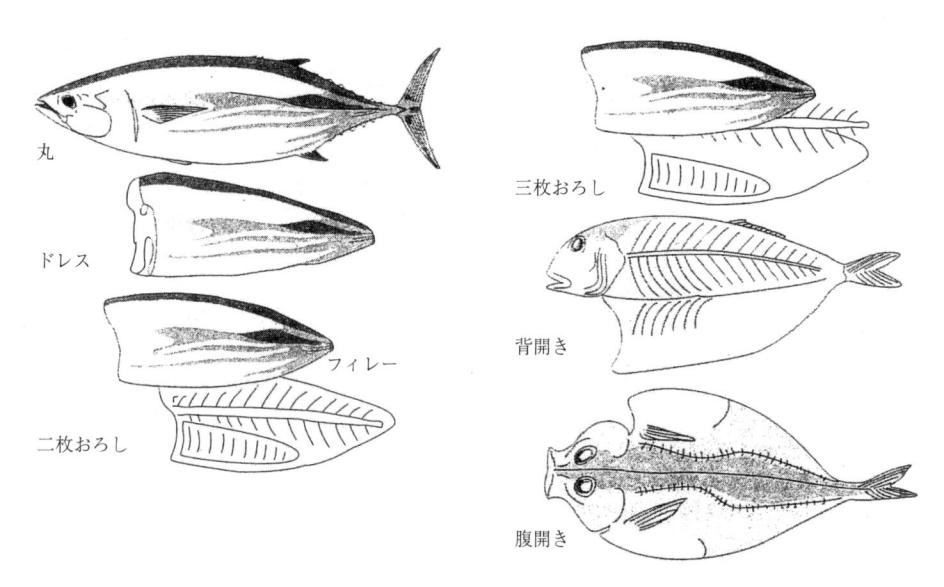

図7-1　魚体の調理法（渡部，2010）

おろしと呼び，脊椎骨のついていない両側の筋肉部はフィレー（fillet）と呼ぶ．

§2. 生食調理

2-1 刺　身

　高鮮度の生の魚貝肉を食べやすい形に切り整え，醤油などの調味料をつけて食べる料理であり，生肉のテクスチャーを賞味する．生の魚肉は，加熱したものに比べ液汁が身から分離しにくく，味を感じにくい．したがって，それぞれの魚貝肉のもつ，ねっとりした舌ざわりや特有の弾力，こりこりしたテクスチャーがそのおいしさに大きく寄与する．

　包丁の切れ味が悪いと肉の切断面の細胞を潰してしまい，テクスチャーを損なうので，鋭利で刃渡りの長い刺身包丁を用い，刃を引きながら切る（図7-2）．一般に生魚肉では，赤身の肉は，白身のものよりも結合組織が少なく，軟らかい．刺身の切り方は魚種によって異なり，赤身のマグロ，カツオなどは，引き作り，平作り，角作りなどで肉を厚く切る．肉質の硬い白身魚のタイ，ヒラメ，フグなどはそぎ作り，糸作りなど薄く切る．しめサバでは，一切れの間に途中まで切り込みを入れる切りかけ作りに切る（畑江, 2005）．

　魚類の表皮には，コラーゲン（collagen）から成る結合組織が多く硬いので，はぎ取る（皮引き）か，または焼く，湯をかける（湯引き）などの加熱操作を行う．この加熱操作によりタンパク質が加熱変性（heat denaturation）により白く凝固した様子が肉に霜が降りたように見えることから，霜降りと呼ばれている．魚類のコラーゲンは畜肉のコラーゲンより低い温度で変性するため，霜降りにすることで皮は軟らかくなり，食べやすくなる．カツオのたたきは表面を焼くことによって，皮の歯切れがよくなるとともに，筋肉の表面は硬く締まる．一方，内部のテクスチャーは軟らかく，表面と内部のテクスチャーの変化を味わうことができる．後述のようにイカ肉や貝肉の

平作り　　　　　　　　　角作り　　　　　　　　　引き作り

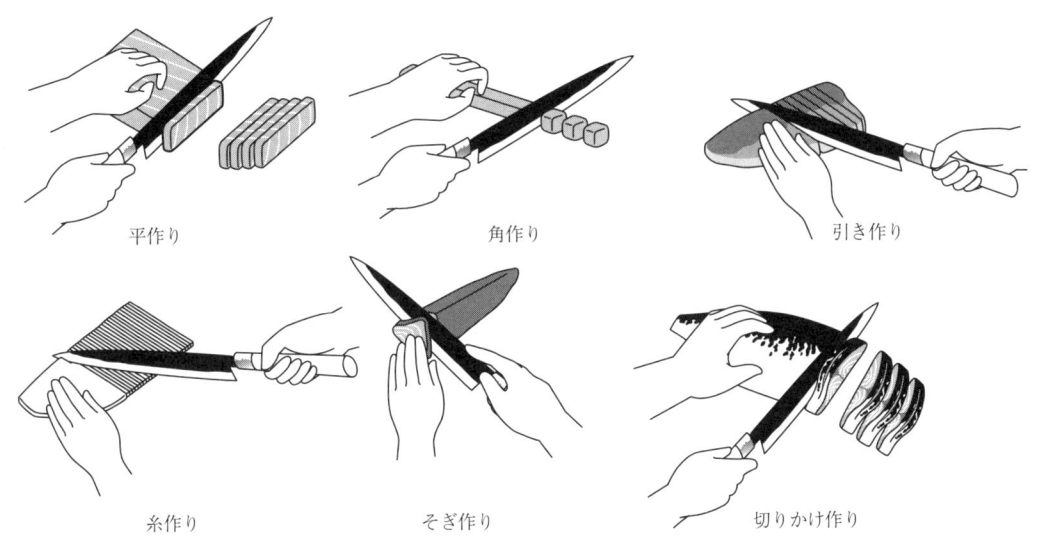

糸作り　　　　　　　　　そぎ作り　　　　　　　　切りかけ作り

図7-2　さしみの切り方

生食調理においても湯引きの操作を行うことがある．

2-2 あらい

　活魚または極めて高鮮度の魚貝肉を用いて，そぎ作りや糸作りとし，氷水，冷水，湯などの中で手早くかき混ぜる．水中で洗うことで臭みや余分な脂肪を除くとともに，肉中のATPを流出させ，それによって肉が収縮して弾力が生じるので，こりこりとした独特のテクスチャーを味わうことができる（第2章§2-4, §4-3参照）．夏に涼感を演出する料理で，コイ，スズキ，クルマエビなどが用いられる．

2-3 酢じめ

　生魚に食塩を加えて肉の水分を減少させてから酢に漬ける方法で，サバ，コハダ，キビナゴ，イワシなどが用いられる．肉が硬くなり歯切れがよくなるとともに，生臭さが弱くなり，保存性が増す．酢じめ魚（salting and pickling fish）では，まず食塩を加えて塩じめ（salting）を行う．塩じめ法には，魚肉に直接食塩をふりかけるふり塩（dry salting）法，食塩水に魚を漬ける立塩（brine salting）法，魚の上に和紙を置き，その上から塩をふる紙塩法などがある（第8章§2-3参照）．食塩量は2～15％までいろいろな割合で行われ，塩味をつけると同時に魚肉をしめることも目的である．

　魚肉を塩でしめた後，食酢に浸漬すると，タンパク質は変性（denaturation），凝固（coagulation）

> **塩じめ**
>
> 新鮮な魚に食塩をふって魚肉をしめる調理操作をいう．魚肉に食塩を添加すると筋原線維タンパク質のアクチンとミオシンの結合が起こり，肉に弾性と粘性を生じ，また水分が浸出して肉がしまってくる（第4章§1-4参照）．魚肉に加えた食塩浸透量は，脂肪の多い魚では遅い．しめサバの場合，魚の表面が白くなるほど食塩をふり，数時間をおいてしめる．このとき，魚肉表面は食塩濃度が15％以上になり，脱水して硬くなるが，食塩は内部に徐々に浸透していくので，内部ではタンパク質が食塩水に溶けて高粘度で保水性のよい肉質に変化し，弾力性を示すようになる．このとき魚肉表面は硬いが内部は弾力性があるというテクスチャーの差が生じ，これがしめサバのおいしさの要因となる．

して白くなり，肉質は硬く，もろく，歯切れがよくなってくる．表7-1のように，塩じめが十分な場合は，塩じめ後，酢に浸漬したとき，さらにしまって重量が減少するが，食塩濃度が低い，あるいは塩じめ時間が短いときは，酢浸漬により逆に膨潤して重量が増加する（下村ら，1973）．これは，筋原線維タンパク質ミオシンの性質による．ミオシンは食塩が存在しないときは，pH4以下では溶解するが，食塩が存在するとpH4以下でミオシンは凝集して不溶化する．また肉には多種のタンパク質分解酵素が含まれている．通常，肉のpHは5.6くらいであるが，食酢に漬けるとpHが4付近となり，カテプシンDなどの酸性プロテアーゼが作用し，肉のタンパク質を分解する．タンパク質が分解されることによって肉がもろくなり，歯切れがよくなる．さらに遊離アミノ酸が増加して，味の向上にも役立つ（下村ら，1992）．

表7-1 塩じめおよび酢じめによる重量変化（下村ら，1973）

塩じめ時間	2		4		6		12		20	
食塩量（％）		酢じめ		酢じめ		酢じめ		酢じめ		酢じめ
3	91.6	95.5	92.8	93.5	91.9	95.1	91.5	92.0	92.1	90.9
5	91.6	93.1	90.1	90.0	89.8	89.5	89.2	88.5	87.9	86.4
10	86.9	84.7	86.4	82.7	82.1	81.0	83.2	82.2	80.8	79.6
15	85.2	79.9	83.2	77.6	79.8	76.8	78.4	76.9	78.2	77.1

生魚肉	酢浸漬	蒸留水浸漬
	109.9	101.0

注 1. 生魚を100とした
 2. 酢じめ，水浸漬は1時間
 3. 試料は15g前後のサバ肉5個の平均値
 4. 下線は酢じめによって増加したもの

§3. 加熱調理

3-1 加熱による魚貝類の変化

　魚貝類は加熱して用いる場合が多いが，加熱の目的は衛生的に安全にすることのほか，色，臭い，テクスチャー，味を変化させて嗜好性を高めることである．加熱により生肉の透明感は失われ，赤身魚筋肉は灰褐色になり，白身魚筋肉は不透明な白色になる．タンパク質の変性，凝固により，肉は収縮し，保水性が低下し，液汁や脂質が水分とともに流出してくる．その結果，肉の重量が減少して，体積が減少する．魚肉では，筋原線維タンパク質は45℃付近で変性，凝固し，筋形質タンパク質は60℃付近で凝固する．また筋基質タンパク質は35〜40℃で変性，収縮を始める．魚肉は筋節の構造をもち，筋節を仕切っている筋隔膜の主成分であるコラーゲンは加熱するとゼラチン化（gelatinization）するため，魚肉は筋節の単位ごとでほぐれやすくなる（第5章§1-3参照）．生肉の柔軟で弾力のあるテクスチャーは，加熱によって硬くてもろい肉質へと変化する．加熱した魚肉のテクスチャーは魚種ごとに異なり，筋線維の太さ，全筋肉タンパク質に対する筋形質タンパク質の割合が影響する．筋形質タンパク質の割合が多いと，加熱したとき筋形質タンパク質の大部分が熱凝固するので，筋線維同士の接着を強めることになる．赤身魚筋肉の筋形質タンパク質は30〜50％と多いが，白身魚筋肉では20〜30％程度である．したがって，筋形質タンパク質が多い赤身魚筋肉は加熱により硬くなり，カツオやサバは身がしまって節になる．カツオの角煮もこの例である．白身魚筋肉は，筋線維が太く，筋形質タンパク質が少ないので，加熱すると身がほぐれてそぼろができやすい．また，筋基質タンパク質のコラーゲンは，加熱によって収縮するので，皮付きの魚を加熱すると皮が収縮し，皮が破れたり，肉がそり返ることがある．煮魚，焼き魚などは，皮に切り目を入れて収縮による変形を防ぐ．さらに加熱すると，コラーゲンはゼラチンとなって溶出し，煮魚の煮汁は煮こごりとなる．

　魚種によって，主に焼く調理を行う魚と煮る調理を行う魚があるが，魚の脂質含量と加熱肉のテクスチャーが大きく関わっている．調理雑誌から魚の調理を分類したところ，脂質の多い魚（脂質

含量が 8% 以上）では，焼く調理の割合が煮る調理の割合より高かった．また，脂質の少ない魚（脂質含量 4% 以下）では，生物調理，煮る調理，焼く調理の割合が同程度であった（高橋ら，1988）．脂質の少ない魚肉では，煮加熱肉より焼き加熱肉の方が硬くなるが，脂質の多い魚では，両者の硬さに大きな差がなく，焼き加熱の方が香ばしい臭いがつき，嗜好性が高い（第5章 §3-3 参照）．一方で，加熱しても肉質の軟らかいキチジやキンメダイは焼くよりも煮たほうが好ましい．

3-2 煮　物

味が淡白な魚貝肉を主として醤油味の汁中で加熱したものである．煮魚は1尾または切り身の魚を用いるが，エキス成分（extracts）の溶出を防ぐために，煮汁の量を少なくし，加熱も短時間で行い，魚のもつ風味を生かす．沸騰した煮汁に魚を入れて煮ることが多いが，これは，表面のタンパク質を早く熱凝固させるためである．また，少量の煮汁で短時間に煮上げるために落とし蓋を用いるが，これで煮崩れを防ぎ，均一に調味することができる．赤身魚や脂質の多い魚は煮汁を濃くし，みりんや砂糖を加えて，加熱時間をやや長くして，魚臭を抑制する．加熱時間が長くなると，魚臭は生臭い臭いから加熱臭へと変化する．酒，味噌，ショウガ，ネギなども魚臭の抑制に効果がある．素焼き，揚げ処理後に煮ると，煮崩れが少なく，魚臭が弱くなる．「こいこく」はうろこを付けたままのコイを筒切りして，煮汁の中で2〜3時間加熱する．魚の鱗は硬いので通常除かれるが，鱗にはコラーゲンが多く含まれており，長時間加熱によりゼラチン化する．煮汁へ多量に溶出したゼラチンは，煮汁に「こく」とうま味を与え，嗜好性を向上させる．

3-3 蒸し物

蒸し物に用いる魚貝類は淡白な味のものがよく，塩蒸し，酒蒸し，酢蒸しなどがある．塩蒸しは，魚貝類に食塩で調味した後に蒸し，ソース（sauce），くずあんなどを添える．酒蒸しは，食塩で調味した材料に酒をふりかけて蒸すもので，白身の切り身やハマグリなどが適している．酢蒸しは，食塩で調味して，酢に浸してから蒸すもので，イワシ，サバなどの臭いの強い魚で用いられる．蒸し物は栄養素やエキス成分の溶出が少ない，加熱中の形の崩れが少ない，風味も失われないなどの利点がある．一方，調味料を浸透させにくいので，加熱前に調味する，または，加熱肉にソース，くずあんなどを用いて調味するなど，調味法を工夫する必要がある．

3-4 焼き物

焼き物は表面を 200〜250℃ くらいで加熱するので，適度の焦げと香ばしい香りが発生する．焼き方には，直火焼き，間接焼きがあるが，いずれも魚肉の表面を高温にし，まず表面のタンパク質を凝固させてから中心まで熱が伝わるように焼く．

串や網を使って焼く直火焼きは，「強火の遠火がよい」といわれるように均一な強い火力で熱源から一定の距離があったほうが望ましい．図7-3に示すように，40〜50℃にかけてタンパク質が変性を始めると肉が軟化するため，加熱初期や魚肉が部分的に加熱されたときに動かすと崩れやすい．魚肉に串を刺すのは，形を保つためだけでなく，熱伝導度（thermal conductivity）の

高い金属串を伝わって熱が魚肉中心部にまで達しやすいからである．

　間接焼きはフライパンなどを用いた鍋焼き，鉄板焼き，オーブンを用いた天火焼き，アルミ箔や紙に包んで焼く包み焼きなどがある．直火焼きに比べて全体にやわらかい熱が加わり，好みに応じて焦げ目をつけることができる．一般に新鮮な魚や白身魚は魚臭が弱いので塩焼きにすることも多く，赤身魚や魚臭の強い魚は醤油やみりんの漬け汁に漬けてから焼く．漬け汁を用いる照り焼きや蒲焼きなどは，調味料の中のアミノ酸や糖分と魚肉の脂質やタンパク質が一緒になって焦げ，一層香ばしい香りとなる．

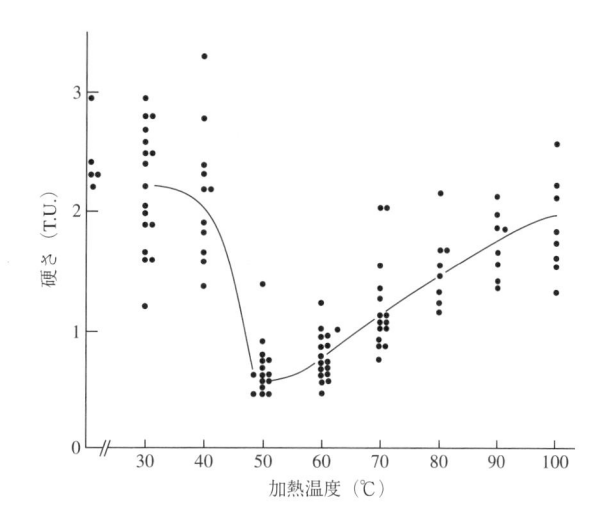

図7-3　加熱による魚肉の硬さの変化（下村ら，1976）
試料として25gアジ肉を用い，水中で各温度にて10分間加熱後，テクスチュロメーターにより硬さ［単位はTexturometer Unit（T.U.）］を測定した．

3-5　ムニエル（meuniére）

　1尾あるいは切り身の魚に食塩，こしょうをふり，小麦粉をつけて油焼きしたものである．小麦粉が魚の液汁を吸収し，これが油の中で加熱されると膜を作って，うま味成分が溶出するのを防ぐとともに，焦げの香りを発生させる．焼く前に牛乳につけておくと，牛乳のコロイド（colloid）に魚臭成分が吸着されるので，魚臭が弱くなり，また焼き色がよくなることが知られている．

3-6　揚げ物

　素揚げ，唐揚げ，衣揚げなどがある．白身魚など脂質の少ない魚は天ぷら，フライなどにして油の濃厚さを味わう．また，サバなど脂質の多い魚は唐揚げにすると，からりとしたテクスチャーになって脂っこさが減少する．油の温度は150～200℃と高いので食品の内部と外部の温度差が大きくなりやすい．コイのように身の厚い魚は，140～150℃で5～10分揚げた後，180℃で30秒くらい揚げる二度揚げにする．南蛮漬けのように，酢に漬け込む前の下調理として揚げ加熱を行うこともある．

3-7　魚肉だんご

　魚肉に1～3％の食塩を加えてよくすり，だんご状にまとめて蒸す，揚げる，焼く，ゆでるなどの方法で加熱したもので，煮物や汁物の具（汁の実，椀種ともいう）に用いられている．ミオシンとアクチンが食塩の作用で筋細胞から溶解し，アクトミオシンとなり，アクトミオシンの網目構造が加熱によってさらに強い結合となり，弾力のあるゲル（gel）となる（第4章§1-3，第8章§1-3参照）．副材料としてデンプンを加えると魚肉だんごは硬くなり，だしや卵白を加え

ると硬さが低下する.

3-8 漬け物

魚貝肉を塩，醤油，味噌，麹（こうじ），酒粕，米糠，飯などに漬け込み，保存性の向上のみならず嗜好性を高めたもので，地方によって独特の漬け物がある（第8章§2-4参照）．漬け物には，漬け込み期間が数年間という長期間のものから，1〜2日間または数時間のものまである．すしの原形であるなれずしは，塩漬けした魚を飯などのデンプン性の食品とともに漬け込み，3ヶ月〜3年間乳酸発酵（lactic acid fermentation）させ，乳酸の酸味で腐敗菌の繁殖を抑え，長期間の保存を可能にしたものである．近年は短時間の漬物が多く，魚貝肉そのものの味やテクスチャーを味わう食品が多い．粕漬け，味噌漬けは，魚貝肉を酒，みりんなどで調味した酒粕や味噌に漬ける．醤油漬けでは，醤油とともにショウガの薄切りやしぼり汁を用いる．漬け込みによって，魚臭が弱くなり，塩味，うま味，甘味などの呈味成分が肉に浸みこむ．これを焼き加熱することによって焦げの風味も加わって，嗜好性が向上する．また漬けている間に酒粕，味噌，ショウガ中に存在するプロテアーゼが作用し，タンパク質が分解され，筋肉の組織が軟化してテクスチャーも変化する.

§4. イカおよび貝類の調理

4-1 イカ肉の調理

イカ肉は斜紋筋（oblique muscle）と呼ばれる筋肉からなり（第2章§1-1参照），表皮は4層からなっている（図7-4）．普通，イカの皮をむくと色素胞を含む第1，2層が取り除かれる．

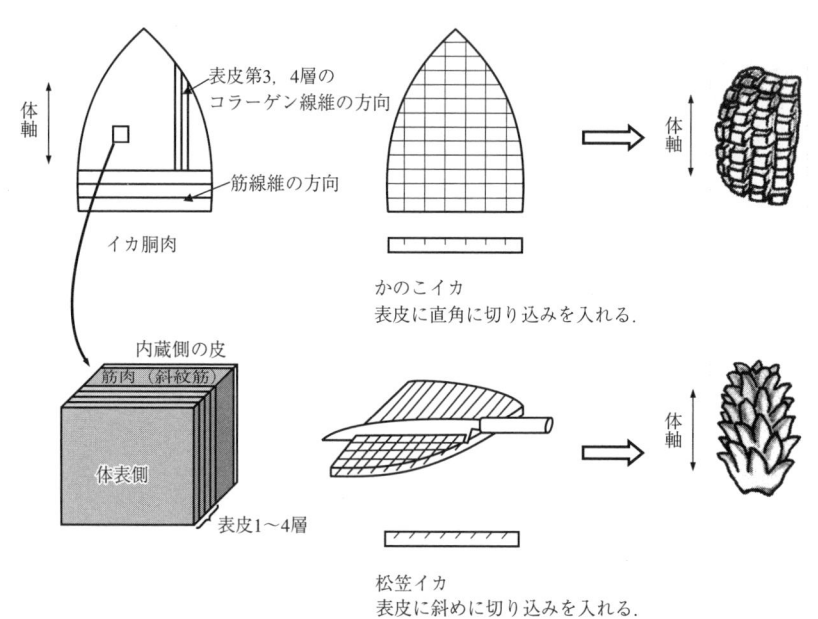

図7-4 イカ肉の切り込みの入れ方と加熱による変化

表皮の第3，4層は強靭な結合組織からなり，内側の筋肉と密着して，生では取り除くことが難しいが，熱湯中に1～2秒間入れると取り除くことができる．刺身やすし種では，表皮を完全に取り除くことがある．イカ肉は水分を80％程度含むため，加熱によって液汁が溶出し，重量減少が大きい．また加熱により大きく収縮，変形して，肉質は硬くなる．表皮の第3，4層のコラーゲン線維が大きく収縮することにより，表皮側を内側にして丸くなる．これを防ぐために，イカ肉に切り込みを入れて調理することがある．表皮の第1，2層を取り除いたイカ肉の表皮側にそれぞれ直角および斜めに切り込みを入れて，表皮のコラーゲン線維を切断すると，加熱したときに内臓側の皮が収縮して，切り込みのとおり開いて，かのこ絞りおよび松笠の模様に仕上がる（図7-4）．飾り切りの切り込みを入れる目的は，変形を防ぐためだけではなく，噛みきりやすくテクスチャーを改善し，調味料が浸透しやすくするためでもある．

4-2　貝類の調理

貝類は，貝殻を除いた全体を食べるもの（カキ，アサリなど），閉殻筋（adductor muscle，貝柱）を食べるもの（アワビ，ホタテガイなど），斧足筋（foot muscle）を食べるもの（トリガイ，ホッキガイなど），水管（siphon muscle）を食べるもの（ミルガイなど）があり，種類や食用部位によって，それぞれ独特のテクスチャーを発現する．刺身やすし種などの生食調理や種々の加熱調理に用いるが，多くは生きたものを調理し，鮮度を重視する．水分が80～90％と多いので，イカ肉と同様に加熱による重量減少が大きい．また加熱により肉質は硬くなるので，短時間の加熱にする．トリガイやホッキガイはすし種，刺身に用いるときに，15秒程度のごく短時間の湯通しをすることがある．色よく仕上げ，生臭みを消すとともに，表面は硬く，内部は軟らかいテクスチャーを賞味するためである．可食部にコラーゲンを多く含む貝（アワビ，サザエなど）では，長時間の加熱をすることがある．コラーゲンがゼラチン化して，肉質が著しく軟化するとともに，加熱中に生じたペプチドやアミノ酸によって呈味が向上する．

§5．だ　し

水産物にはかつお節，煮干し，昆布といった日本料理のだし材料として重要なものがある．だし（soup stock）は，食品のうま味成分を水中に溶出させたもので，汁物や煮物などに幅広く使われている．水に浸漬してとったものを水だし汁，煮だしたものを煮だし汁という．だしは，それぞれの材料から単独にとる場合と，2種以上の材料を用いて取る場合がある．かつお節と昆布の混合だしはイノシン酸（IMP）とグルタミン酸の相乗効果（synergistic effect）を利用したもので（第5章§1-4参照），うま味の強い上質のだしが得られる．

5-1　だしのとり方

だしのとり方の要点は，食品中の不味成分の溶出を抑制し，うま味成分のみをいかに多く抽出できるかにある．

1）かつお節だし　削ったかつお節を水の2～4％使用し，沸騰したところへ入れ，1分間加熱後，火を止め静置し，上澄みをこす．これを一番だしという．二番だしは一番だしのだしがらに一番だしの半量の水を加えて加熱し，沸騰後2～3分で火を止め静置後こしてとる．一番だしは吸い物，茶碗蒸しなどに，二番だしは煮物，味噌汁などに用いられる．

2）煮干しだし　カタクチイワシ，マイワシ，ウルメイワシの幼魚を食塩水で煮て乾燥させた煮干しから調製しただし汁である．頭，内臓をとり，半身に割いた煮干しを水の2～3％使用する．煮干しを水に入れて加熱し，沸騰後さらに5～10分間加熱する，あるいは，水に30分間浸漬してから加熱し，沸騰後2～3分間加熱するなどの方法がある．かつお節だしに比べて生臭みが強いので，味噌汁，惣菜用のだしとして利用されることが多い．

3）昆布だし　かつお節だし，煮干しだしと異なり，植物性のだしで精進料理にも用いられる．リシリコンブ，マコンブなどをだし材料とし，表面を硬くしぼったぬれ布巾でふき，水の2～5％の昆布を使用し，水から入れ加熱する．昆布は高温で加熱すると特有のぬめりがでるため，沸騰直前に取り出す．または，水に30～60分間浸漬させるなどの方法がある．

4）混合だし　水に1～2％の昆布を入れて加熱し，沸騰直前に取り出し，沸騰したところへ1～2％のかつお節を入れ，1分間加熱し，上澄みをこしてとる．

5-2　魚貝類の汁物

魚貝類を用いた汁物は，日本料理のみならず，西洋料理や中華料理においても多くみられる．うま味に富む新鮮な材料を用いる汁物はすぐれた風味をもっているので，献立の中で，重要な調理として取り扱われている．表7-2に魚貝類を用いた和風の汁物を示す．汁の実（うしお汁，吸い物では椀種と称することが多い）として用いる魚貝類からうま味に富んだだしが得られるので，だし汁を必要としない場合が多い．

表7-2　魚貝類を用いた和風の汁物

澄んだ汁	うしお汁	煮だし汁は用いず，材料からでたうま味を賞味する．塩味とし，材料はうま味に富む魚貝類（タイ，ハマグリなど）を用い，汁の実（椀種）を兼ねる．
	吸い物	実の少ない汁で，魚貝類を汁の実（椀種）として用い，酒を飲むのに調和するように，淡白に仕立てる．塩味とし，醤油を少量加える．
濁った汁	味噌汁	殻付きの貝類や甲殻類，魚類ではコイ，ボラなどの特殊の臭いのあるもの，またはイワシなどのだんごを用いる．
	変わり汁	粕汁は，塩サケや塩ブリ，そのあら（おとし身を取ったあとに残る頭，骨）などをよく煮だしてうま味をだし，酒粕を溶き入れたもの． すり流し汁は，味噌仕立ての汁に魚のすり身を溶きのばして加えたもの．

（米田千恵）

引用文献

下村道子・島田邦子・鈴木多香枝・板橋文代(1973)：魚の調理に関する研究，しめさばについて，家政学雑誌，24，516-523．

下村道子・島田邦子・鈴木多香枝(1976)：魚の調理に関する研究，アジ肉の加熱による変化，家政学雑誌，27，484-488．

下村道子・長野美根・石田優子・江原貴子(1992)：サバ肉の酢漬処理によるアミノ酸とイノシン酸の変化，日本家政学会誌，43，1033-1037．

高橋美保・下村道子・吉松藤子(1988)：魚の種類と調理方法との関係，調理科学，21，296-301.

渡部終五(2010)：水産物の調理，改訂水産海洋ハンドブック（竹内俊郎ら編），生物研究社，pp.476-478.

参考図書

畑江敬子(2005)：さしみの科学－おいしさのひみつ－，成山堂書店，p83.

竹内俊郎ら編（2010)：改訂水産海洋ハンドブック，生物研究社，p477.

第8章 水産加工品の種類と特徴

　水産加工食品は，従来から保存食品として用いられてきたが，原料魚の鮮度保持や保存方法は難しく，先人らの知恵と経験により幾多の工夫が重ねられ，塩干品，ねり製品，燻製，瓶・缶詰，発酵食品などの保存食品が造られてきた．

　これらの保存食品の多くは，塩分による水分活性のコントロールで微生物の増殖を制御してきたが，その塩分が結果として生活習慣病の原因となっているといわれている．

　しかし，近年，コールド・チェーンの普及による低温管理で保管方法が改良され，水産加工食品の塩分が抑えられたことや，魚肉中のエイコサペンタエン酸，ドコサヘキサエン酸，タウリンなどの機能性成分が生活習慣病を減少させることで，わが国の平均寿命が長くなっているといわれている．

　本章では，水産ねり製品やその他の水産加工食品の製造原理とその特徴について述べる．

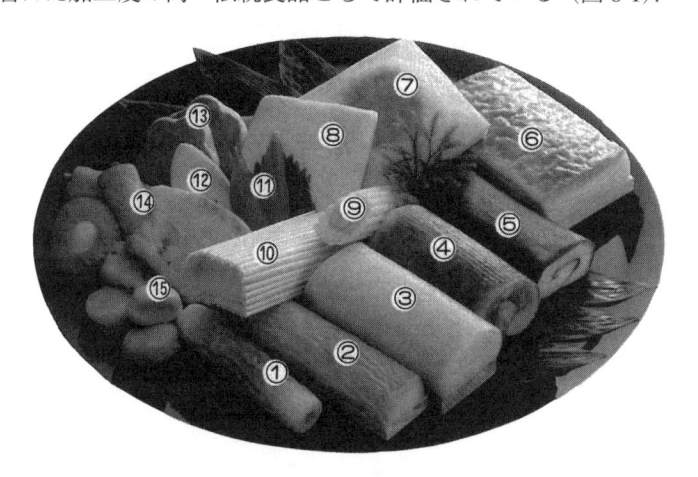

（加藤　登）

§1. 水産練り製品

1-1 水産練り製品とは

　水産練り製品は，かまぼこ，はんぺん，ちくわ，さつま揚げなどのかまぼこ（蒲鉾）類（surimi products）と魚肉ハム，魚肉ソーセージ類（fish ham, sausage）である．これらは，魚肉タンパク質を豊富に含んだ加工度の高い伝統食品として評価されている（図8-1）．

図8-1　水産練り製品
①焼きちくわ　②板付き蒸しかまぼこ（関西）　③板付き蒸しかまぼこ（関東）　④伊達（だて）巻き　⑤昆布巻きかまぼこ
⑥板付き蒸し焼きかまぼこ　⑦なんば焼き　⑧はんぺん（浮きはんぺん）　⑨なると　⑩簀（す）巻きかまぼこ
⑪かに風味かまぼこ　⑫笹かまぼこ　⑬梅焼き　⑭薩摩揚げ　⑮つみれ

1-2 製造の原理

　魚肉をフィレーの状態で加熱すると，熱凝固して液汁を放出し，もろくて弾力に乏しい凝固肉に変化する．一方，ミンチかけ（荒びき）または採肉された魚肉を5倍量の水で晒し（leaching），水に溶解，浮遊する皮下脂肪，水溶性タンパク質，血液色素，臭気成分を除去すると，水に不溶な筋原線維タンパク質を主成分とする生すり身が調製できる（図8-2）．この生すり身に2～3%の食塩を添加してよく擂り潰してから（擂潰）加熱すると，凝固肉はしなやかな弾力をもつゲルとなる（第4章§1-3参照）．一般的には，塩ずり身に調味料を加えて肉糊を調製し，空板や竹筒などに成型する．これを蒸す，焼く，ゆでる，揚げるなどの加熱方法を用いてゲル形成と同時に殺菌することで，色沢，外観，香味，足（弾力，食感）などの品質が調和した練り製品に仕上がる．冷凍すり身はミオシンの凍結変性を防止するための添加剤（糖類）を加えて凍結保存したもので，この方法の開発により水産練り製品の生産量は著しく増大した（第4章§1-3，解説参照）

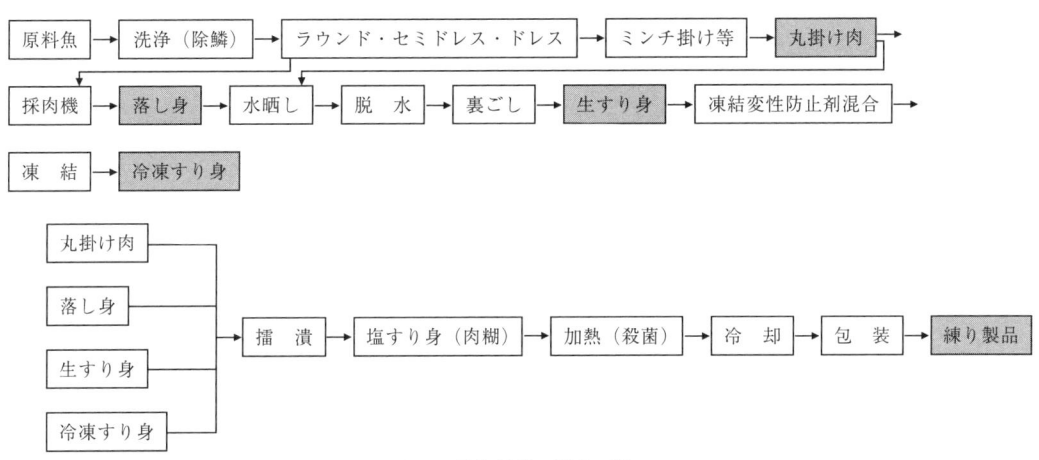

図8-2　練り製品の製造工程
網掛けした原料調製肉および製品は解説参照

1-3 水産練り製品の種類

1）かまぼこ類　　水産練り製品の代表であるが，成形方法や加熱条件によって蒸しかまぼこと焼きかまぼこに分けられる．

①蒸しかまぼこ　　全国各地で生産されており，板付きかまぼことして親しまれ，神奈川県小田原のかまぼこや新潟県の業者によって開発されたリテーナかまぼこなどがある．また，板を使わない蒸しかまぼことしては，昆布巻きかまぼこ，赤巻きかまぼこ，簀（す）巻きかまぼこ，しのだ巻きなどのかまぼこがある．

(1)小田原かまぼこ　　扇形に盛り付けた表面がなめらかな製品である．かまぼこの起源は約200年前といわれており，沿岸で漁獲されたシログチやオキギスを主体に，イサキ，カマス，ムツなどを使用して，当初はちくわの形態で生産されていた．その後150年ほど前に現在の板付きかまぼこの形態となり，加熱方法も焼きから蒸しに変わり，小田原かまぼこの原型をなした．水晒しにより，くさみや血液，脂肪などを取り除き，色白で，しわのないきめの細かい外観と弾力の

ある製品となる．この水晒し工程は，小田原のかまぼこ業者から発祥したとされている．

(2) **昆布巻きかまぼこ** 富山県の名産品であり，昆布の上に肉糊を薄く延ばして渦巻状に巻いて蒸したものである．北前船交易が盛んであったころ，越中（富山県）の米を北海道に運ぶ見返りとして昆布が大量に越中に入荷したので地先で漁獲された魚を使用して製造したが，現在はスケトウダラ冷凍すり身が主な原料となっている．

(3) **簀巻きかまぼこ** 肉糊を円筒状に成形し，周りを麦わらなどで巻いて蒸したものである．江戸時代末期に四国今治地方の鮮魚商が地魚（エソ，グチ，トラハゼ）を原料に作ったのが始まりで，地方によって，すっぽ巻き，麦わら巻き，つと巻きとも呼ばれている．

(4) **しのだ巻き** 肉糊にヒジキ，シイタケ，ニンジン，ゴマなどを混ぜて，油揚げを巻いて蒸したものである．キツネが油揚げを好むという「信田の森」の伝説から付けられた名前である．静岡県，愛媛県が主産地であるが，愛媛県では揚巻と呼んでいる．

(5) **リテーナ（retainer）かまぼこ** 保存性を高める目的で，新潟県の業者によって1960年代に開発された生産方法であり，成形した板付きかまぼこを加熱前に合成樹脂フィルム（セロファンやプラスチック）で包装後，リテーナと呼ばれる金属製の型枠に入れて蒸気加熱して作られる．包装加熱により微生物の二次汚染が防止できるため，保存性が大幅に改善されて広域流通が可能となり，全国各地に広まった．

> **リテーナ**
> 板付けかまぼこの成型時にプラスチック包装したすり身が坐り加熱時に変形・ダレないように保型する金属枠である．

②**焼きかまぼこ** エソ，シログチ，ハモなどが原料魚として入手できる関西以西に限定された製品である．これは，炭火，ガス火，電熱などの焙り焼き加熱乾燥で製造される製品の総称である．白焼きかまぼこ，焼き通しかまぼこなどは古くから作られ，板のない焼きかまぼことしては南蛮（なんば）焼きなどがある．

(1) **大阪焼きかまぼこ** 肉糊を板付けして蒸した後，表面にみりんなどを塗り，焼き炉で表面を焙り焼きして焼き色を付けたものである．一般の焼きかまぼこで，古くから関西地方で親しまれている製品である．

(2) **白焼きかまぼこ** 地先のエソを原料としており，山口県仙崎，萩が発祥とされる．焼きかまぼこと同様の製造方法で生産されるが，表面に焼き色を付けず白いまま仕上げる．原料魚の本来の味を生かすため，甘さをできるだけ抑える．粘りと弾力がともに強いのが特徴である．

(3) **焼き通しかまぼこ** 大阪焼きかまぼこと同様に古くから関西地方で親しまれ，高級かまぼことして扱われる．以前は，瀬戸内海で獲れたハモを主原料としていたが，その後，漁獲量の減少により底曳き網のシログチをハモに混ぜて作られた．

(4) **なんば焼き** 紀州（和歌山県）田辺の名産であり，江戸時代の文化文政のころなんば焼きの名で本格的に生産された．本来，近海で獲れるエソ，ムツ，トビウオなどを原料としていたが，近年は紀伊水道周辺で漁獲されるエソが原料として使われている．肉糊を10〜12cm角の鉄製の容器に流し込み，直火で焙り焼きすることで身が締る．弾力が極めて強いことが特徴である．

2) **揚げかまぼこ類** 生産量が水産練り製品の中で最も多く，全国各地で生産されている．

原材料には，地先で水揚げされる鮮度のよいエソ，シログチなどが使われるが，イワシ，アジ，ホッケ，スケトウダラなどの冷凍すり身も使用されている．白てんぷら，じゃこてんなど，名産品が各地で作られている．

　①つけ揚げ　味付けした肉糊を揚げたもので，沖縄県のチキアーゲに由来すると言われている．鹿児島県を中心とした九州地方ではつけ揚げと呼ばれ，関東地方では薩摩揚げ，関西地方ではてんぷらと呼ばれている．地元で獲れるエソ，ハモ，シログチのほかに，底曳き網で獲れるサバ，イワシ，サメなどに豆腐と多量の砂糖，ニンジン，ゴボウなどの野菜，エビ，イカ，キクラゲなどを加えてすりあげた肉糊を，三角形，楕円形，小判型，梅の花型などに成型して油で揚げて作られる．

　②じゃこてんぷら　愛媛県宇和島地方の特産で，沿岸で漁獲されるホタルジャコ，ヒメジなどの小魚の頭と内臓を除き，皮や骨付きのままミンチにかけて食塩を加え，成形して油で揚げたものである．色はやや黒いが魚の味が生かされ，足が強い独特の風味と食感が特徴である．

　③いか巻き　つけ揚げの生地（塩ずり身）に細長く切った短冊状のイカを巻き込んだもので，イカの風味とその食感が好まれる．

　④ごぼう巻き　イカの代わりにゴボウを巻き込んだもので，独特の風味と煮ゴボウのしゃきしゃきとした食感が特徴である．

　⑤その他　豆腐とスケトウダラのすり身を混ぜ合わせて揚げたものは，一般のかまぼこ類に比べ，軟らかくなめらかな食感を示す．大豆タンパク質の乳化力を生かした製品が市販されている．

　3）ゆでかまぼこ類　肉糊を成形して，85〜90℃の湯中で加熱したもので，はんぺん，しんじょ，つみれ，なると巻きなどがある．

　①はんぺん　東京都，千葉県銚子の名産であり，おでん種やお吸い物の種物として用いられる．アオザメ，ホシザメ，カスザメ，ヨシキリザメなどのサメ類を主原料として，山芋，調味料，デンプンなどを加え，空気を抱き込むようにすり上げて熱湯に浮かせてゆでたものである．ふんわりとしてマシュマロ様の軟らかい食感が特徴である．

> **おでん種**
>
> おでんは，日本料理の煮物料理の一種として，鍋料理に分類されている．だしはかつお節や昆布で取り醤油などで味付し，大根，竹輪，さつま揚げ，こんにゃく，ゆで卵など様々な具材を入れて煮込んだ料理である．具材の種類は地域や家庭によって異なる．室町時代には田楽と呼ばれ，江戸時代では，かつおだしに醤油や砂糖，みりんを入れた醤油味の濃いだし汁で煮たおでんが作られるようになった．

　②しんじょ　京都の名産品であり，白身魚の肉糊に山芋と卵白を混ぜてゆでたり蒸したりしたものである．原料の魚種により，タイしんじょ，エビしんじょ，ハモしんじょ，キスしんじょと呼ばれ，揚げたものは揚げしんじょという．そのままわさび醤油で食べるか，焼いたり，椀種（わんだね：第7章§5-2参照）としても用いられる．

　③つみれ　調製した肉糊を摘み取りながら鍋や熱湯中に入れて作るため，つみれと呼ばれるようになった．イワシ，サンマ，サバ，アジなどの赤身魚は味がよいが足が弱く，デンプンなどを加えて肉糊を調製する．団子状に成形した中央部にへこみをつけて熱が通り易くするための工夫

がなされており，おでん種や汁物の具（第 7 章 §3-7 参照），煮物などに使われる．

　④なると巻き　静岡県焼津が最大の生産地であり，スケトウダラを原料として無着色（白色）の肉糊と紅色の色素を添加して調製した紅色肉糊から，なると巻き成形機によって特有な渦巻き模様を作り出す．おでん種や茶碗蒸しの具，ちらしずしや中華料理の具材としても使われる．

　⑤魚そうめん　初夏の京都の名産品であり，ハモを用いて調製した肉糊を底に小さな孔を開けた筒に詰めて，ところてん式に熱湯中へ押し出してゆでる．そうめんのように冷やして，柚子（ゆず）やわさびを添えて薄味の出し汁（第 7 章 §5. 参照）につけて食する．

　⑥すじかまぼこ　関東地方でサメのすじ（筋，軟骨）を主原料として作るかまぼこで，おでん種として用いられ，軟骨のコリコリとした歯触りが特徴である．

　⑦黒はんぺん　静岡県の名産品で，イワシ，サバなどの赤身魚を原料にして調製した肉糊を薄く半月形に成形してゆでたものである．赤身魚の独特の風味が特徴であり，江戸時代にイワシが豊漁で処分に困って考案されたのが始まりといわれている．フライやおでん種として食する．

　⑧あんぺい　大阪地方で消費量の多いしんじょの一種である．ハモが主原料で，肉糊をよく伸ばした後，ゆでる．半月形で扁平な形状をしたものが多く，吸い物の椀種として用いるか，軽く焼いて醤油をつけて食する．

　⑨ケーシング(casing)詰めかまぼこ　山口県，兵庫県，福岡県，愛知県，東京都，北海道などで長期保存を目的として開発された製品である．肉糊をケーシングフィルム☞に詰めて密封し，120℃，4 分加熱殺菌した製品で長期間の保存が可能である．

> ☞ ケーシングフィルム
>
> プラスチックや，塩化ビニリデン製の筒状の包材で魚肉ソーセージなどの包装フィルム．冷凍すり身の品質評価には，直径 48mm の塩化ビニデンフィルムが使用される．

　4) ちくわ類　全国各地に名産品が数多くあり，生食用の「生ちくわ」と，煮込みやおでん種として用いる「焼きちくわ」に大別される．生ちくわは，豊橋ちくわ，野焼きちくわ，豆腐ちくわ，黄金ちくわ，いわしちくわなどであり，焼きちくわには，北海道，東北，北陸地方で作られる冷凍ちくわ（ぼたんちくわ）がある．

　①豊橋ちくわ　1830 年代に現在の愛知県豊橋の水産業者が，香川県の金毘羅詣でに出かけたとき，ちくわの製造現場を見かけて，これを参考に地先の原料魚を用いて作ったのが最初である．また，生ちくわの原型ともいわれ全国的に普及した製品である．

　②野焼きちくわ　島根県出雲地方で古くから作られているトビウオ（地方名アゴ）を原料とした大型ちくわの高級品である．原料魚アゴの肉糊にデンプン，ブドウ糖，地元独特の調味酒である自伝酒を加え，鉄串に巻き付けて焙り焼きして作る．アゴがもつ濃厚なうま味と自伝酒の香がうまく調和した独特の香味に特徴があり，大きな製品は長さ 80 cm，重さ 1 kg にもなる．

　③竹つきちくわ　徳島県が主産地であり，近海で獲れるエソ，ハモ，グチ，イトヨリダイなどが用いられる．天然の青竹に肉糊を 1 本ずつ手付けして焼いたちくわで，串の青竹付きである．

　④黄金ちくわ　明治時代初期に長崎市深堀町で製造されたのが始まりで，長崎県の名産である．東シナ海や長崎近海で獲れるエソを主原料とし，カナガシラ，タイ，コチ，キグチなどを混ぜ合

わせて作られた．現在では，グチやスケトウダラも使用され，色は黄金色で通常の生ちくわの 2 倍から 3 倍の太さを誇る製品である．そのままわさび醤油をつけて食する．

⑤白ちくわ　関東地方，とくに東京都が主産地で，おでん種のちくわ麩の原形といわれる．肉糊を棒に巻き付けた後，表面を固め，すだれで巻いてゆでたものである．主に吸い物の具とされる．

⑥皮ちくわ　愛媛県八幡浜と宇和島の名産品である．昭和初期にかまぼこ職人が仕事の合間にエソの皮を竹串に巻いて作った煮凝りの食感が始まりである．剥ぎ取った皮に肉糊をぬり付け，竹棒に何層にも巻きつけてちくわ状に成形し，焙り焼きにする．餅様の粘りのある食感と独特の風味が特徴である．

⑦チーズ入りちくわ　愛知県豊橋のちくわのような小型のちくわの穴の中にチーズを詰めたものと，ちくわの輪中にリング状にチーズを詰めた 2 つのタイプがある．前者にはプロセスチーズが使われ，後者にはカマンベール風味のプロセスチーズが使用されている．水産練り製品とチーズとの相性は非常によく，さいころ状のチーズを混ぜ合わせたチーズ入り笹かまぼこや，シート状のチーズを使用したチーズサンドはんぺん，はんぺんフライ製品もある．

⑧ぼたんちくわ　スケトウダラ，アブラツノザメ，ヨシキリザメなどを原料とした肉糊をちくわ状に成形し，焙り焼き工程の最終段階で油のスポットを付与して高熱の炎に曝すことで油のスポットの部分が大きく膨らみ，ボタン模様の焼け焦げが付く．おでん種や煮込み専用のちくわで，煮込んだ後，煮汁を多く吸い込んでふっくらと軟らかくなるように仕上げる．主な生産地は，宮崎県と青森県である．

⑨笹かまぼこ　宮城県仙台，塩釜，石巻などの名産品である．明治時代初期にヒラメの大漁が続き，その利用と保存のために肉糊を手のひらで叩いて木の葉形に成形して焼いたのが始まりである．近年では，スケトウダラ冷凍すり身が主原料になったが，高級品はヒラメ，キチジなどの近海魚を原料としている．

5）その他のかまぼこ　伝統的な水産練り製品のほかに，コピー食品として国際的に有名なかに風味かまぼこやほたて風味かまぼこ，まつたけかまぼこ，さらには削りかまぼこ，鮮魚カステラ，〆（しめ）かまぼこ，伊達巻き，珍味かまぼこなどがある．また，慶弔時などに用いられる細工かまぼこは，食材を用いて作られる伝統の技が映えた芸術品といえる．

①削りかまぼこ　かまぼこを削り節のように薄く削ったかまぼこで，貯蔵性を付与した製品である．生産は機械化されて，約 1 ヶ月間の保存が可能である．

②伊達巻きかまぼこ　仙台藩（宮城県）の伊達政宗が非常に好んだことから伊達（だて）巻きと呼ばれている．原料にはヒラメなどを用い，肉糊：卵黄：砂糖＝ 1：1：1 を基準に混ぜたものを長方形の薄鍋に入れて焙り焼きしたものをすだれで巻く．正月のおせち料理，うどん，そばの種物，すし種にも使われる．

③風味かまぼこ

(1)　カニ　1970 年代に新潟県と広島県の業者よって開発された新しいタイプのねり製品で，サラダの具材として海外でも生産され，すり身（surimi）とともに国際商品となった．製造方法は，

カニエキスや香料を混合した肉糊を板状，薄いシート状に成形し，加熱後，細かく線維状に細断して作る．製品は次の3つの形態に分類される．カニ様に表面を紅色に着色した板状かまぼこを細断し，カニ肉の線維状にした「刻みタイプ」，「刻みタイプ」を肉糊でつなぎ合わせた「チャンクタイプ」，シート状のかまぼこを製麺機で細断し，これを収束機で棒状に束ねて表面を紅色に着色した「スティックタイプ」である（解説参照）．いずれも，カニ足様のみずみずしい食感と風味に人気があり，生食のほか，サラダを中心に様々な料理に利用されるが，欧米ではスープやシチューの具材にも使用されている．

(2) マツタケ　広島県特産の，マツタケの形に似せたかまぼこで，マツタケ特有の香りを付与し，形状も小型キノコを真似た製品としての特徴があり，吸い物の具に用いる．

④燻製かまぼこ　アジ，イワシ，シイラなどを原料として作ったかまぼこを燻煙で処理したねり製品である．現在ではアジを原料として，スケトウダラ冷凍すり身を混合して使用するようになった．燻煙材にマツやサクラなどを使用して高温で燻製にし，真空包装して保存性を高めた製品である．

⑤細工かまぼこ　様々な色に彩色した肉糊を組み合わせて図柄を作り，装飾効果を楽しむ製品であり，祝儀ものとして用いられてきた．製法によって，(1)切り出し，(2)刷り出し，(3)絞り出し，(4)一つもの，に分類される．切り出しは，かまぼこのどこを切っても切断面に同じ図柄が現れる．刷り出しは，あらかじめ図柄に切り抜いた型紙を使用して，様々な色に彩色した肉糊で描く製品である．絞り出しは，先端の吸い口に付けた円錐形の布袋に色すり身を詰めて，手で絞り出してかまぼこの表面に図柄を描いた製品である．一つものは，かまぼこの肉糊を使って塑造し，加熱して作る製品である．

> **塑造**
> 塑造は，粘土で彫刻の原型をつくることであるが，細工蒲鉾の図案を粘土の代わりに肉糊で原型をつくることであり，加熱して製品とする．

⑥鮮魚カステラ　スケトウダラ冷凍すり身を用い製造した塩ずり身から，卵黄，デンプン，調味料などを加えて四角の型枠に流し込み，オーブンまたは，鉄板の上で焼いた製品である．卵黄の混入率を多くし，空気を十分に抱き込ませて混ぜるとカステラ状のふんわりとした食感になる．

⑦しめかまぼこ　長崎県の天草近海で漁獲されるハモ，シログチを原料とした肉糊を酢でしめてから，かまぼこ状に成形したものの上に新鮮なしめサバ（第7章§2-3参照）を貼り付けた製品である．しめサバの風味と食感を損なわずに，水分活性を下げて保存性を高めた独創的な製品である．

1-4　水産練り製品の評価

1）官能評価　水産練り製品の品質には，(1)色沢，外観，(2)香り，味，(3)足，の3つの観点から評価する．とくに，色沢，外観は，表面のしわの有無や，艶（つや），着色と焼き色具合などが重視される．香りは，生臭さや油焼け臭（第4章§2-2，第5章§3-2参照）がなく，新鮮な魚肉の加熱臭（第5章§3-3参照）やみりんなどの発酵調味料の香りがよく調和したものをよ

い製品とする．味は，うま味，塩味，甘味の3つが基本味となり，甘味の使い方が地方や製品により特徴があるが，基本味がよく調和しているものがよいと判定される．

足は練り製品の命といわれ，3つの評価中で最も重視される．足の構成要素は，硬さ，弾力，歯切れ，きめ，粘り，しなやかさなどであり，かまぼこを一定の厚さ（5〜10 mm）に切り，口に入れて前歯で噛み切ったり，奥歯で噛み砕いたりするときの食感，口の中での馴染み，のど越しのよさ，などから総合評価して判断する．

官能評価は，多くの試料を短時間で試験するのに適しているため，簡便法として使われている．

2）折り曲げ試験　　一定の厚さ3 mmのかまぼこを手指で2つ折りにし，さらに4つ折りにして割れやすさ，亀裂の入り方を観察する．市販のかまぼこでは一般に，4つ折りしても亀裂はできない．

3）弾力試験　　冷凍すり身品質評価試験法では，押し込み試験により，かまぼこの硬さとしなやかさを測定する（第2章§4-1参照）．試料は直径30 mm，厚さ25 mmの円筒状とし，直径5 mmの球形プランジャーを60 mm/分の一定速度で試料の表面が突き破れるまで荷重する．試料の表面が破断したときの破断強度（breaking strength，BS，g）と，破断凹み（しなやかさ，breaking strain，bs，cm）を，同じ試料で6回以上測定して平均を求め，両者の値を掛け合わせてジェリー強度（g・cm）を計算する．

産業界においては，破断強度や破断凹みの値を品質評価に適用する上での明確な見解はなく，最終的に品質の評価するためには，官能評価による判断を併用するのが実情である．

4）ゲル剛性と破断強度の関係　　破断強度を破断凹みで割った値［ゲル剛性（gel stiffness，Gs，g/cm）］が変位に対する外力の比を示し，破断時における単位当たりの力を意味することから，食感と密接な関連をもつ特性の一つとして検討されている（図8-3）．

破断強度とゲル剛性の関係を用いて，品質管理における効果を得るためには，以下の手順が推奨される．

①ゲル化（坐り☞）の加熱温度などの条件を選択する．

②ゲル化（坐り）に伴うゲル物性（破断強度と破断凹み）の経時変化を測定し，ゲル剛性を算出し破断強度との関係を作図する．

③破断強度とゲル剛性が正の相関関係を示すことを確認する．正の相関が認められず直線性を示さないときは，得られた加熱ゲルの品質にばらつきがあることを示している．原因の究明が必要である（図8-3）．

④坐りゲルと二段加熱（two-step heating）ゲルを比べる．坐りを起こした加熱ゲルの破断強度を設定すると，かまぼこの破断凹みがどの位になるか予知できる．ゲル物性が好ましいレベルに制御でき，坐り効果によって増強できる破断強度の大きさとその代償として失われる破断凹みの度合が読み取れる．逆に製造した

> ☞ **坐りと二段加熱**
>
> 塩すり身（肉糊）を成型後，一定時間坐りの温度帯（25℃〜40℃）で予備加熱してから通常の高温加熱（75℃〜90℃）を行い，ゲル強度の増強を図る手段である．ちなみに，坐り工程を加えず高温加熱する方法を直加熱という（第4章§1-3参照）．

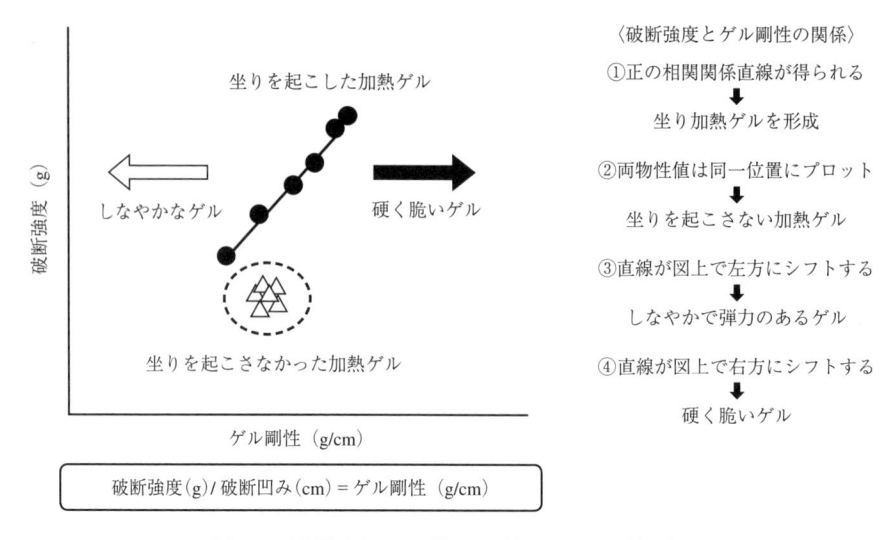

図8-3 破断強度とゲル剛性の関係を利用した品質判定

いかまぼこの破断凹みを設定する際，破断強度がどの位か予知できるため，坐りによって低下する破断凹みの大きさと，それとともに向上する破断強度が読み取れる．ただし，魚肉すり身の品質が劣る場合は，希望する破断強度が得られないことがある．

破断強度とゲル剛性の関係直線を利用することによって，塩ずり肉（肉糊）の加熱ゲル化工程を科学的に管理し，自動制御することができる．すなわち，期待する（好ましいと考える）ゲル物性ではないときは，すり身のロットや種類，加熱などの製造条件および添加物などによって品質の調節をする．

（加藤　登）

§2. その他の食品

2-1　加工食品の動向

近年，若年層の間では魚食より肉食を好む傾向にあるが，60歳代以上では魚貝類を多く食べていることが明らかになっている．一方，欧米では，米飯や機能性成分に優れている魚貝類を多く用いる低カロリーの日本食が健康食として見直され，魚貝類の消費量も増加の傾向にある．また，昨今，水産加工品（冷凍食品）が，骨や皮などが除かれて食べやすく，魚臭がなく，電子レンジなどで短時間に調理でき，ゴミの排出も少ない食品として，サラリーマンや若い主婦層に好まれる傾向にある．わが国の水産加工食品の生産は，練り製品，塩干品などでわずかに減少の傾向にある（表8-1）．

2-2　冷蔵および冷凍食品

食品の低温貯蔵は，他の貯蔵法に比べて食品の形態や性状を大きく損なわないため，生鮮品や加工食品の貯蔵法として幅広く利用されている．また，大量処理が容易であることから，特定の

表 8-1　水産加工品の生産高の推移　　　　　　　　　　　（単位：万トン）

	2002年	2003年	2004年	2005年	2006年	2007年	2008年	増減率(%) 2008／2007
練り製品	67.7	65.8	66.0	65.5	61.8	60.6	58.9	▲ 2.8
その他食品加工品	45.2	47.2	49.2	48.4	45.3	42.7	42.8	0.2
冷凍食品	31.6	32.0	30.3	28.6	29.3	28.4	33.3	17.3
油脂・飼肥料	28.5	30.0	29.7	28.3	28.8	26.0	26.5	1.9
塩蔵品	23.1	21.5	22.4	21.5	20.6	19.0	19.0	0.0
塩干品	22.2	23.1	23.5	23.0	22.3	21.2	21.1	▲ 0.5
缶詰	12.3	12.8	12.1	11.8	11.8	11.3	10.8	▲ 4.4
節製品	11.6	11.1	11.0	11.1	11.2	10.7	10.4	▲ 2.8
煮干し品	8.3	8.2	6.3	7.1	6.9	7.2	7.1	▲ 1.4
素干し品	3.6	3.4	3.5	3.2	2.6	2.3	2.2	▲ 4.3
くん製品	1.3	1.3	1.3	1.2	0.8	0.8	1.2	50.0
合　　計	255.3	256.3	255.4	249.7	241.4	230.2	233.3	1.3

（平成 20 年度農林水産統計および水産白書より引用）

季節に大量に漁獲される魚貝類を一時保管し，出荷調整によって価格を安定化する手段としても重要である．さらに，食品は貯蔵中，一般細菌の増殖や細胞中の酵素作用などの化学反応によって品質が劣化するが，環境温度を下げることによってこれらの品質劣化を防止あるいは遅延できる．低温下で貯蔵する食品は，凍結点付近まで温度を下げて未凍結保存する冷蔵食品と，凍結点以下の温度帯に保つ冷凍食品（frozen food）とに大別される（詳細は第 3 章 §2-5，同章 §3.および第 4 章 §1-2 を参照）．

1）冷蔵食品　冷蔵（cooling storage）食品は，10℃から－3℃までの温度範囲で未凍結の状態で貯蔵する方法であり，貯蔵目的，期間，貯蔵後の利用法などにより氷蔵，氷温貯蔵（chilled storage），パーシャルフリージング（partial freezing）に分類される（第 3 章 §2-5 参照）．

2）冷凍食品　冷凍食品の種類は非常に多く，その製造工程も様々である．水産物では魚類のフィレーや切り身，貝類，エビ類の生剥き身などの冷凍食品をはじめ，可食部を調味したり加熱して製造した調理冷凍食品も多い．調理冷凍食品には数種の材料を組み合わせて混合，調味，成形した食品や，これらをさらに加熱処理した食品などがある．代表的なものとしてフライ類，てんぷら，揚げ物類，ハンバーグ類，シュウマイ，シチュー類，スープ，ソース類が主流となっており，水産物では主にフライ類の原料としてエビ，カキ，イカ，アジ，サバ，サケ，カレイ，メルルーサなどが用いられる．

冷凍食品とは日本冷凍食品協会の定義では「前処理を施し，品温が－18℃以下になるように急速凍結し，通常そのまま消費者に販売されることを目的として包装されたもの」とされる．

2-3　乾製品および塩蔵食品

乾製品（dried product）および塩蔵品（salted product）は水産物の貯蔵法として最も簡便な方法で製造され，従来から生産が多く，現在でも重要な加工，貯蔵品である．いずれも製品の水分活性の低下を利用することで微生物の繁殖を防いでいるが，乾製品では，食品の水分含量と脂質含量，食品の大きさと形状，食品の熱伝達性などに合わせて温度，湿度，風速を調節すること

で乾燥させ，水分活性を低下させている（第4章§4-1参照）．一方，塩蔵品では，食品に食塩をまぶすか，あるいは食塩水中に浸漬し，食品中に食塩を浸透させることで浸透圧を高めて水分活性を下げ，微生物が繁殖しにくい環境にしている．しかし，最近は健康志向の影響を受けて，用塩量の少ない塩蔵品が多くなっているため，このような塩蔵品では，微生物の制御のために低温貯蔵との併用が必須となる（第4章§1-4参照）．

1）乾製品　　乾製品には食用向けと非食用向けがある．前者は乾燥方法により，素干品，煮干品，塩干品，焙乾品，焼乾品などに大別され，後者は魚粕，魚粉（フィッシュミール），骨粉などに区分される．

①素干品　水産生物を生の状態で乾燥し，水分含量を40％以下にした製品である．原料の処理方法が簡単で，多量に処理できる利点がある．主な製品として，するめ，身欠きニシン，干し数の子，たたみイワシ，干しガレイ，干しタラ，フカヒレ，田作り，サクラエビなどがある．

②煮干品　原料を煮熟して食品の劣化の原因となる酵素を失活させ，同時に微生物を死滅させた後に乾燥した製品で，主な製品には煮干イワシ，シラス干し，干しアワビ，煮干貝柱（ホタテガイ，タイラギ），干しナマコなどがある．

③塩干品　原料を塩漬けした後に乾燥した製品で，イワシ，アジ，サンマ，シシャモ，イカ，サバ，タラなどの干物のほか，くさや，からすみがこれに当たる．

④焙乾品　魚体を煮熟したのちに焙乾したもので，かつお節，さば節，いわし節などがある．かつお節が最も代表的であり，製品の形態によって，仕上げ節，削り節，粉節に分けられる（解説参照）．かつお節の原料としては脂の少ない魚体が適している．

⑤焼乾品　魚体を焼くことにより，酵素を失活させたり微生物を死滅させてから乾燥したもので，浜焼きタイがその例である．

2）塩蔵品　　塩蔵法には魚体に直接食塩をふりかけて塩蔵する撒り（ふり）塩漬けと，魚体を食塩水に浸漬して塩蔵する立塩漬け，ふり塩漬けと立塩漬けの両方を併せ持った形式の改良漬けの3種類がある（第7章§2-3参照）．ふり塩漬けは，魚体の脱水効率が高いこと，塩蔵処理に特別な施設を必要としないことなどの長所がある．主にサケ・マス類，タラ類，ブリ，サバなどの大，中型魚の塩蔵に用いられる．立塩漬けは，食塩の浸透が均一に行われること，塩蔵中に魚体が外気に触れないため脂質の酸化が起こりにくいこと，過度の脱水がなく，製品の外観や風味がよいことなどの長所があり，主にサケ・マス類，タラ類などの大型魚，サバ，サンマ，イワシ類などの中，小型魚の塩蔵に用いられる．改良漬けでは初めタンクや桶などの容器にふり塩漬けに準じて合塩☞を行う．その後，一昼夜経過すると魚体からの水分が食塩を溶かし，食塩水となることで立塩漬けへと変化する．この方法では食塩の浸透が均一であり，塩漬け初期の魚体の変敗，さらには脂質酸化を抑制することができる．塩蔵品は，魚体そのものを塩蔵した魚類塩蔵品，魚卵を塩蔵した魚卵塩蔵品に分けられる．

魚類塩蔵品にはサケ・マス類などを塩蔵した

> ☞ 合塩（あいじお）
>
> 塩蔵品の製造工程で，原料魚からの水の浸出による食塩濃度の低下を防ぐ目的で補充される食塩を合塩と言い，合塩して数日間塩蔵する．

新巻きサケ，開きタラの頭部を残し内臓のみを抜き取り塩蔵するたら塩蔵品，背開きにしたサバを樽やタンクの中でふり塩漬けにした塩サバ，カタクチイワシを飽和食塩水中で立塩漬けして1年ほど塩蔵，熟成させたアンチョビーなどがある．

魚卵塩蔵品では，サケ・マス類の卵巣を塩蔵した筋子，サケ・マス類の卵巣から分離した卵粒の塩蔵品のイクラ，マダラやスケトウダラの卵巣の塩蔵品のタラコ，ニシンの卵巣の塩蔵品の塩数の子，チョウザメの卵粒を塩漬けしたキャビアなどがある．

2-4 缶詰および発酵食品

1）**缶詰食品**　缶詰食品（canned food）は，缶内に密封して外界と遮断し，食品に付着している微生物を加熱殺菌することによって食品を半永久的に貯蔵することができる製品である（図8-4）．ほかに，ビン詰め食品やプラスチック製容器を用いるレトルト食品もあり，缶詰食品も含めて食品衛生法では「容器包装詰加圧加熱殺菌食品」と定められている．食品を金属缶またはプラスチック容器に詰め，脱気した後密封し，内容物が商業的無菌になるような加熱処理を施したものであるが，最近では，熱交換機で加熱殺菌した食品を，殺菌済みの缶および蓋を用いて二重に巻締めを行う無菌充填法による缶詰製造も行われている．

> **☞ 商業的無菌**
>
> 缶詰は，缶内の微生物が完全に殺滅されなくても，熱処理したあとで細菌が増殖して内容物を腐敗させたり毒素を生産させたりしなければよいわけである．そこで缶詰では，細菌面からみて貯蔵性の保証される範囲内で最低限度の熱処理が行われる．

缶詰製造の際に起こる問題として，微生物による変敗，メイラード反応（第4章§3-2，同章解説参照），缶内面の腐食，脱気不足による缶詰の膨張がある．すなわち，サケ・マス類，サバ，

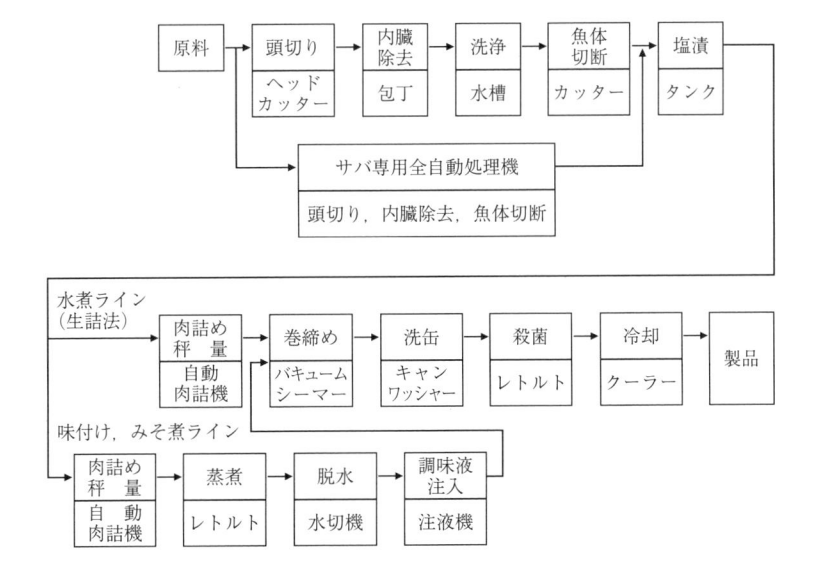

図8-4　サバ缶詰製造工程図（日本缶詰協会，1984）

> **巻締め技術**
>
> 缶詰は，完全に密封して加熱殺菌しており常温で保存が可能である．この密封する技術では，缶詰の胴に内容物を詰めて，蓋を二重巻締めにより密封したあと，レトルト（高温高圧釜）に入れて，高圧蒸気により加熱殺菌する．二重巻締めによる密封は，脱気して真空状態にして行う．
>
> 巻締め前 → 第1巻締め中 → 第1巻締め完了 → 第2巻締め中 → 第2巻締め完了
> 缶胴　缶蓋　　　　　　　　　　　　　　　シーリングコンパウンド
> 二重巻締め法による巻締め工程中の巻締め部の変化

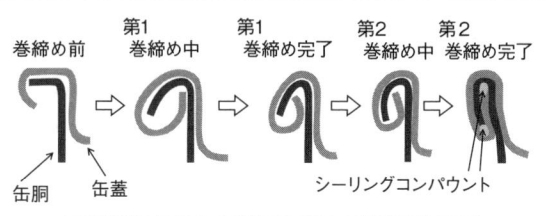

イワシの缶詰で水溶性タンパク質由来による凝固物（カード）の形成，マグロ肉で蜂の巣状に多数の孔が開くハニカム，缶蓋に大小の魚肉片が付着するアドヒージョン，マグロ缶詰で肉が淡青色または青緑色を示す青肉，サケ・マス類およびマグロ缶詰で缶内面一部の黒変，カツオ肉のメイラード反応により褐変するオレンジミート（第4章§4-2参照），そのほか，カニ，マグロ，イカなどの水煮缶詰ではストラバイトというガラス状の結晶が生じることがある．

> **変敗**
>
> 加工食品の製造時に加熱温度の不足で微生物の生残による腐敗現象や缶詰など保管中に肉質が変質し，変化する現象を変敗という（第9章§1-6参照）．耐熱性芽胞菌による腐敗，膨張，カード，ハニカム，アドヒージョン，青肉，黒変，褐変，オレンジミートなどがあげられる．

水産缶詰の種類は多いが，内容物の調理法により水煮缶詰，油漬缶詰，味付缶詰などに大別される．

> **蒸煮**
>
> 缶詰製造時に原料魚を前処理してからいったん100〜104℃のクッカーで蒸煮して，魚肉タンパク質を熱凝固させて，加熱殺菌中の変形を防くなどの目的で行う．

①**水煮缶詰**　原料を生のままか，いったん蒸煮した後に缶に詰め，少量の食塩または食塩水を加えて密封，加熱殺菌したものである．主な原料はサバ，サケ・マス類，イワシ，サンマ，マグロ・カツオ，カキ，アサリ，ホタテガイ貝柱，カニ，子エビなどである．

②**油漬缶詰**　蒸煮後，形を整えるためにクリーニングした精肉を缶に詰め，少量の食塩と植物油を加えて密封し加熱殺菌したものである．主な原料はカツオ，マグロ，サバ，イワシ，カキ，ホタテガイ貝柱などである．

③**味付缶詰**　原料をそのまま，または一度蒸煮した後，缶に詰め，醤油，味噌，砂糖などを主体とした各種調味液を加えて密封し，加熱殺菌したものである．主な原料はマグロ，サバ，イワシ，サンマ，クジラ，イカ，アカガイなどである．

④**その他の缶詰**　カキ，アサリ，ホタテガイ貝柱などの燻製缶詰，イワシ，サバ，サンマなどのトマト煮缶詰，サンマ，ウナギ，ハモなどの蒲焼缶詰，サバ照り焼き缶詰，クジラ焼肉缶詰，サケおよびサンマの野菜混合缶詰などがある．

　2）**発酵食品**　　発酵食品（fermented food）は魚貝類の内臓に食塩を加えて防腐しながら，原料の自己消化酵素，細菌，酵母の作用や，米飯，糠（ぬか），粕（かす）などにより特有の風

味を醸成（熟成）させたものである（第7章§3-8参照）．水産発酵食品は，生産量は多くないが，郷土の名産や珍味として全国各地で生産され，その種類も多い．また，水産発酵食品はその製造方法や微生物の寄与の仕方から，塩蔵型発酵食品と漬物型発酵食品に大別される．前者は塩漬けしてから発酵させたもので，塩辛，魚醤油，くさや，などがある．一方，後者は塩蔵した魚貝類を米飯，糠，粕などに漬け込んで製造するもので，フナずしやなれずし，魚の酢漬けや糠漬け，粕漬けなどがある．

塩辛の製造では，10％以上の食塩を加えることで腐敗細菌や食中毒菌の増殖を抑制し，自己消化酵素と高塩分でも増殖できる有用微生物の作用によって熟成を進める．しかし，最近の減塩志向により，腐敗細菌の増殖が抑制できないため，低温で熟成させたり，食品添加物を用いたりしている．また，家庭でも低温での貯蔵が必要となっている．

塩辛の中ではイカの塩辛の生産量が最も多く，塩辛全体の約80％を占める．イカの塩辛は一般にスルメイカを用い，赤作り，白作り，黒作りなどがある．その他の塩辛ではカツオの胃，腸，幽門垂を3合塩で塩蔵した塩辛（別名，酒盗）や，バフンウニ，ムラサキウニ，キタムラサキウニ，アカウニなどの生殖腺に塩をまぶし，アルコールとともに熟成させたウニの塩辛，さらにアユを原料とした「うるか」，ナマコの腸を塩辛にした「このわた」，サケ・マス類の腎臓の塩辛「めふん」などがある．

> ☞ 赤作り，白作り，黒作り
>
> 塩辛の製法により異なった3種類の塩辛となる．赤作りは，イカの表皮を付けたままイカ胴肉を切り刻んだ塩辛．白作りは，表皮を除いてイカ胴肉を切り刻んだ塩辛．黒作りは，白作りにイカ墨汁を加えた塩辛．

> ☞ 3合塩（さんごうしお）
>
> かつおの酒盗を製造する工程で，胃，腸および幽門垂などの原料を1升に対し，3合の塩を加えて塩蔵，熟成させた後切断して生産する．

魚醤油は，魚貝類を塩蔵後，液化部を分取したもので，秋田県ではハタハタを原料とした「しょっつる」，石川県ではイカ内臓を原料とした「いしる」，四国ではイカナゴを原料としたイカナゴ醤油などがある．また，海外ではベトナムのニョクマム，フィリピンのパティス，タイのナンプラー，欧米のアンチョビーソースなどがある．

くさやは，伊豆諸島で主に製造されるくさや汁に漬けた後に乾燥させた干物で，独特のにおいと風味があり，通常の干物より腐敗しにくい．主な原料はムロアジやトビウオで，新鮮で脂肪分の少ないものが適している．

酢漬けは食酢と食塩で魚貝類を漬け込んだ製品で，イワシ，ニシン，子ダイなどが主な原料となる．食酢は調味料を添加した調味酢や，ショウガ，ゆずなどを配合したものを使用する．

糠漬けは魚貝類を塩漬けしてから，麹（こうじ）とともに米糠に漬け込んだ製品で，米糠成分とその発酵生成物により特有の風味が付加される．主な原料はイワシ，サバ，ニシン，フグなどである．熟成には一般に半年ほどの期間がかかる．福井県の「へしこ」が有名である．

粕漬けは塩蔵した魚貝類を酒粕に漬けたもので主な原料はタラ，サワラ，カジキ，フグなどである．

すしは，塩蔵した魚肉を野菜，調味料とともに米飯に漬け込み，熟成させたもので，製造法によりなれずしと早ずしに大別される．なれずしは自然発酵させるため，漬け込みは長期間に及び，この期間に乳酸菌や酵母の発酵により有機酸やアルコールなどが生成し，独特の風味が付加される．一方，早ずしは予め調味酢で調味しておいた魚肉を米飯に漬け込むだけで，そのまま食卓に出すことが出来る．すしは全国各地で名産品となっているものが多い．なれずしには滋賀県のフナずし，北海道のサケ・マスのいずし，富山県，岐阜県，滋賀県，神奈川県のアユずし，秋田県のハタハタずし，和歌山県のサバずしがある．早ずしは富山県，北海道のサケ・マスずし，和歌山県のサンマ棒ずし，青森県のタラずしや，石川県のブリ，コンブずし，長崎県，熊本県のボラずしがある．

2-5 その他の水産加工品

1）フィッシュミール　水産加工工場で廃棄される不可食部の割合は約50％ほどで，その処理は大きな課題である．加工に適さない魚体，多獲性魚類，あるいは各種加工工程での残渣を処理する目的でフィッシュミール(fish meal)が製造されるが，副産物として魚油(fish oil)やフィッシュソリブル(fish soluble)が生産される．

フィッシュミールは，多獲性小型魚類の処理法として伝統的に行われてきた魚粕の製造を機械化によって合理化，効率化して製造されたものである．1940年以前は，ニシンやイワシを主な原料として用いたが，1940年代からはイワシ，サンマ，サバなどを用いるようになった．近年では，加工工場などから出る残渣も用いられている．スケトウダラ，ホッケ，エソ類の冷凍すり身を生産するときや，サケ・マス類，カツオ，マグロ，サバなどの缶詰，乾製品，塩蔵品，冷凍食品を製造するときに生じる残渣である．

フィッシュミールは使用する魚種の違いにより分類される．白身で血合肉の少ないスケトウダラやマダラを原料とした淡黄色のホワイトミール(white meal)，血合肉が多く，普通肉にも色素タンパク質の含量がやや多いイワシ，サバ，サンマなどを原料としたブラウンミール(brown meal)，ホワイトミールやブラウンミールの蒸煮や圧搾工程で得られるフィッシュソリブルをフィッシュミールに添加したホールミール(whole meal)，加工残渣から製造したもので，タンパク質含量が低く無機質が多いスクラップミール(scrap meal)，北太平洋，ベーリング海で漁獲されるスケトウダラ，カレイ類およびこれらの加工残渣を原料としてミール工船や冷凍すり身工船などで生産される北洋工船ミール，北海道や本州沿岸で漁獲される多獲性魚類であるイワシ，サバ，サンマやこれらの加工残渣を原料として沿岸工場で生産される沿岸ミール，などがある．

2）魚　油　海産動物の筋肉，内臓，皮，骨などから採取した脂質を一般に海産動物油といい，このうち魚体を原料としたものを魚油という．わが国の魚油の生産は，フィッシュミール製造時に副産物として発生する圧搾油の採取と精製によって行われている．原料の脂質は，回遊性小型魚類では主に筋肉や皮下組織に，スケトウダラやイカでは肝臓に蓄積されるが，その量は産卵期前で最大となる．魚油の収率は原料魚の肥満度に依存し，季節により変動する．

陸上動物油に比べ，魚油は不飽和度が高く，自動酸化しやすいなどの欠点があり，通常ではそ

のままで使用しにくい．そのため，魚油に水素を添加して硬化油とし，マーガリンやショートニング（shortening）☞，石けんなどの原料としている．このほかに塗料，潤滑剤，化粧品などの生産原料となっている．サメ肝油に含まれる炭化水素であるスクワレンは潤滑油として優れており，精密機器，航空機などのほか，最近では化粧品原料としても使われている．

3) **魚貝類エキス** 動植物生体組織を熱水で処理すると，遊離アミノ酸，ペプチド，ヌクレオチド，有機酸，糖質などが抽出されるが，これらを一括してエキス成分（extracts）と呼ぶ．水産エキスは各種の魚貝類を原料とす

> ☞ **ショートニング**
>
> 主として植物油を原料とする常温で半固形状（クリーム状）の食用油脂のこと．液状の植物油を固体脂とするために水素添加を行って不飽和脂肪酸の二重結合を飽和させて工業的に生産され，ラード等畜脂の代用品として考えられた製品である．品質のばらつきが少なく，利用目的に合わせた物性を作り出すことが可能であること，安価であることなどから多くの加工食品に利用されてきた．現在，水素添加の処理時に不飽和脂肪酸が一部トランス化してトランス脂肪酸が生成され，このトランス脂肪酸が心臓疾患，アレルギーを中心とする様々な健康被害を引き起こす可能性も指摘され，とくにヨーロッパで問題となっている．

る．一般にエキスの価格は安価なため，新鮮な魚貝類をエキス製造の目的で使用することはなく，カツオやマグロ缶詰の製造時に出る蒸煮ドリップ（クッカードレイン）など各種煮熟加工品の製造時に得られる煮熟液を用いることが多い．一般にエキスは呈味成分が豊富でうま味や「こく」があるため，即席めんのスープ，だしの素，そばつゆ，固形スープなどに使用される．　　　　　（加藤　登）

2-6 海　藻

1) **海藻資源の質・量と利用形態**　加工食品としての利用を含めて海藻を利用する際には，海藻資源の質（quality）と量（quantity）や利用形態などの基礎的情報を理解しておくことが重要である．海藻資源の質は種（species，遺伝子）に依存し，量は光合成（photosynthesis）や生育環境に支配される．地球上には約8000種の海藻が生息し，質の多様性（diversity）がみられる．このうち有用海藻種として利用されているものは221種（緑藻32種，紅藻125種，褐藻64種）で，食用藻として145種（緑藻28種，紅藻79種，褐藻38種）が，多糖原藻として101種が知られている（大野，2004）．これら有用海藻種の年間生産量（1994〜1995の1年間）は乾重量で約200万トンであり，その約50％は養殖（コンブ，約68万トン；ノリ，約13万トン；ワカメ，約10万トン；オゴノリ，約5万トン）に由来する．なお，日本国内では約1,500種（緑藻250種，紅藻900種，褐藻380種）が生息するといわれている．

海藻資源の利用形態は図8-5に示すように多様である．これらは静的資源（バイオマス）と動的資源（生物機能）に区別して捉えることも可能で，食素材や肥料・餌料素材だけでなく，ファインケミカル（fine chemicals）素材としても利用されており，海藻に特有の有用成分が数多く見出されている．最近では，バイオエタノールなど新エネルギー資源としての海藻利用も考えられている．このように，「資源の有効活用」の視点から海藻資源の多面的かつ高度利用が図られている．

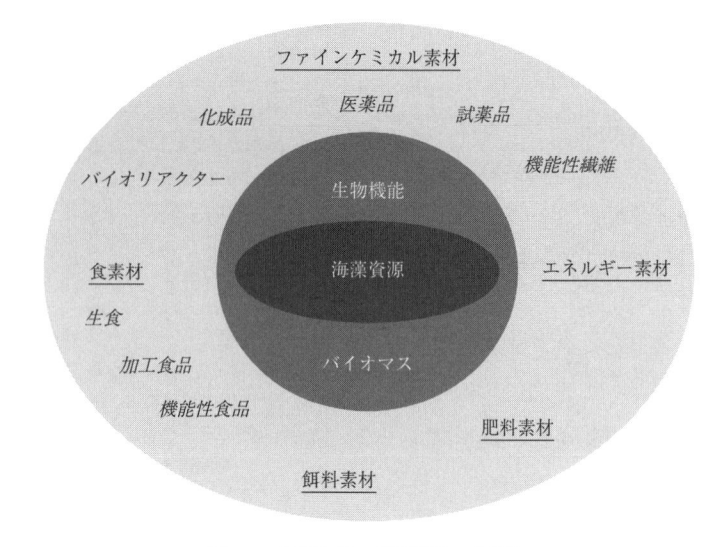

図 8-4 海藻資源の利用形態の多様性

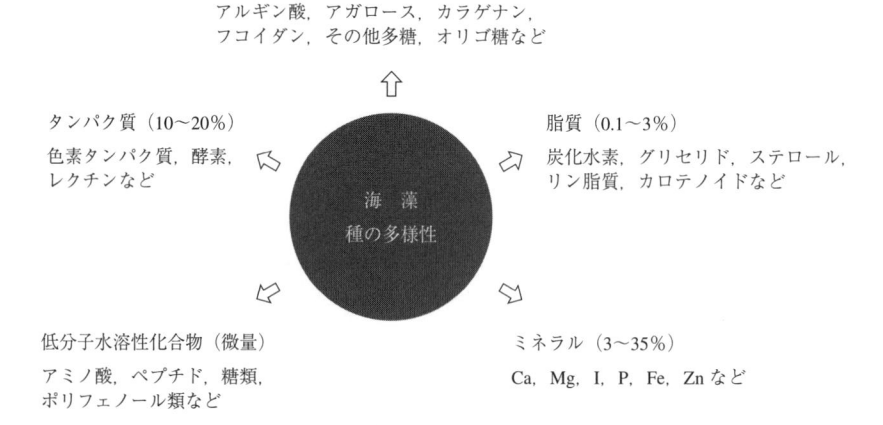

図 8-5 海藻の一般組成と有用成分（概要）
括弧内の数値（％）は乾重量当たりの含量を示す．

　食素材としての海藻利用は，食文化の歴史性を反映して日本を中心とする東アジアで盛んであるが，健康食としての日本食ブームとともに，海藻に含まれる健康機能成分が明らかになるに伴い，最近では欧米諸国でも海藻食（seaweed food）が注目されている．

　2）**海藻の食素材としての機能性**　　図 8-5 は海藻の一般組成および有用成分の概要を示したものである．炭水化物や灰分（ミネラル）に富むのが特徴である（第 6 章表 6-1 参照）．一般組成や含有成分は，一般に海藻種や生育環境により違いがみられる．

　タンパク質（乾重量当たり 10〜20％）については，含量は陸上植物の葉茎部と同等であるが，40％前後にもおよぶ紅藻アマノリ類（アサクサノリやスサビノリ）などの例外もみられる．ワカメやアマノリ類のタンパク質は穀類タンパク質よりも高いアミノ酸スコア（第 6 章 §1-6 参照）

をもち，栄養価値が高い．

炭水化物（乾重量当たり 40〜70％）の主体は多糖類で，代表的なものとして褐藻由来のアルギン酸（alginic acid）やフコイダン（fucoidan），紅藻由来の寒天（agar）やカラゲナン（carrageenan）がある（後述）．これら海藻多糖は食品学的には難消化性であることから，ダイエット食品としての機能を有する．また，特異な分子構造に由来するゾル-ゲル転移（sol-gel transition）☞能を有しており，飲料やアイスクリームなど種々加工食品の増粘安定剤として有用で，食品工業用原料として多用されている．ゲル化機構は多糖の種類により異なり，例えば金属イオン可塑性のアルギン酸は二価金属イオン存在下で，熱可塑性の寒天は冷却するとゲル化する．各多糖内での分子構造の多様性とともに，このゲル化機構の多様性が応用上の多様性も導き出しており，ゲル強度の異なる種々の海藻多糖ゲルの調製も可能である．海藻多糖およびその部分加水分解物（オリゴ糖）は種々の生体調節機能をもつことが認められており，すでに健康機能性食品として利用されているものもある（第6章§2-2参照）．

> ☞ **ゾル-ゲル転移**
>
> 高分子化合物やコロイド粒子の分散系は，系全体の粘性により，ゾル（低粘度で溶液状）とゲル（高粘度で流動性を失った固体状）の2つの相に分類される．このゾル-ゲル間の相転移をゾル-ゲル転移という．海藻多糖におけるゾル-ゲル転移は可逆的で，寒天の場合は温度に依存して，アルギン酸の場合は二価金属イオンに依存してゾル-ゲル転移が起こる．

脂質（乾重量当たり 0.1〜3％）については，含量は低いが炭化水素，ステロール，グリセリド，リン脂質などが存在する．脂質の脂肪酸組成では，飽和脂肪酸としては海藻種を問わずパルミチン酸が主体であるが，紅藻や褐藻においてはアラキドン酸やエイコサペンタエン酸などの不飽和脂肪酸が主要成分を占める．藻類に特有の光合成色素でカロテノイド（carotenoid）に属し，アレン構造（R-C=C=C-R'）を有するフコキサンチン（fucoxanthin）には抗肥満作用が認められており，機能性食品素材としての応用に期待がもたれている．

ミネラル（乾重量当たり 3〜35％）については，海藻種や生育場所に依存して含量に幅がみられ，コンブやワカメで高い．ヨウ素，鉄，カルシウムに富む海藻種は，これらのミネラル不足を補う食品素材として貴重である（第6章表6-1参照）．

その他，海藻エキスに含まれる低分子水溶性化合物の中には食品素材として有用なものが多い．コンブに多く含まれるグルタミン酸ナトリウム（うま味成分）はその代表的例であるが，褐藻類に多く含まれるポリフェノールも機能性食品素材としての利用の可能性がある．

食品には一次機能（栄養素），二次機能（嗜好性）および三次機能（生体調節）があるが（第6章§2.参照），海藻はこれらの食品機能を持ち合わせており，とくに嗜好性や生体調節能に富む成分に恵まれていることから，二次，三次機能への寄与が大きい食素材である．

3）**海藻加工食品**　食素材としての海藻利用に関しては，サラダ，すし種，味噌汁の具などとしてそのまま食される場合を除き，多くは加工食品として利用されている．加工食品は一次加工品（乾製品，塩蔵品，石灰処理品）と二次加工品（佃煮，焙焼調味品などの調味品，粕漬，味噌漬などの漬物類，寒天，オキュウトなどのその他製品）に分けられる（須山・鴻巣，1987）．

加工食品に用いられる主要海藻は，ノリ，コンブ，ワカメ，ヒジキ，モズクおよびマツモで，

これらは一次，二次加工品として食されている．その他にはトサカノリ，ミリン，オゴノリ類，フノリなどの塩蔵品，乾製品も海藻サラダとして利用されている．クビレヅタ（海ぶどう）は塩蔵加工すると藻体がつぶれるので，生原藻がすし種などに生食用として利用されている．

以下に代表的な海藻加工品の製造方法の概略を述べる．

① あおのり加工品

(1) **海苔佃煮** 原料は主にヒトエグサ，アオノリ（スジアオノリ，ウスバアオノリ，ヒラアオノリ，ボウアオノリ）である．水洗いした原料を脱水した後，調味液とともに煮熟する．

(2) **生食用あおのり** 生アオノリを包装したもので味噌汁の具などに用いる．

② こんぶ加工品

(1) **干し昆布** コンブを乾燥したもので，北海道と東北地方の沿岸で生産される．コンブの種類や産地によって品質や用途が異なる．

　　　マコンブ　色が黒く，呈味に優れているため，高級だし用に適している．

　　　リシリコンブ　上品なだしがとれる．高級おぼろ昆布にも用いられる．

　　　ミツイシコンブ　加工用に用いられる．

　　　オニコンブ　高級加工品に用いられる．

　　　ナガコンブ　佃煮，おでん用の原料となる．

　　　ホソメコンブ　とろろ昆布，切り昆布の原料となる．

　　　ガゴメ　おぼろ昆布，とろろ昆布に用いられる．

(2) **おぼろ昆布** コンブを削り包丁で0.1mm以下の厚さに削ったものである．肉厚で内層の白い部分が多い品質の高いマコンブやリシリコンブが用いられる．

(3) **白板昆布** おぼろ昆布を削り取った残りの黄白色の芯で，ばってら（しめサバの押しずし）や次のとろろ昆布などに用いられる．

(4) **とろろ昆布** コンブを枠型に入れて重ね，葉面に対して直角の面で薄く削ったもの．

(5) **塩昆布** 高品質のコンブを角切りにし，醤油，砂糖，みりん，グルタミン酸ナトリウムなどを配合した調味液で炊き込んだ後，乾燥してまぶし粉を付着させる．

(6) **昆布佃煮** 角，短冊あるいは糸状に切断したコンブを調味液で煮熟する．

(7) **昆布茶** 干し昆布を粉砕し，食塩を添加したもの．

③ わかめ加工品

(1) **干しわかめ** ワカメを天日乾燥したもの．

(2) **灰干しわかめ（鳴門わかめ）** 生わかめに草木灰を加えて混和し，乾燥と吸湿を繰り返した後，海水で洗浄して乾燥させる．色，テクスチャー，香気もよい．草木灰を作る炉の性能がダイオキシン対策法によって規制されたため，良質な灰の確保が困難となっている．

(3) **乾燥わかめ** 生わかめを煮沸し，緑色に変化した直後に急冷して乾燥させたもの．湯に入れるだけで用いることができることから広く流通している．

(4) **湯通し塩蔵わかめ** 80℃以上の海水で1分程度加熱して塩蔵したもの．凍結すると1年以上の貯蔵に耐える．真水で塩抜きして用いる．

④のり加工品

(1) **干し海苔** スサビノリを原料とし，裁断，洗浄，のり簀による抄き工程，脱水，乾燥，剥離を経て，選別，結束される．現在では，抄き工程以降がほぼ自動化されている．

(2) **焼海苔** 干し海苔を180～200℃，5～30秒間焙焼すると，熱に弱いフィコビリンが退色するため，クロロフィルやカロテノイドの色がたち，特有の焼き色となる．

(3) **味付け海苔** 焼海苔の表面に調味液を塗布して乾燥したもの．

(4) **韓国海苔** オニアマノリなどの岩海苔を乾燥し，焙焼した後，ゴマ油と塩をまぶしたもの．日本の海苔製品に比べると目が粗く，比較的安価なものが多い．

⑤その他の加工品

(1) **寒天** テングサやオゴノリなどの紅藻類から熱水抽出される粘性の高いところてんゲルを漂白して作る．熱可塑性があり，冷却するとゲル化する．天然寒天は，冬季の寒暖の気温差が激しい長野，山梨，岐阜などで，7～15日間昼夜の凍結と融解を繰り返して無機物などの不純物を水とともに除去して作る．現在では，工業的に短期間で作られる工業寒天の方が生産量は多い．食用として用いられるほか，工業用，医療用にも用いられる．

寒天の主成分アガロース
[(1,3)β-D-ガラクトース／(1,4)3,6-アンヒドロ-α-L-ガラクトース]

(2) **アルギン酸ナトリウム** アラメ，カジメ，コンブなどの褐藻藻体を粉砕し，酸処理した後，炭酸ナトリウム存在下で加熱するとアルギン酸が溶出する．酸処理とアルカリ処理を繰り返した後，アルコール脱水してアルギン酸ナトリウム粉末とする．食品の増粘剤のほか，糊，乳化剤，賦型剤（医農薬品で形を整えるための添加剤）として幅広く利用される．

アルギン酸ナトリウム
[(1,4)β-D-マンヌロン酸／(1,4)α-L-グルクロン酸]

(3) **カラゲナン** キリンサイ属，オオキリンサイ属などの紅藻を原料とし，熱水抽出される．わが国ではツノマタからも生産されていた．食品その他の工業でゲル化剤，増粘剤，安定剤などとして用いられる．その化学組成から粘性の異なるκ型（ゲル形成能が最も強い），ι型，λ型（ゲル形成能が弱く，粘稠な溶液となる）があり，用途に応じて用いられる．

κ カラゲナン
[(1,3)β-D-ガラクトース-4-硫酸／(1,4)3,6-アンヒドロ-α-D-ガラクトース]

ι カラゲナン
[(1,3)β-D-ガラクトース-4-硫酸／(1,4)3,6-アンヒドロ-α-D-ガラクトース-2-硫酸]

λ カラゲナン
[(1,3)β-D-ガラクトース-2-硫酸／(1,4)3,6-アンヒドロ-α-D-ガラクトース-2,6-二硫酸]

(4) 干しひじき　天日干しした素干し品と洗浄後蒸煮して乾燥した煮干し品がある．茎だけの長ひじき，小枝や短い茎の芽ひじきに区分される．煮干しひじきの方が保存性に富む．

(5) おごのり　紅藻オゴノリを水酸化カルシウム液で処理をして赤褐色色素を分解することで鮮やかな緑色を呈するようになる．塩蔵品として流通することが多い．刺身のつまやサラダに用いられる．

(6) とさかのり　赤とさかのりは塩漬けしたトサカノリを天日で何度も乾燥して作る．青とさかのりはおごのりと同様に水酸化カルシウム液による緑化工程をへて作られる．

(7) おきうと　エゴノリとイギスを洗浄，天日乾燥し，弱酸性下で熱水抽出したものを冷却してゲル化させたもの．

　これら海藻加工品の食品機能については十分に調べられていない．加工用原藻に含まれている栄養成分の質と量について，加工過程での変化を追跡・精査することは，食品学的見地から重要である．なお，海藻加工食品の製造方法や生産量は既刊高著（須山・鴻巣，1987；佐藤，2002）に詳述されている．

〔堀　貫治・潮　秀樹〕

引用文献

佐藤純一（2002）：海藻加工品，21世紀初頭の藻学の現況（堀　輝三・大野正夫・堀口健雄編），日本藻類学会，山形，pp.140-142．

参考図書

福田　裕・山澤正勝・岡崎惠美子監修（2005）：全国水産加工品総覧，光琳．

岩井久和（1993）：蒲鉾の製造　その基礎と実際，光琳．

小泉千秋・大島敏明編（2005）：水産食品の加工と貯蔵，恒星社厚生閣．

岡田　稔（2008）：新訂かまぼこの科学，成山堂書店．

大野正夫編（2004）：有用海藻誌，内田老鶴圃．

須山三千三・鴻巣章二編（1999）：水産食品学，恒星社厚生閣．

武田正倫・青葉　高・鈴木たね子（2001）：食材図典，小学館．

山澤正勝・関　伸夫・福田　裕編（2003）：かまぼこ　その科学と技術，恒星社厚生閣．

第9章　水産物の安全性

　食品の安全・安心が求められる昨今，水産物の安全性確保も当然のこととして求められる．食品由来の健康障害を合理的に最小限とする方法として，リスク分析手法による管理が重要となっている．わが国で消費している水産物は，日本沿岸での漁獲量では賄いきれず，国内需要の60％は輸入に依存し，リスクコミュニケーションを行う上で多くの要因を考慮する必要がある．水産物の安全性に関して危害分析を行うと，生物による危害，とくに微生物による危害が大きく，生息環境由来の食品としての水産物の鮮度低下や腐敗を導く細菌と食中毒を起こす細菌，魚類を中間宿主とする寄生虫，生物濃縮によるノロウイルスやA型肝炎ウイルスなどヒトの病原ウイルスがあげられる．化学的危害としてはアレルギー起因物質，ポリ塩化ビフェニル（polychlorinated biphenyls, PCBs）や内分泌攪乱物質（環境ホルモン）などの化学物質，重金属および生物濃縮によるフグ毒や貝毒などの自然毒，さらに物理的危害として金属片，ガラス片，木片などがあげられる．

　本章では，水産物の安全性を確保するために必要なリスク要因である微生物，化学物質としてのアレルギー起因物質，重金属，環境ホルモン，生物毒などの基本的知識と現状について述べる．

〈吉水　守〉

§1. 微生物

1-1　水産物による健康被害の防止

　新鮮な魚貝類を放置すれば腐敗や変敗をおこして食べられなくなること，見た目は何ともなく美味しく食べても時に嘔吐や下痢を起こすことは，古くから経験的に知られている．食品として信頼して食べるためには，健康障害を起こす可能性のある要因を科学的に整理し，その成果を安全性確保に生かす必要がある．国際連合食糧農業機関（FAO）と世界保健機構（WHO）が合同で組織した国際食品規格委員会（Codex alimentarius commission）は，食品由来の健康被害を

表9-1　食品におけるリスク評価の概念

危 害 同 定	・問題となる危害因子は？
危害特性明確化	・汚染された食品を摂取する確率は？
	・摂取する時点で食品中にどの位の病原体が含まれるか？
暴 露 評 価	・有害作用が起こる摂取量は？
リスク特性明確化	・健康被害はどのような内容でどのくらいの頻度で起こるか？
	・どんな人あるいは集団が危険か？
	・健康被害はどのくらい重篤であり，どのくらい影響をもたらすか？

表9-2 食品の安全性評価におけるリスク分析

危　　　害	外来,内在を問わず食品中に存在することにより,ヒトの健康を損なう恐れのある生物学的,化学的,物理的要因や存在状態.
リ ス ク	食品中に存在する危害要因が引き起こす有害作用の起こる確率と有害作用の程度の関数として与えられる概念.
リスク分析	リスクをいかにして避けるかあるいは最小化を検討し,実施すること全体.

表9-3 水産物の安全性評価における危害分析

生物学的要因
　　微生物　魚類病原菌：マイコバクテリウムマリナム
　　　　　　食中毒細菌：コレラ菌,腸炎ビブリオ菌,ボツリヌス菌
　　　　　　　　　　　　腸管出血性大腸菌,リステリア菌,サルモネラ菌など
　　　　　　ヒトのウイルス：ノロウイルス,ロタウイルス,A型肝炎ウイルス
　　寄生虫　アニサキス,日本海裂頭条虫,吸虫類
化学的要因：有機水銀,有機スズ,有機酸,塩酸,環境ホルモン
　　　　　　テトロドトキシン（フグ毒）
　　　　　　サキシトキシン,ゴニオトキシン（貝毒）
物理的要因：金属片,木片,ガラス片など

合理的に最小限にするための検討を続け,表9-1に示したリスク分析手法を用いてリスクを制御する方法の有用性を提言し,広く採用されている.

　食品衛生とは,食生活に伴う健康障害を未然に防ぐ手段であり,長年の経験を整理して食品の安全性確保のための科学として体系化したものが,食品衛生学である.WHOは「食品衛生とは,生育,生産あるいは製造時から最終的にヒトに摂取されるまでのすべての段階において,食品の安全性,健全性,健常性を確保するために必要なあらゆる手段である」と定義している.現在,国際的に必要とされている食品の安全性確保の考え方は,「人類の健康保護の優先,科学的根拠の重視,関係者相互の意思疎通,政策決定過程の透明性確保」であり,安全確保の手段は表9-2に示した「リスク分析（Risk Analysis）」と「生産現場から食卓までの一貫した対策」である.わが国では2003年に食品安全基本法が制定され,食品の安全性を確保するためにリスク分析手法を導入した.それに伴い食品衛生法などの関連法規も改正された.

1-2　水産物のリスク分析

　水産物の安全性に対するリスク分析のなかで,まず危害分析（Hazard Analysis：HA）を行うと,外来,内在を問わず食品中に存在することによりヒトの健康を損なう恐れのある危害として表9-3に示したような生物学的,化学的,物理的要因があげられる.

　生物学的要因としては,微生物による危害が大きく,魚貝類の鮮度低下や腐敗を導く海洋,沿岸,汽水,淡水由来の細菌,食中毒を起こす細菌,魚類を中間宿主とする寄生虫,生物濃縮によるノロウイルスやA型肝炎ウイルスなどヒトの病原ウイルスなどが原因としてあげられる.

　寄生虫に関しては冷凍処理による殺虫が可能であり,貝類が濃縮するヒトのウイルス,プランクトン産生毒,魚貝類が濃縮するフグ毒などを除けば,温度管理を主体とした品質管理により水産物の安全性が確保できる.魚の病気をはじめ魚貝類にも感染症が知られている（吉水・笠井,

2005）が，魚類病原細菌の中では，ヒトの皮膚にも感染し小結節を形成するが軽傷で完治する *Mycobacterium marinum* による感染症以外は，人畜共通感染症のようにヒトに感染し，重篤な症状を示したという報告はない（吉水・笠井，2006）．魚貝類の病原ウイルスや病原細菌が，ごく一部を除き危害要因から外れることは，水産食品の安全性を確保する上で非常に有利である．

化学的要因としてはPCBsや内分泌攪乱物質などの化学物質，生物濃縮によるフグ毒や貝毒などの自然毒，さらに物理的要因として金属片，ガラス片，木片などがあげられる．

1-3　微生物とは

微生物とは，肉眼で見ることができないか，あるいは見ることができないほど微小な生物の総称で，微生物は地球上のあらゆる場所に生息している．自然界にはそれぞれ特有の微生物叢（ミクロフローラ，microflora）が形成されている．微生物叢の生態的分類を，ヒトをとりまく自然環境を中心に考えると，土壌微生物，水圏微生物（河川，湖沼，海洋），空相微生物，植物および動物の微生物と分類できる．一般的には細菌，真菌（カビや酵母），原虫，藻類が含まれる．食品に関係の深い微生物は細菌，酵母，カビ，ウイルスで，食品衛生学の分野で重要なのは細菌とウイルス，原虫である．

1-4　水生細菌

河川，湖沼にはプランクトンやカビ類とともに藻類やグラム陰性桿菌類が存在し，細菌数は水 1 ml 当たり $10^1 \sim 10^4$ 程度である．河川の上流部では水 1 ml 当たり $10^1 \sim 10^2$，中流では 10^3，下流や河口では $10^4 \sim 10^5$ 程度となり，ヒトや家畜の存在が大きな影響を及ぼしている．湖沼では水質によるが，きれいな湖では $10^1 \sim 10^2$ 程度となっている．グラム陰性菌が多く，ときに土壌由来のグラム陽性細菌が混入する．微生物叢は *Pseudomonas* 属や *Flavobacterium* 属，*Aeromonas* 属，*Achromobacter* 属の細菌，腸内細菌科の細菌で構成され，水深によっても微生物のすみわけが成立している．

海洋に生息している細菌の多くは，発育にナトリウムを要求する好塩細菌およびカルシウム，マグネシウムを要求するいわゆる海洋細菌が多く，これらは低温での発育を好み病原性はほとんどみられない．沿岸域に生息する細菌に好塩性の *Vibrio* 属が存在する．本属は水生，陸生動物に病原性を示すものが多い．グラム陰性細菌が主体であるが，河川，湖沼と同様 *Pseudomonas* 属のほか，*Alteromonas* 属や *Moraxella* 属，*Vibrio* 属などが多くみられる．しかし，最近は都市汚水などの流入により水質が富栄養化して微生物叢が変化し，藻類による赤潮が発生したり，菌数が $10^4 \sim 10^6$/ml にも達することもある．

地下水は地層によって濾過され菌数は少ない．しかし，無菌になっているとは限らず，調理や飲用に使用する場合には注意が必要である．水道水は人工浄化後，塩素で殺菌され飲料水として用いられている．病原細菌は殺菌されているが，無菌ではない．

1-5　魚類の細菌

魚類の微生物叢の主体は細菌であり，細菌叢に関する研究が多く行われている．体表 1 cm^2 当たりの細菌数は環境水 1 ml 当たりの細菌数に近く，細菌叢も類似している．一方，鰓 1 g 当たりの細菌数は環境水 1 ml 当たりの細菌数の約 10 倍から 100 倍となっている．消化管を除く臓器や筋肉内は無菌であるが，消化管，とくに腸管には多数の細菌が存在している．ヒトの腸内細菌と同じように，胃酸と胆汁酸に耐え，かつ腸管内の酸素のない環境下でもよく増殖できる細菌が選択されて定着している．魚類は変温動物であり生息域の温度も重要な選択要因である．一般的には，海産魚では *Vibrio* 属が多く，淡水魚では *Aeromonas* 属や腸内細菌科の細菌が優勢である．腸管の長い魚類では，ヒトと同じように嫌気性細菌が多くなっている（吉水，1986）．

1-6　微生物による食品の変質

魚貝類には漁獲された時点ですでに生息環境中の微生物が存在し，さらに水揚げ時に陸上の微生物の汚染を受ける．食品としての水産物中で最も増殖しやすい微生物が優先的に増殖する．その結果として，食品としての本来の性質，外観，栄養，風味，食味が失われ，さらに微生物の代謝産物により食べられない状態になる．この場合，食品中のタンパク質が分解された状態を腐敗，炭水化物や脂質が分解され品質の劣化が起こった状態を変敗という．逆に人に有益なものが産生された状態を発酵（第 4 章 §1-6，第 8 章 §2-4 参照）という．食品中のタンパク質が分解されるとペプチドを経てアミノ酸となり，脱炭酸あるいは脱アミノ反応を経てアミン類や様々な臭い成分，アンモニア，トリメチルアミン，硫化物などが生成する（第 5 章 §3-2 参照）．微生物自身が産生する多糖類が原因で「ねと」が発生することがある．

1-7　ヒトに危害を与える水生微生物

食品としての魚貝類の表面あるいは切り身に付着し，そこで増殖して一定の数に達した場合，あるいは少数のままでも，それを摂食したヒトに健康障害を引き起こした場合，食中毒原因微生物として取り扱われる．この中には，細菌のみならず，ウイルス，毒素産生細菌，原虫，小型寄生虫などが知られている．水産物で問題になるのは腸炎ビブリオ菌（*V. parahaemolyticus*），ナグビブリオ（*V. cholerae*，non-o1，non-o139），その他の *Vibrio* 属細菌，*Norovirus* などであり，陸生由来菌として腸管出血性大腸菌（*Escherichia coli*　EHEC），リステリア菌（*Listeria monocytogenes*），サルモネラ菌（*Salmonella* Enteritidis）などがある．

1-8　食中毒

食中毒は「飲食物そのもの，および器具，容器，包装を介して人体に入ったある種の有害，有毒な微生物や化学物質によって起こる急性または亜急性の胃腸炎症状を主要徴候とする生理的異常」とされている．その大部分は微生物が体内に入ることが原因である．従来，細菌を原因とする食中毒は，食品中で増殖した細菌によるものや細菌が産生した毒素を食品とともに摂食することで発症するものとされていたが，1999 年からコレラ菌，赤痢菌，チフス菌など，それまでの

表9-4 食中毒の原因となる微生物

細　菌	学　名
サルモネラ菌	*Salmonella* Enteritidis
ぶどう球菌	*Staphylococcus aureus*
ボツリヌス菌	*Clostridium botulinum*
腸炎ビブリオ	*Vibrio parahaemolyticus*
腸管出血性大腸菌（VT産生）	Enterohemoragic *Escherichia coli*
その他の病原大腸菌	
ウェルシュ菌	*Clostridium perfingens*
セレウス菌	*Bacillus cereus*
エルシニア・エンテロコリチカ	*Yersinia enterocolitica*
カンピロバクター・ジュジュニ/コリ	*Campylobacter jejuni/coli*
ナグビブリオ	*V.cholerae* non-01,non-0138
コレラ菌	*Vibrio cholerae*
赤痢菌	*Shigella dysenteriae/sonnei/flexneri*
チフス菌	*Salmonella* Typhi
パラチフスA菌	*Salmonella* Paratyphi A
その他の細菌	
ウイルス	学　名
ノロウイルス	*Norovirus*
その他のウイルス	

　経口伝染病の原因菌も食中毒を起こす微生物とされ，さらに経口的に摂食した場合に胃腸炎症状を起こすウイルスも食中毒原因微生物となった．食中毒の7～9割が細菌やウイルスが原因となっている．

　水産物による食中毒の原因微生物としては細菌，ウイルスのみならず，前節の毒素産生真菌や原虫，寄生虫などがあり，さらに毒素を保有する魚貝類，プランクトンが産生した毒素を濃縮した貝類なども食中毒の原因になる．

1-9　細菌性食中毒

　細菌性食中毒の件数は食中毒全体の7～9割を占め，原因となる細菌は表9-4にみるように，少量の菌でも感染症を引き起こす赤痢菌，コレラ菌，チフス菌，パラチフスA菌および腸管出血性大腸菌，食品中で増殖しある程度の数に達した菌体を含む食品を摂食した場合に健康障害を起こすサルモネラ菌，腸炎ビブリオ菌，ナグビブリオ菌，その他の *Vibrio* 属細菌（*V. vulnificus*, *V. fulvialis*, *V. mimicus*），*Aeromonas* 属細菌（*A. hydrophila*, *A. sobria*），プレジオモナス菌（*Plesiomonas shigelloides*），セレウス菌（*Bacillus cereus*），*Campylobacter* 属細菌（*C. jejuni*, *C. coli*）およびエルシニア菌（*Yersinia enterocolitica*），さらに食品中で増殖してそのときに産生した毒素が原因で健康障害をひき起こす黄色ブドウ球菌（*Staphylococcus aureus*），ボツリヌス菌（*Clostridium botulinum*），ウェルシュ菌（*Cl. perfingens*）およびリステリア菌（*Listeria monocytogenes*）などがあげられる．サルモネラ菌と腸炎ビブリオ菌による食中毒患者数が上位を占めているが，水産物によるものとしては，腸炎ビブリオ菌による食中毒が大半を占める．以下に，代表的な細菌性食中毒原因菌である腸炎ビブリオ菌，サルモネラ菌，黄色ブドウ球菌，ボツリヌス菌，腸管出血性大腸菌および最近急増している *Campylobacter* 属

細菌による食中毒の概略を述べる.

1) **腸炎ビブリオ食中毒**　わが国における細菌性食中毒の代表的なもので, 原因菌は *Vibrio* 属の好塩性グラム陰性桿菌である. 1950年に大阪市で発生し, 272名の患者と20名の死者を出したシラス干しによる食中毒の原因菌として発見され, *V. parahaemolyticus* と命名された. 沿岸海水中に生息する細菌であり, 魚貝類に付着した本菌が1,000万菌体程度に増殖したものを生食すると下痢症を起こす. 好適条件下では15分に1回分裂して増殖する. 食塩濃度3％前後が最適であり, 水道水中では死滅する. 食中毒患者から分離される腸炎ビブリオの90％以上が病原株で耐熱性溶血毒 (thermostable direct hemolysin, TDH) といわれる, 赤血球の膜に穴をあけて溶血させるタンパク質毒素を産生する. この毒素は心臓および腸粘膜への作用を有している. 最近, 耐熱性溶血毒類似毒 (TDH-related hemolysin, TRH) をつくるものもみつかっている. 海水や魚貝類から分離されるものは大部分非病原性である. 原因食品は水産物が多く, 潜伏期間は通常11～18時間である. 腹痛, 下痢, 嘔吐が主症状である. 一般に経過は良好で2～3日で回復する.

2) **サルモネラ食中毒**　サルモネラは1885年にブタコレラ流行時にSalmonによって分離された *Salmonella choleraesuis* と類似の菌群の総称である. *Salmonella* 属細菌の中では, ヒトの病原菌としてチフス菌 (現在 *Salmonella* 属は *S. enterica* 1種となり, 正式には *S. enterica* subsp. *enterica* serovar Typhiであるが, 一般には *S.* Typhiと表す) が1984年に分離されている. ヒトに対して病原性を示す *Salmonella* 属の細菌は, 感染症法☞の定める三類感染症に分類されている腸チフスやパラチフス (*S.* Paratyphi) を起こすものと, 感染型食中毒を起こすネズミチフス菌 (*S.* Typhimurium) や腸炎菌 (*S.* Enteritidis) に大別される. 細胞内寄生性細菌で, チフス菌やパラチフス菌は主にマクロファージ (macrophage)☞に感染して血液中に本菌がみられる菌血症を, 腸炎菌は本菌が100万菌体以上に増殖した食品を摂食したときに腸管上皮細胞に作用して胃腸炎を引き起こす. 原因食品は畜肉類および鶏卵が多く, 潜伏期間は通常12～24時間である. 症状は下痢, 腹痛, 嘔吐のほか, 急な発熱を伴う場合もある. 主症状は2～3日で治り, 1週間以内に回復する.

3) **ブドウ球菌食中毒**　ブドウ球菌属には黄色ブドウ球菌 (*S. aureus*) と表皮ブドウ球菌 (*S. epidermidis*) が含まれる. 黄色ブドウ球菌は化膿巣形成から血液中で本菌の増殖が起こる敗血症まで多様な臨床症状を引き起こす. メチシリン耐性黄色ブドウ

☞ **感染症法**

1999年4月に施行された「感染症の予防及び感染症の患者に対する医療に関する法律」. 従来の理不尽な隔離を内容とした法律を見直し, 患者の人権を重視し, 感染症の監視体制を強化するものとなった. 伝染病予防法・性病予防法・結核予防法は廃止され, 検疫法・狂犬病予防法は改正された. 食品衛生法は残された.

☞ **マクロファージ**

骨髄で分化した単球由来の細胞. 全身の臓器・組織に分布し, 異物の侵入を監視している. 侵入してきた異物を構造パターンで認識し, 炎症性サイトカインを産生して炎症反応を引き起こし, 食細胞の動員をかけるとともに, 補体成分などの血管外への滲出を促して, 局所での殺菌などの異物の排除を遂行している.

球菌（methicillin registant *S. aureus*，MRSA）のように薬剤耐性となったものも出現し，大きな問題となっている．黄色ブドウ球菌は食品中で増殖するとブドウ球菌食中毒の原因となるエンテロトキシンと呼ばれる毒素を産生する．食中毒の原因となる毒素のうち，下痢をひき起こすものを総称してエンテロトキシンというが，黄色ブドウ球菌が産生するエンテロトキシンは分子量27,000前後のタンパク質で抗原性からA〜L型に分けられる．最も発生件数の多いものはA型である．100〜200 ngを摂取すると発症する．この毒素は耐熱性でプロテアーゼによっても分解されない．汚染源は人の化膿巣や鼻咽喉で，くしゃみや手指を介して汚染される．また，乳牛の乳房炎の原因菌であるために，生乳などが汚染される．潜伏期間は1〜5時間，平均3時間程度であり，主症状は吐き気，嘔吐，下痢である．一般に経過は良好で1〜3日で回復する．

4）ボツリヌス食中毒　　北海道，東北地方の海岸地帯に分布するボツリヌス菌（*C. botulinum*）の芽胞が付着した魚貝類をいずしのように嫌気的な条件下で製造，保存した場合，芽胞が発芽して5℃以上になるとボツリヌス毒素を産生する．この毒素を含む食品を摂食した場合に起こる毒素型の食中毒である．原因菌はグラム陽性の大型偏性嫌気性桿菌である．毒素の抗原性からA〜G型に分類され，ヒトの中毒はA, B, E, F型で起こる．A, B型は芽胞の形で土壌中に分布し，E型は海底や湖沼に分布する．種名は原因食品の代表である腸詰めソーセージのラテン語botulusに由来する．A型毒素は精製され分子量は90万前後，分子量15万の神経毒と他のタンパク質成分との複合体である．トリプシン処理により10〜100倍に活性化される．毒素はコリン作動性の神経接合部に作用し，アセチルコリンの遊離を阻止し，神経伝達を阻止する．猛毒でヒトの致死量は約1μgとの報告があり，1gで約100万人を殺傷できると考えられ，生物兵器として研究開発が行われたこともある．原因食品はわが国では先述のいずしが有名で，ヨーロッパではハム・ソーセージ，缶詰が多い．潜伏期間は通常12〜36時間である．症状は物が二重に見える，うまく発音ができない，飲み込めないなどの運動神経の麻痺であり，嘔吐，吐き気などの胃腸症状も伴う．致死率が高かった（30〜80％）が，治療法の進歩により数％にまで減少した．酸性化（pH 4.5以下）により毒素の産生を抑制できる．最近は顔面神経痛などの治療にも使用されている．

5）病原性大腸菌食中毒　　通常の大腸菌はヒトの腸管内常在菌であり，腸管内にとどまっている範囲では病原性はない．ただ，腸炎を引き起こす特定の大腸菌株が見つかるようになり，病原性大腸菌と呼ばれている．この中には腸管侵入性大腸菌，毒素原性大腸菌，腸管病原性大腸菌，

☞ 偏性嫌気性細菌

酸素がない嫌気的条件のみで増殖することができる細菌．酸素が存在すると増殖することができず，なかには酸素に触れただけでも死ぬものもいる．通性嫌気性細菌は酸素があってもなくても増殖できる．

☞ コリン作動性神経接合部

副交感神経系はコリン作動性神経であり，アセチルコリン（Ach）を伝達物質として遊離する．ボツリヌス中毒はボツリヌス菌産生毒素がコリン作動性神経終末枝に不可逆的に結合することで起こる．アセチルコリンの放出を阻害することから筋の麻痺をきたす．

腸管出血性大腸菌があり，菌体抗原 O と菌体表面の鞭毛抗原 H の組み合わせによって血清型別が行われている．腸管出血性大腸菌は出血性大腸炎を引き起こす．赤痢菌の産生する志賀毒素と類似の毒素を腸管内で産生する．この中で重要な菌株はベロ毒素を産生する O157:H7 である．培養細胞の一種であるアフリカミドリザル由来のベロ細胞にごく微量で毒性を示すことから名付けられた毒素で，1 型（VT1）は赤痢菌の志賀毒素と同じ構造で毒性も同じであるが，2 型（VT2）は構造が異なり 1 型よりも強い毒性を示す．さらに VT2 に類似した 4 種類の変異型が存在する．O157:H7 には 1 型毒素を産生するものと，1 型，2 型の両方を産生するものがある．ベロ毒素は，大腸の粘膜内に取り込まれ，リボソームを破壊してタンパク質の合成を阻害し細胞を死滅させる．感染 2〜3 日後に血便と激しい腹痛を引き起こす．本菌を保有するウシの存在が知られ，加熱不足の汚染されたハンバーグなど畜肉類を摂食すると 4〜8 日の潜伏期を経て発症する．軽い下痢で終わることが多いが，乳幼児，小児，基礎疾患があるヒトではときに重症化し，死に至る場合がある．細菌，毒素とも熱に弱いため，汚染食品でも中心温度を 75℃，1 分以上加熱すれば中毒を防止できる．

6）カンピロバクター食中毒　カンピロバクター（*C. jeduni*，*C. coli*）はニワトリやウシの腸内常在細菌の 1 種で，食品や水を介してヒトに感染する．加熱不足の鶏肉や牛肉が原因となることが多い．グラム陰性で菌体は一回螺旋を描いている．両端に鞭毛をもつ．低温に強く冷蔵庫内で 3 週間以上生存する．数百菌体程度の少量の菌でも感染し，小腸や大腸の上皮細胞に侵入し，2〜10 日の潜伏期を経て吐き気，腹痛，下痢を起こす．頭痛，倦怠感，時に発熱を伴う．多くは小児が被害を受ける食中毒である．

1-10　ウイルス性食中毒

1997 年にウイルスが食中毒原因微生物に追加され，それまで原因不明の下痢症とされてきたものの多くが小型球形ウイルスによることが明らかになった．その後，小型球形ウイルスの多くは新設の *Norovirus* に属すことがわかってきた．現在，*Norovirus* による食中毒は，手指に付着したウイルスが食品を汚染し，腸管上皮細胞に感染して下痢症を引き起こす経口感染が大半を占めている．*Rotavirus*，A 型肝炎ウイルス，E 型肝炎ウイルスによる健康被害が含まれる．

水産物についてみると，貝類の多くは濾過食性で，水中に存在するプランクトンを食している．このとき水中の微生物も同時に取り込まれ，場合によっては消化管あるいは消化盲嚢に濃縮される．ホタテガイ，アワビ，ホッキガイ，アカガイなど，貝類の多くは貝柱あるいは斧足筋が食用に供される．刺身あるいはすし種としないシジミやアサリなどは汁物，蒸し物として加熱して食す．しかし，カキは唯一，個体全体を生で食べるため，カキが生物濃縮した食中毒原因微生物により，ときに健康障害を引き起こす．カキは 1 日に 0.5〜2 トンもの海水を濾過し，その海水に含まれるプランクトンを捕食する．昭和 30 年代に頻発したカキによる赤痢やチフスの集団感染を教訓に，同じ腸内細菌科に属する大腸菌を指標にしたカキの浄化法が検討され，今日の紫外線殺菌海水を用いる方法が考案された．現在，この浄化法が広く用いられている．しかし，大腸菌数は最確数法☞（most probable number，MPN）で測定して，100 g 当たり 230 MPN 以下と規

定され，未だリスクを抱えているのが現状である．現在も，*Norovirus* は培養ができないために，本ウイルス浄化法の研究は同科のネコカリシウイルス（Feline *Calicivirus virus*，FCV）を指標として展開され，この FCV の感染価を指標に，カキの浄化法が検討されている．本

> ☞ **最確数法**
>
> Most Probable Number の日本語訳．大腸菌数を測定する目的で開発された方法で，平板法より少数の菌数を測定できる．5本あるいは3本の試験管に培地（乳糖ブイヨン培地）と同一希釈の試水を 10 ml，1 ml，0.1 ml ずつ接種し，大腸菌陽性試験管の本数から，確率計算で 100 ml 中の菌数を推定し，最も可能性の高い数値を求める方法．MPN 表から求める．

ウイルスは 20℃ を超えると海水中で不安定になり，紫外線には強いものの電解海水に高い感受性を示す．さらに，カキ用自動殻剥機の作用条件である 40℃，800 気圧，5 分間の処理により感染価が大幅に減少する．20℃ の電解海水で浄化し，体内に残ったウイルスをこの殻剥機で処理することにより不活化する方法が提唱されている．しかし，これらの条件下でも，*Norovirus* と FCV の遺伝子数が減少しないことから，*Norovirus* が不活化されていても現状では評価できない．一般にウイルスは低温下で安定であることから，細菌性食中毒をモデルにした食中毒予防の 3 原則，つけない，ふやさない，加熱する，の 2 項目は有効でない．貝類がウイルスを濃縮するにしても，ウイルスの供給源はあくまでヒトであることから，感染症対策と公衆衛生対策が必要であり，夏季の貝毒モニタリング（本章 §4．参照）と同様に，冬季の *Norovirus* モニタリングが必要である（吉水・笠井，2007）．

〔吉水　守〕

§2．アレルギー

2-1　魚貝類アレルギーの発生状況と表示制度

厚生省（現，厚生労働省）食物アレルギー対策検討委員会が 1996 年から 1999 年度の 4 年間にわたって実施したアンケート調査によると，日本におけるアレルギー原因食物は多い順に鶏卵，乳製品，小麦と続く．ところが，第 4 位に甲殻類，第 7 位に魚類，第 9 位に魚卵があげられ，魚貝類アレルギーを発症する人口が多いことに驚かされる（図 9-1）．これは，全年齢における結果であるが，成人に限って見ると，アレルギー原因食物の第 1 位が甲殻類，第 2 位が魚類，第 3 位が鶏卵となり，日本人，とくに成人では魚貝類が最も注意すべきアレルギー原因食品である．これらの結果を受け，厚生労働省は食品衛生法関連法令を改定し，2002 年 4 月よりアレルギー症例数および重篤度から判断される食品素材 5 品目（卵，乳，小麦，そばおよび落花生）が特定原材料として表示義務化され，その後，数度の見直しを経て，特定原材料に準ずる表示推奨品目として魚貝類（アワビ，イカ，イクラ，エビ，カニ，サケおよびサバ）を含む 20 品目が追加された．さらに，2008 年 6 月に食品衛生法が再改正され，アレルギー物質を含む食品として初めて魚貝類であるエビおよびカニの 2 種類が特定原材料表示の義務化対象となり，アワビ，イカ，イクラ，サケおよびサバの 5 種が推奨表示の継続対象となっている（表 9-5）．水産物の表示は JAS（日本農林規格）法（農林水産省所管），食品衛生法（厚生労働省所管），計量法（経済産業省所管）

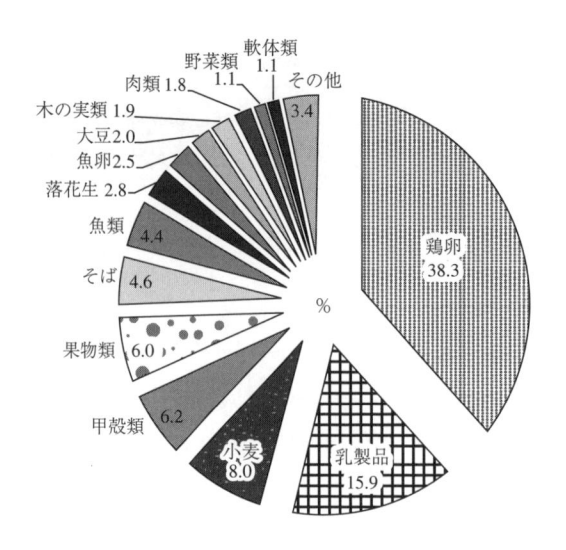

図9-1 全年齢における食物アレルギーの原因食品
（海老澤ら，2003より）

鶏卵 38.3
乳製品 15.9
小麦 8.0
甲殻類 6.2
果物類 6.0
そば 4.6
魚類 4.4
落花生 2.8
魚卵 2.5
大豆 2.0
木の実類 1.9
肉類 1.8
野菜類 1.1
軟体類 1.1
その他 3.4

表9-5 アレルギーを起こす恐れのある原材料の表示

	特定原材料等の名称	理由
特定原材料（表示義務品目）	卵，乳・乳製品（チーズやバターも含む），小麦，そば，落花生，エビ[1)]，カニ[1)]	症例件数が多いもの，または症状が重篤であり生命に関わるため，とくに留意が必要なもの
特定原材料に準ずるもの（表示推奨品目）	アワビ[2)]，イカ[2)]，イクラ[2)]，オレンジ，キウイフルーツ，牛肉，クルミ，サケ[2)]，サバ[2)]，大豆，鶏肉，豚肉，マツタケ，モモ，ヤマイモ，リンゴ，ゼラチン，バナナ，カシューナッツ[3)]，ゴマ[3)]	過去に一定の頻度で発症件数が報告されたもの

[1)]：2008年6月の改正によって表示推奨品目から表示義務品目に変更になった水産物．
[2)]：表示推奨品目として継続された水産物．
[3)]：2013年9月に追加された．

図9-2 アレルギー物質を含む食品の表示例

などによって厳格に規定されているが，アレルギー食品に関する表示は食品衛生法に基づいて規制されており，食品中に含まれる特定原材料由来タンパク質が$10\,\mu g/g$を超える場合に表示が必要となる．エビやカニなどアレルギー物質を含む食品の表示は，容器包装された加工食品および

添加物に適用されるが，流通過程のものにも義務付けられている．一方，食品の容器包装ではなく運搬容器とみなされる場合や，対面販売，量（はか）り売りなど注文を受けたその場で飲食料品を製造もしくは加工し，一般消費者に直接販売する場合，または容器包装の面積が30cm^{2}以下の場合には表示が省略できることになっている．アレルギー物質を含む食品の表示は，表示欄にその旨の明記が義務付けられていることから（図9-2），食品メーカーは対象原材料の混入の有無をチェックする必要があり，その労力と費用は決して少なくない．

2-2 アレルギー発症の仕組み

アレルギー（解説参照）を起こす原因物質をアレルゲン（allergen）と呼ぶ．魚貝類アレルギーに限らず，アレルギーは総じて免疫反応を介して引き起こされる．本来，病原体やウイルスなど外界からわれわれの身体の中に侵入してくるものに対し，自己を防衛するために働くのが免疫システムであるが，この免疫システムが異常をきたし，非自己に対する拒絶反応が過敏になり，結果的に自己を攻撃してしまう反応がアレルギーであると考えられる．免疫システムにおいては外界からわれわれの身体の中に侵入してくるものを抗原と呼ぶが，食品成分はわれわれにとっては異物であることに違いはなく，したがってアレルギー原因物質，すなわちアレルゲンがまさしく抗原となる．アレルゲンが身体の中に侵入してくると，病原体やウイルスの場合と同様に免疫系が働き，抗体（免疫グロブリン，immunoglobulin，Ig）が作り出される．血液中に存在するIgは異物と結合してそれらを排除する役割を担っており，5種類（IgG，IgM，IgA，IgDおよびIgE）存在することが明らかにされている．これらはいずれもタンパク質であるが，魚貝類を含む食物アレルギーに関係する抗体はIgEのみである．普段は異物である食品成分に対して免疫系が働かないように制御されているが，食物アレルギー患者のように免疫系に何らかの異常や過敏性が認められる場合，食品成分に対する免疫システムが作動することになる．すなわち，アレルギー体質のヒトでは，体内にアレルゲン（タンパク質）が侵入すると，アレルゲンはまず抗原提示細胞に取り込まれ，タンパク質分解酵素によって分解されて数残基程度のアミノ酸からなるペプチド分子に変換された後，抗原提示細胞表面上に存在する目印タンパク質（主要組織適合遺伝子複合体，major histocompatibility complex，MHCクラスII分子）に結合する．その後，この複合体は血球の一種であるリンパ球T細胞の表面に存在する抗原レセプターに結合する．抗原レセプターにアレルゲン由来ペプチドが結合したT細胞は活性化され，分裂，分化してエフェクターT細胞の一種であり抗体産生に関与するヘルパーT細胞に変わる．その後ヘルパーT細胞が同じくリンパ球中に存在するB細胞を活性化することによってB細胞におけるIgE抗体の産生が促される．このとき，アレルゲン分子中に存在するIgE結合エピトープと呼ばれる部位がB細胞表面のレセプターと結合する．産生したIgEは，結果的にIgEレセプター

☞ 抗原提示

マクロファージや樹状細胞などの抗原提示細胞が，細菌やウイルスなどの外来性および内因性抗原を細胞内に取り込んで分解を行い，細胞表面の主要組織適合遺伝子複合体（MHC）にその一部を提示すること．提示された抗原はT細胞などによって認識されて細胞性免疫および液性免疫を誘導する．

を有する皮膚，気道，消化管などの表面に存在する肥満細胞に結合し，肥満細胞内に存在する顆粒中のヒスタミンなどが細胞外に放出されることによってアレルギーが発症することになる．

2-3　魚貝類アレルゲンの本体

今日までに明らかになっている魚貝類アレルゲンはすべてタンパク質であるが，大きく5つに分類される（表9-6）．すなわち，1975年に北欧産タラで見出されたパルブアルブミン（アレルゲン名Gad c 1）に代表される魚類アレルゲン，1993年にインドエビのアレルゲン（Pen i 1）として同定されたトロポミオシンに代表される甲殻類アレルゲン，1990年代後半からスルメイカ（Tod p 1）やマガキ（Cra g 1）などで見出された甲殻類と同様のトロポミオシンに代表される軟体動物アレルゲン，イクラアレルゲンであるβ'-componentに代表される魚卵アレルゲン，および海産動物の代表的な寄生虫であるアニサキスに存在するアニサキスアレルゲンである．魚類アレルギー患者全体の約80％がアレルギー症状を示すとされるパルブアルブミンは，分子量12kDaの水溶性の筋形質タンパク質であり（第2章§1-3参照），耐熱性を示す．したがって，加熱調理によってもアレルゲン性が保持される．また，パルブアルブミンは魚種間における抗原交差性が高く，魚種間のIgEエピトープ部位の構造上の類似性がその要因であると考えられているが（図9-3），魚類パルブアルブミンの正確なIgEエピトープ部位の決定には至っていない．一方，わが国における魚類アレルギー患者の約30％が認識すると予想されているコラーゲンは，熱変性によってゼラチンに変化するが，アレルゲン性は維持されることがわかっている．パルブアルブミン同様に魚種間での抗原交差性は確認されているが，哺乳類とは交差性を示さない．甲殻類および軟体動物の主要アレルゲンであるトロポミオシンは，筋肉を構成している筋原線維タンパク質の一種であり塩可溶性タンパク質である（第2章§1-3参照）．各種甲殻類と軟体動物のトロポミオシンの抗原交差性は高く，またダニ（ハウスダスト）トロポミオシンとの交差性も指摘されており，ダニに感作したアレルギー患者が甲殻類や軟体動物による魚貝類アレルギーを発症する例が報告されている．イクラは表9-5に示した通り，アレルゲン表示推奨品目の1つであるが，魚類卵黄の主要構成タンパク質であるβ'-componentが

☞ **アレルゲンの命名のしかた**

アレルゲンの命名は，国際免疫学会連合（International Union of Immunological Societies）のアレルゲン命名法に関する小委員会が提唱した命名法に従って一般的に行われている．表9-6に示されているインドエビのアレルゲン（Pen i 1）を例としてその命名法を記すと，以下のようになる．

まず，単離精製された生物であるインドエビの学名 *Penaeus indicus* の属名3文字（Pen）を記し，1文字のスペースを取って種名の最初の1文字（i）を加え，次に1文字のスペース後，アレルゲンが単離精製された順番の番号を付ける．なお，他のエビから得られた最初のアレルゲンがPen i 1と同様にトロポミオシンであった場合でも，最後に添える番号は1とすることになっている．

☞ **β'-component**

魚卵には鶏卵のように卵白が存在せず，含有タンパク質は主に卵黄成分である．この卵黄を構成している主要タンパク質が，リポビテリン（Lv），ホスビチン（Pv）およびβ'-component（β'-c）の3種類である．

表9-6 魚貝類アレルゲンの種類

	タンパク質	生物
魚類	<u>パルブアルブミン</u>	タラ類，ウナギ，コイ，サケ類，マアジ，サバ，メバチ
	コラーゲン（ゼラチン）	ウナギ，メバチ
	グリセルアルデヒド3リン酸デヒドロゲナーゼ	タラ類
	トランスフェリン	マグロ類，カジキ類
	25kDaアレルゲン	カジキ類
	61kDaアレルゲン	タラ類冷凍すり身
	プロタミン類	サケ類，ニシン
甲殻類	<u>トロポミオシン</u>	インドエビ，ブラウンシュリンプ，ヨシエビ，アメリカンロブスター，イセエビ類，カニ類，シャコ，オキアミ
	アルギニンキナーゼ	タイショウエビ，ウシエビ（ブラックタイガー），バナメイエビ
	筋形質Ca結合タンパク質	ウシエビ（ブラックタイガー）
	ミオシン軽鎖	バナメイエビ
軟体動物	<u>トロポミオシン</u>	スルメイカ，マガキ，サザエ，マダコ，アワビ類，ホタテガイ
魚卵	β'-component（17kおよび19kDa）	シロサケ卵（イクラ）
アニサキス	プロテアーゼインヒビター	
	パラミオシン	
	トロポミオシン	
	トロポニンC	
	SXP/RAL-2様タンパク質	

下線のタンパク質は主要なアレルゲンを表わす．

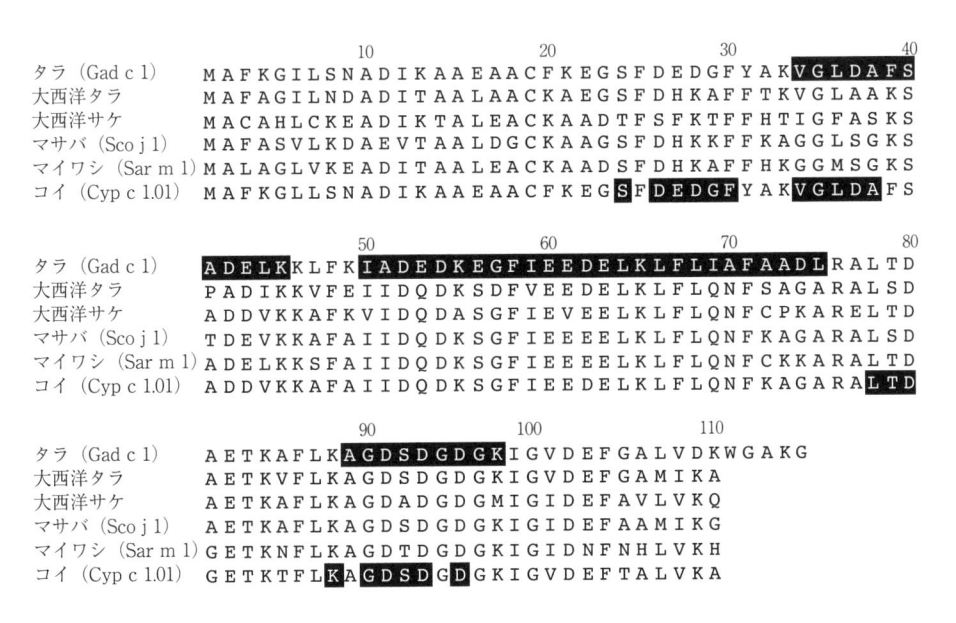

```
                        10         20         30         40
タラ（Gad c 1）       MAFKGILSNADIKAAEAACFKEGSFDEDGFYAKVGLDAFS
大西洋タラ            MAFAGILNDADITAALAACKAEGSFDHKAFFTKVGLAAKS
大西洋サケ            MACAHLCKEADIKTALEACKAADTFSFKTFFHTIGFASKS
マサバ（Sco j 1）     MAFASVLKDAEVTAALDGCKAAGSFDHKKFFKAGGLSGKS
マイワシ（Sar m 1）   MALAGLVKEADITAALEACKAADSFDHKAFFHKGGMSGKS
コイ（Cyp c 1.01）    MAFKGLLSNADIKAAEAACFKEGSFDEDGFYAKVGLDAFS

                               50         60         70         80
タラ（Gad c 1）       ADELKKLFKIADEDKEGFIEEDELKLFLIAFAADLRALTD
大西洋タラ            PADIKKVFEIIDQDKSDFVEEDELKLFLQNFSAGARALSD
大西洋サケ            ADDVKKAFKVIDQDASGFIEVEELKLFLQNFCPKARELTD
マサバ（Sco j 1）     TDEVKKAFAIIDQDKSGFIEEEELKLFLQNFKAGARALSD
マイワシ（Sar m 1）   ADELKKSFAIIDQDKSGFIEEEELKLFLQNFCKKARALTD
コイ（Cyp c 1.01）    ADDVKKAFAIIDQDKSGFIEEDELKLFLQNFKAGARALTD

                               90        100        110
タラ（Gad c 1）       AETKAFLKAGDSDGDGKIGVDEFGALVDKWGAKG
大西洋タラ            AETKVFLKAGDSDGDGKIGVDEFGAMIKA
大西洋サケ            AETKAFLKAGDADGDGMIGIDEFAVLKQ
マサバ（Sco j 1）     AETKAFLKAGDSDGDGKIGIDEFAAMIKG
マイワシ（Sar m 1）   GETKNFLKAGDTDGDGKIGIDNFNHLVKH
コイ（Cyp c 1.01）    GETKTFLKAGDSDGDGKIGVDEFTALVKA
```

図9-3 魚類パルブアルブミンの一次構造比較
タラ・パルブアルブミン（Gad c 1）およびコイ・パルブアルブミン（Cyp c 1.01）で確認されているIgEエピトープ部位を黒枠で示す．

主要アレルゲンとして報告されている．イクラのアレルギー患者の約70％がβ'-componentに反応し，残りの約30％は同じく卵黄構成タンパク質であるリポビテリンに反応することから，魚卵には複数のアレルゲンが存在していると考えられている．アニサキスは海産動物の代表的な寄生虫で，成虫は海産哺乳類に，幼虫はオキアミ類，イカ類および魚類に寄生している．アニサキスは，一般に凍結処理や加熱処理によって死滅するが，アレルゲン性は一定の割合で保持されている．アニサキス・アレルゲンの種類は多く，現在までに16成分（トロポミオシン，パラミオシン，トロポニンCなど）が同定されている．

〔石崎松一郎〕

2-4　魚貝類アレルゲンの検出法

一般にアレルゲンの分析には抗原抗体反応を用いる手法が多用される．代表的なものとして酵素免疫抗体法（enzyme-linked immunosorbent assay，ELISA）がよく用いられ，魚類のパルブアルブミンや無脊椎動物のトロポミオシンなどについて検出キットが既に市販されている．ELISAは抗原抗体反応の平衡化や洗浄操作を必要とするため，分析には数時間を要する場合が多い．近年，タンパク質間の相互作用を無標識で検出できる表面プラズモン共鳴（surface plasmon resonance，SPR）検出器，一定の周波数で振動する水晶振動子を利用したマイクロバランス（QCM），固相化を必要としない蛍光相関分光検出器などが抗原抗体反応の検出法として利用されるようになってきた．いずれにしても，抗原抗体反応を用いるため，どれだけ特異的な抗体が得られるかがその成否を決定する．上述したように，IgEが関わるI型アレルギー（解説参照）はアレルゲンの複数のIgEエピトープが同時に認識されることによって発症する．原材料がはっきりとした製品であればアレルゲンを含む食品を食卓から排除できる．一方，発酵を伴う魚醤油や長時間の加熱工程を経たスープ類などでは，原料由来のアレルゲン分子そのものは検出できないが，IgEエピトープを含んだ最小構成のペプチドが残存している可能性がある．そのため，現在では上述したような魚貝類アレルゲンのIgEエピトープ配列に対して特異的に反応するポリクローナル抗体やモノクローナル抗体の作製が進みつつある．

〔潮　秀樹〕

2-5　魚貝類アレルギーの予防法および治療法

魚貝類を原因とするI型アレルギーの予防法としては，(1)原因となるアレルゲンのIgEエピトープを遺伝子レベルで改変する，(2)加工品である場合は，加工時にアレルゲンあるいはIgEエピトープを除去，破壊する工程を入れる，などがあげられる．しかしながら，魚貝類は米や麦などの主食とは異なって摂取しなくても生命を維持できるため，(1)の遺伝子改変は世界的にみても倫理的に受け入れづらいのが現状である．一方，(2)については，スケトウダラすり身を製造する際の水さらし工程を十分に行うことによって魚類アレルゲンのパルブアルブミンをほぼ除去できることが明らかにされている．また，甲殻類のエキスではトリプシンなどのプロテアーゼ処理を行うことによって低アレルゲン化が可能であることが示されている．しかしながら，タンパク質の分解による風味の変化など残された課題も多い．食物アレルギーの発生メカニズムは非常に複雑であるが，免疫系システムそのものを用いた免疫寛容（immune tolerance）誘導[☞]や減感作療法

(hyposensitization therapy)☞などでアレルギーを緩和，治療する試みが行われている．

(石崎松一郎・潮　秀樹)

§3. 重金属，内分泌攪乱物質

自然界には様々な化学物質が存在しており，生物は生体機能成分やエネルギー源として積極的に取り込んで利用している．しかしその中にはヒ素や水銀などのように古来より地球上に存在する毒性物質も含まれている．

さらに急速な化学の発展とともに，人類は種々の人工化学物質を合成，使用してきた．その中には生態系を汚染して生物に有害な作用をもつ物質も含まれる．例えば，難分解性で脂溶性が高い物質であるPCBsは環境中に放出され，使用規制後も依然として生物から検出され続けている．

☞ 免疫寛容
抗原に対する特異的免疫反応の欠如あるいは抑制状態のことを示す．自己組織，食品成分や母体にとっての胎児などに対して免疫反応が起こらないのは，この免疫寛容による．このシステムの破綻により，自己免疫疾患，食物アレルギー，流産などが生じる．

☞ 減感作療法
患者に必要最小限のアレルゲンを投与してアレルギー反応を減弱化する治療方法．種々の免疫担当細胞の応答から，アレルギーの原因となるIgE量の減少やアレルゲンに対するIgG生成による中和反応などによる．

ここでは水産物の安全性を理解するために，水産物に含まれる水銀，ヒ素，ダイオキシン類，トリブチルスズについて，その特性，水産物中の濃度および安全性などについて述べる．

3-1　水　銀

水銀は，常温では液体状の重金属であり，自然界では硫化水銀などの無機水銀もしくはメチル水銀などの有機水銀として存在している．自然界の水銀の大半は無機態として存在するが，微生物により主にメチル水銀へと有機態化され，食物連鎖を通して水生生物に蓄積する．

食品に含まれるメチル水銀は消化管を介して吸収されヒトの体内に蓄積する．しかし，生体内にはメチル水銀をグルタチオンなどと結合させ無毒化して排泄する機構があり，例えばヒトでは約70日程度で摂取したメチル水銀の半分が排泄される．さらに，最近の研究で，メチル水銀の一部は魚類体内でセレンと結合してセレン化水銀となり，毒性が弱められている可能性が示されている．

水産物におけるメチル水銀の濃度は魚類で平均$0.255\,\mu g/g$（ppm）（検出限界以下～$4.2\,\mu g/g$の範囲），クジラ類で平均$0.504\,\mu g/g$（0.001～$9.6\,\mu g/g$の範囲），飼料用の魚粉では平均$0.28\,\mu g/g$である．その体内濃度は生息場所や食性などにより大きく変わり，メカジキなど高次捕食者やキンメダイなど長命の魚などは濃度が高い傾向にある．現在，マグロ類，深海性魚貝類などを除き，魚体内のメチル水銀が$0.3\,\mu g/g$以下となるよう規制されている（1973年厚生省）．

日本人の成人は1日に平均80g程度の魚貝類を摂取しており，メチル水銀全摂取量の約9割以上を魚貝類から取り込んでいる（$1.03\,\mu g/kg$体重・週，2007年度，厚生労働省）．メチル水銀の耐容摂取量（tolerable daily intake, TDI；毎日摂取し続けても影響がなく耐えることがで

きる量）は 3.4 μg/kg 体重・週（1973 年厚生省）であり，成人における摂取量は耐用摂取量の 1/2 以下と平均的な食生活を行えばリスクは低い．一方，胎児に対する神経毒性の知見が集積され，それを考慮した結果，妊婦および妊娠している可能性のあるヒトを対象としてメチル水銀濃度の高い水産物に対する注意が喚起され，その耐容摂取量は 2.0 μg/kg 体重・週とされた（2005 年厚生労働省）．例えばキンメダイ，メカジキ，クロマグロの摂取は 1 週間に 1 回以下（80 g/週）にするよう勧告されている．

第二次世界大戦前（アジア太平洋戦争前）より熊本県水俣市にあるチッソ化学工場の排水より大量のメチル水銀が流れ出し，湾内の魚貝類を汚染した．汚染された魚貝類を摂食した主に漁民にメチル水銀中毒が発生し，1951 年水俣病患者が初めて公式に報告された．これが世界的に公害病の原点とされる水俣病である．水俣湾に放出されたメチル水銀はその汚染泥とともに，浚渫され封じ込められた．現在，水俣湾における魚貝類中の水銀濃度は基準値以下に低下したため，行政は安全宣言を出し，1990 年水俣湾内の仕切り網を撤去するとともに漁業が再開された．しかし，患者に対する認定と補償はまだ終わっていない．一方的な工業化が引き起こした現代社会が忘れてはいけないケーススタディである．

3-2 ヒ 素

ヒ素は重金属に分類され，自然界には無機態および有機態が存在する．海水中ではほとんどが無機態として存在するが，植物プランクトン，海藻および微生物により濃縮され有機化される（図 9-4）．ヒトにより摂取された無機ヒ素は生体内でメチル化され，主としてジメチルアルシン酸に代謝されて尿中に排泄される．また，海藻に存在する主要なヒ素化合物であるアルセノ糖も，少なくとも一部はジメチルアルシン酸に代謝されて尿中に排泄される．一方，アルセノベタインはその大部分が代謝されずに尿中に排泄される．無機ヒ素は有害性が高いが有機ヒ素および配糖体（アルセノ糖）の毒性は高くない．

魚類に含まれる総ヒ素の濃度は魚種により大きく異なるが，0.09～5 μg/g の範囲にある（2008 年国際医学情報センター）．一般にその中に含まれる有害な無機態ヒ素の割合は低い．ヒジキ類では特異的に無機ヒ素が全ヒ素量の約 6 割と高いが，他の藻類ではアルセノ糖が主体であり，他の海産動物はアルセノベタインが主である．

日本人の総摂取ヒ素量は 178 μg/人・日（2002～2006 平均）であり，その 54％は魚貝類から，野菜および海藻から 35％，両者合わせると 90％近くになる．藻類を除けば総ヒ素に占める有害性の高い無機ヒ素の割合は極めて低い．

1 日当たりのヒジキ摂取量および水戻しした後のヒジキの最大無機ヒ素濃度より，日本人がヒジキから摂取する無機ヒ素の予想摂取量は 62.8 μg/人・日と推定され，WHO の基準（15 μg/kg 体重・週＝750 μg/50 kg 体重・週＝107 μg/人・日）以下となり，平均的な日本人の摂食量では問題はないと考えられる．水産食品中のヒ素の存在形態は多様であり，まだ未解明の点が多い．日本人のヒ素摂取の 8 割以上は魚貝類や海藻類から摂取しているが，この点の評価も不十分である．

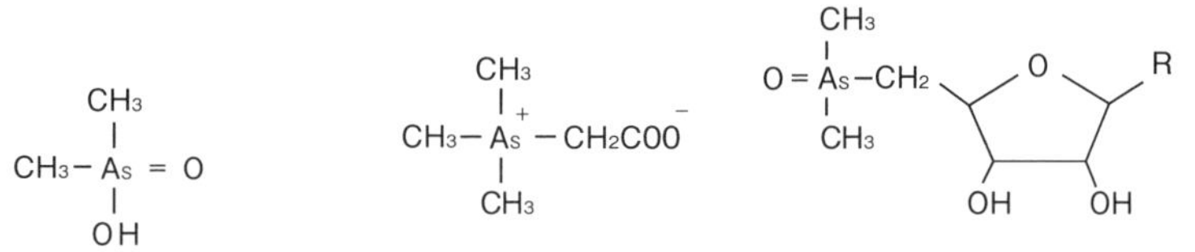

ジメチルアルシン酸　　　　アルセノベタイン　　　　アルセノ糖　　R：置換基

図9-4　有機ヒ素化合物

3-3　ダイオキシン類

　ダイオキシン類とは，ポリ塩化ジベンゾ-パラ-ジオキシン（polychlorinated dibenzo-*p*-dioxins, PCDD），ポリ塩化ジベンゾフラン（polychlorinated dibenzofurans, PCDF），およびPCBsの中で平面構造をとる位置に塩素が置換し強い毒性をもつコプラナーPCBを含む有機塩素化合物の総称である．現在のダイオキシン類による環境汚染のほとんどは人類が合成利用しその物質を焼却，廃棄，流出させた結果であり，食物連鎖を通して高次捕食生物に高濃度に濃縮され，さらにその汚染は地球全体へ広がった．しかし，ダイオキシン類は種類が多くそれぞれの毒性が異なるため，それらの総量を毒性等価量（toxic equivalent quantity, TEQ）で示すことが多い．TEQは，最も毒性が強いとされる2,3,7,8-テトラ塩化ジベンゾ-パラ-ジオキシン（tetrachlorinated-*p*-dioxin, TCDD）の毒性を1とし相対値である毒性等価係数（toxic equivalency factor, TEF, 0.00003～1）に各化合物の量を乗じた値を求めその総和として表したものである．

　魚貝類を調査した結果によると，平均1.1 pg-TEQ/g（検出限界以下～25 pg-TEQ/gの範囲）であり，魚種による差が極めて大きい．養殖魚用配合飼料からも平均で0.58 pg TEQ/gが検出された（農林水産省2009年）．また，水生生物に含まれるダイオキシン類の半分以上はコプラナーPCBsである．

　日本人のダイオキシン摂取量は，2007年度厚生労働省の調査の結果1.13 pg TEQ/kg体重・日で，このうち魚貝類からの摂取量が9割以上を占めている（図9-5）．日本では耐容一日摂取量（TDI）を4 pg TEQ/kg体重・日と設定してある（旧環境庁・厚生省）．食品添加物のFAO/WHO合同食品添加物専門家会議（JECFA）では，究極的な目標として摂取量を1 pg TEQ/kg体重・日未満とすることを提言している．

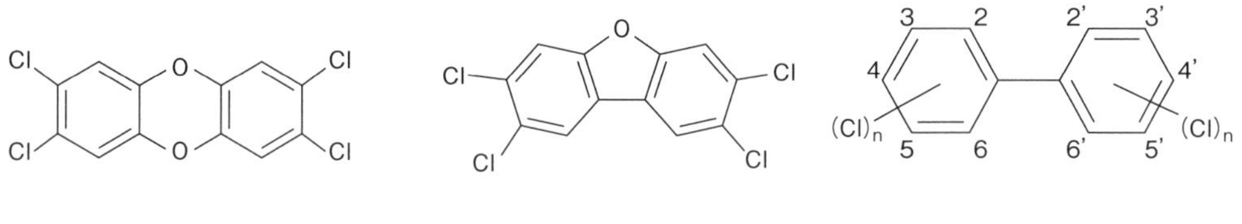

2,3,7,8-テトラ塩化ジベンゾ-1,4-ジオキシン　　　2,3,7,8-テトラ塩化ジベンゾフラン　　　　PCBs

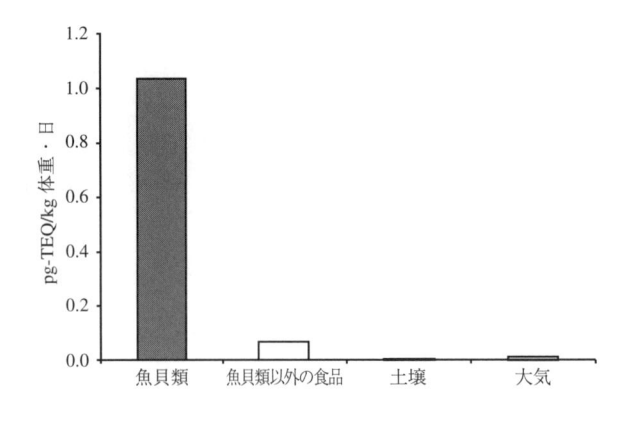

図9-5 日本人のダイオキシン摂取量
（2009年農林水産省報告書 http://www.maff.go.jp/j/syouan/seisaku/risk_analysis/priority/pdf/chem_dioxin.pdf より作成）

3-4　トリブチルスズ

トリブチルスズ（tributyltin, TBT）は四配位のスズ原子にブチル基が3つ結合した有機スズ化合物で，様々な陰性基と結合する，14物質が既存化学物質として登録されている．漁網防汚剤や船底塗料として大量に生産消費され水環境中に放出された．トリブチルスズは，巻貝に対してインポセックス☞を引き起こすなど強力な内分泌攪乱作用をもち，またその毒性も強い．2008年国際海事機関（IMO）において，「船舶についての有害な防汚方法の管理に関する国際条約」が発効し使用が世界的に禁止された．

トリブチルスズは1985年の調査では魚類から高濃度で検出されたが（0.05〜1.7 μg/g，環境省），2005年度の全国調査の結果，魚類から0.00010〜0.13 μg/g，貝類からは0.0015〜0.025 μg/gの範囲での検出まで低下した（環境省2005年）．トリブチルスズの生物に対する蓄積性の程度はその種類によってかなり違いがあるが，魚類においては血液，肝臓，腎臓で高い傾向がみられる．また，脳−血液関門を通過し，脳にも蓄積する．

トリブチルスズの1日許容摂取量の暫定値として1985年に厚生省（当時）は1.6 μgトリブチルスズオキシドTBTO/kg体重・日と定めている．仮に2005年の魚における最大トリブチルスズ濃度0.13 μg/gと1日当たりの魚貝類摂取量（80 g）を基に，体重50 kgの成人におけるトリブチルスズ摂取量を計算しても0.13×80/50＝0.203 μg/kg体重・日となり，現在得られる知見から考えるとヒトへのリスクは小さいと推定される．トリブチルスズの国内での使用は化学物質審査規制法により，厳しく規制されているが，違法な使用が後を絶たない．また嫌気状態では分解が遅いため港湾の底質に高濃度で蓄積しており，浚渫や浚渫土の投棄などによる二次汚染などに注意が必要である．

水産物は良質のタンパク質を多く含み，不飽和脂肪酸などヒトの健康に極めて有益であ

☞ **インポセックス**

有機スズなどに暴露された海産貝類のメスに，オスの生殖器官が形成される現象で，重度の場合産卵障害が起こる．日本沿岸に生息するイボニシでこの現象が広く確認されている．

る．しかし，沿岸域は陸上活動の下流にあるため化学物質で汚染されやすい．水産物の栄養的メリットを生かしながらも，安全性を正しく理解して積極的に水産物を摂取すべきである．また，安全が確保されたはずの化学物質の中の一部には，後に汚染や有害性が確認された例があり，今後とも注意を怠らないことが重要である． （大嶋雄治）

塩化トリブチルスズ（TBT）　　トリブチルスズオキシド（TBTO）

§4. 魚貝類の毒

　食糧不足が懸念される中，良質なタンパク質確保のため海洋生物の需要と関心が高まっている．しかし，魚貝類の中には有害有毒な二次代謝物を産出し蓄積，あるいは他生物から吸収して蓄積するものがあり，これら有害有毒物質が食中毒など人の健康を脅かす原因となる．ここでは，水産物利用上問題となる魚貝類の毒素について述べる．

4-1　魚類の毒

　1）**フグ毒**　フグ科魚類は主に肝臓や卵巣に高濃度のフグ毒を蓄積しており，ヒトが誤ってこれを食べ食中毒を起こす．わが国では古くからフグ科魚類を消費しており，1965年頃までは年間約100名がフグ毒中毒で死亡していた．現在，厚生労働省により食用可能なフグの種類と部位および漁獲海域が定められ，フグの調理，取扱いには専門的な知識と除毒技術をもった特別な資格が必要なため，営業者によるフグ毒中毒は大幅に減少した．しかしながら，家庭や無資格者による誤った調理法や不注意による事故は絶えず，毎年約30件のフグ毒中毒が発生し，約50名が中毒し，数名が死亡している．

　フグ毒中毒は食後30分〜数時間で発症し，唇や舌先のしびれから始まり，しびれは指先から手足に広がる．その後，しびれは麻痺にかわり，歩行困難，言語障害，呼吸困難が起こり，呼吸停止により死亡する．致死時間は4〜6時間と早いが，ヒトの体内ではフグ毒の代謝は早いので，発症しても8時間以上生命を維持できれば回復する．現在のところ，フグ毒中毒に対する効果的な治療法や解毒剤はないが，初期症状の段階から人工呼吸で呼吸を確保できれば回復する．後遺症はないが，中毒を経験してもフ

> **フグとフグ毒**
>
> フグの種類は多く，分類学上フグ目には2亜目10科が属し，日本産フグは100種以上が記録されている．フグ毒テトロドトキシンをもつのはフグ科に限られ，イトマキフグ科，ハコフグ科，ウチワフグ科，ハリセンボン科からテトロドトキシンの検出は報告されていない．一方，ホシフグのようにテトロドトキシンと麻痺性貝毒を同時にもつものがあり，フグの毒はテトロドトキシンだけとは限らない．

グ毒に対する抵抗性や耐性をもつことはない.

　フグ毒の本体はテトロドトキシン（tetrodotoxin）（図9-6）で，海洋動物から20種類以上の類縁化合物が単離されている．テトロドトキシンの毒力は強く，マウスに対する半数致死量(50％ lethal dose, LD_{50})☞は8.7 μg/kg（腹腔内投与）で，ヒトの致死量はテトロドトキシン1〜2mgと推定される．テトロドトキシンおよび類縁化合物は電位依存性ナトリウムチャネルに作用し，細胞外から細胞内へのナトリウムイオンの流入を阻害する．このため，中毒した場合，神経麻痺毒として作用し上述の中毒症状を呈する．この薬理作用を利用して，テトロドトキシンを鎮痛剤として用いたことがあるが毒性が強いため現在は使用されていない．最近，がんの疼痛治療への効果が期待されている．テトロドトキシンは薬理試薬や生化学試薬として用いられ，とくにイオンチャネルの研究では重用されている．

　自然界におけるテトロドトキシンの分布は広く，脊椎動物ではフグ科以外の魚類（ツムギハゼやナンヨウブダイ）や両生類のイモリ（カリフォルニアイモリ，アカハライモリ，シリケンイモリ）とカエル（ヤドクガエル *Ateropus* 属や *Polypedates* 属）から，無脊椎動物ではヒトデ（モミジガイ科），カニ（オウギガニ科），カブトガニ（マルオカブトガニ），タコ（ヒョウモンダコ），巻貝（ボウシュウボラ，バイ，ハナムシロガイ，アラレガイ，キンシバイ），ヒラムシ，ヒモムシなどから検出された．さらに，フグの腸内細菌や海洋細菌からもテトロドトキシンおよび類縁化合物が検出されたことから，フグ毒は細菌を出発とした食物連鎖を通してこれらフグ毒保有動物に生物濃縮されると考えられる．

　フグの利用は輸入を含め，厚生労働省が定めた食用可能な種類と部位に限られているが，例外的にフグの卵巣と皮の塩蔵品が伝統食品として販売が許可されている．ただし，これらは完成品の毒力がおおむね10マウスユニット（MU）/g☞以下であることを確認したものでなければならない．

> ☞ **半数致死量**
> 実験動物に薬毒物を投与したとき，その半数を死亡させると推定される薬毒物の量を表す．LD_{50}値が小さいほど毒力は強い．

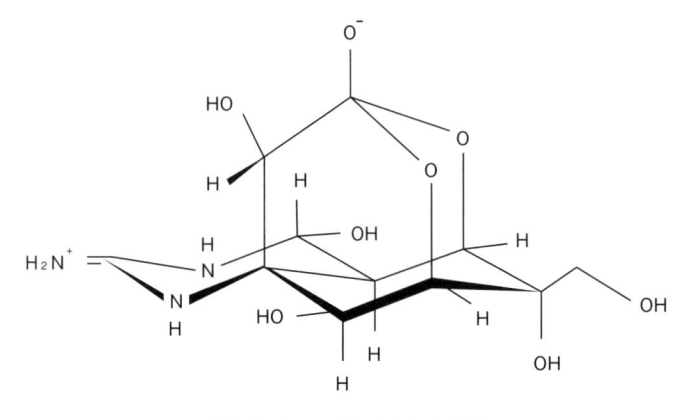

図9-6　テトロドトキシンの構造

2）シガテラ毒　シガテラ（ciguatera）とは熱帯から亜熱帯海域のサンゴ礁海域に生息する魚類を原因とする死亡率の低い食中毒の総称で，太平洋，インド洋，カリブ海など世界中で毎年2万人以上の患者が発生する動物性自然毒による最大規模の食中毒である．このため，熱帯地域で魚類を主なタンパク質源とする国や住民にとっては食品衛生上深刻な問題である．わが国では主に沖縄県をはじめとする南西諸島で発生するが，近年本州沿岸で漁獲された魚でもシガテラが起こっている．また，わが国は魚貝類を世界中から輸入しているため，シガテラ毒魚の混入も問題で，今後食中毒の拡大が懸念されるものの1つである．

> **マウスユニット**
>
> 魚貝類の毒の検査をマウス試験法で行ったときの毒力を表す単位である．MUは毒素によって定義が異なり，検液1 mlをマウスに腹腔内投与したとき，フグ毒の場合は体重20 gのマウス1匹を30分間で死亡させる毒量が1 MUと定義され，テトロドトキシン0.22 μgに相当する．シガテラの場合には，マウス1匹を24時間で死亡させる毒量が1 MUと定義され，シガトキシン7 ngに相当する．麻痺性貝毒の場合，体重20 gのマウス1匹を15分間で死亡させる毒量が1 MUと定義され，サキシトキシン0.2 μgに相当する．下痢性貝毒の場合，体重16～20 gのマウス1匹を24時間で死亡させる毒量が1 MUと定義され，ジノフィシストキシン1では3.2 μgに相当する．

シガテラは原因魚の種類が多く，数百種にも及ぶ．バラフエダイによる食中毒が多く，ドクウツボ，バラハタ，イッテンフエダイ，オニカマス（ドクカマス）のほか，わが国ではヒラマサ，カンパチ，イシガキダイでも中毒が発生した．

シガテラの中毒症状は食後30分～数時間で現れるが，食後1～2日たって発症する遅延性の場合もある．中毒症状は様々で，温度感覚異常（水に触れるとドライアイスに触れたように冷たく，電気的刺激を受けたように感じることからドライアイスセンセーションと呼ばれる），筋肉痛，関節痛などの神経系障害，下痢，嘔吐などの消化器系障害，血圧低下などの循環器系障害を呈する．死亡例はまれであるが回復は遅く，とくに神経系障害は長期間続くこともある．一度中毒を経験すると次のときには症状が重くなる傾向がある．

シガテラ毒素（図9-7）は脂溶性のシガトキシン（ciguatoxin）と水溶性のマイトトキシン（maitotoxin）があり，両者ともエーテル環が連続して縮合環を形成する複雑なポリエーテル化合物である．シガテラによる死亡率は前述のように低いが，毒素の毒力は極めて強く，シガトキシン1Bのマウスに対するLD_{50}値は0.35 μg/kg（腹腔内投与），マイトトキシンのLD_{50}値は0.05 μg/kg（腹腔内投与）で，マイトトキシンは現在知られている海洋生物毒の中で最強の毒力を示す．両毒素とも神経毒として作用し，シガトキシンはナトリウムチャネルを活性化し細胞外から細胞内へのナトリウムイオンの過剰流入を引き起こす．マイトトキシンはカルシウムチャネルに作用し細胞内のカルシウムイオン濃度を上昇させる．

シガテラ毒素は石灰藻などに付着する渦鞭毛藻 *Gambierdiscus toxicus* によって産生されるので，海藻を餌とする魚や貝類が毒化し，食物連鎖を介して生物濃縮される．このため，魚類の毒性は筋肉より内臓が，藻食魚より肉食魚が，小型魚より大型魚の方が高い傾向を示すものの，個体差と地域差が大きい．シガテラ防止のため，わが国ではオニカマスの食用が禁止され，その他のシガテラ毒魚は各地の市場で見つけられ次第廃棄処分される．マウス毒性試験で0.025 MU/g

を超えた場合，食用不適と判断される．ヒトの中毒量は 10 MU と推定される．

3) パリトキシン　パリトキシン（palytoxin；図9-8）はイワスナギンチャク *Palythoa* 属から最初に単離された毒素で，その後アオブダイによる食中毒原因毒素として同定された．中毒症状は横紋筋の融解に由来する激しい筋肉痛とミオグロビン尿症と呼ばれる黒褐色の排尿を伴うことが特徴である．このほか，手足のしびれや呼吸困難などもみられ死亡率が高い．パリトキシンのマウスに対する LD_{50} 値は 0.45 μg/kg（腹腔内投与）と毒力は強く，ナトリウムイオンの透過性を高めるほか，遅延性溶血活性や発がんプロモーターの作用をもつ．

パリトキシンの起源は海藻付着性の渦鞭毛藻 *Ostreopsis* 属で，シガテラと同じように食物連鎖によってさまざまな魚貝類を毒化させる．これまでにアオブダイのほか，ソウシハギ，クロモ

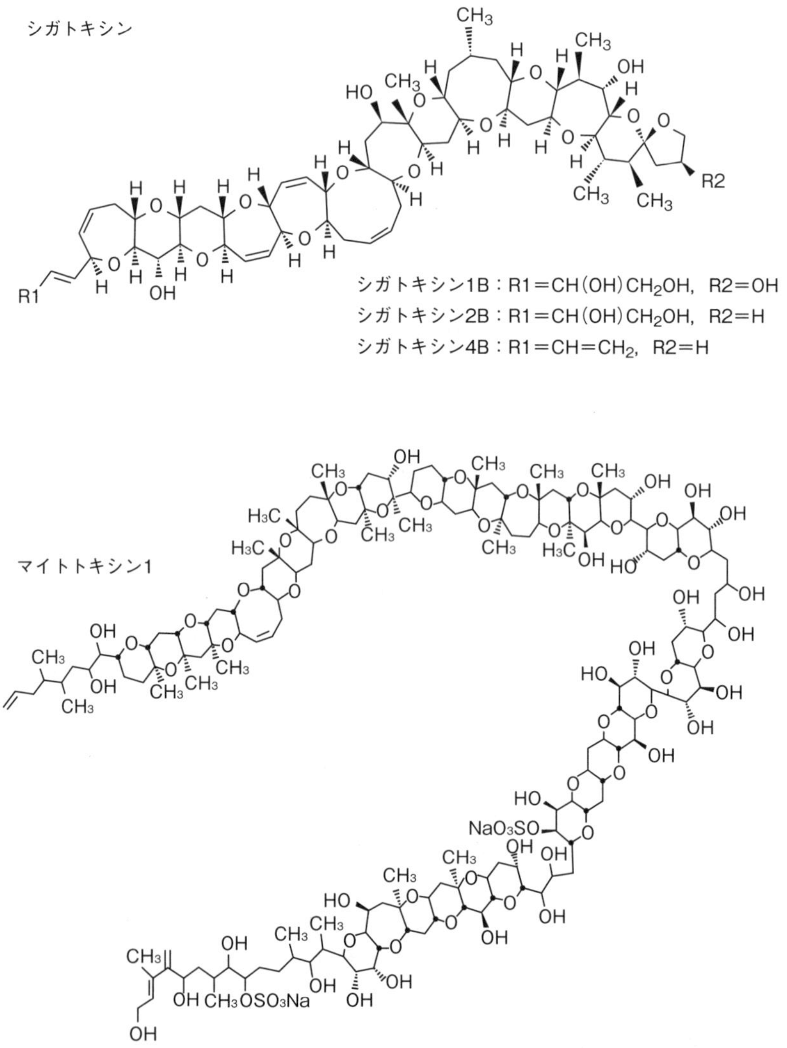

シガトキシン

シガトキシン1B：R1＝CH(OH)CH₂OH，R2＝OH
シガトキシン2B：R1＝CH(OH)CH₂OH，R2＝H
シガトキシン4B：R1＝CH＝CH₂，R2＝H

マイトトキシン1

図 9-7　シガテラ毒素の構造

ンガラ，カニ（オウギガニ科），さらにはイソギンチャク類や紅藻ハナヤナギからもパリトキシンが検出され，その分布は広い．しかし，有毒渦鞭毛藻の発生は局地的で，藻体により毒産生能力が大きく異なるため，パリトキシン毒化動物の出現と毒力には著しい差がある．

熱帯海域でニシン類やイワシ類を原因とする死亡率の高い食中毒クルペオトキシズム（clupeotoxism）はパリトキシンおよび関連毒素が原因であることが明らかにされた．わが国では，中毒原因物質は解明されていないが，パリトキシン中毒に似た症状を示すアオブダイ中毒がときどき発生している．このため，1997年にアオブダイの販売などは自粛措置がとられた．また，ハコフグとウミスズメによるパリトキシン様食中毒が起こり，死者も出ている．パリトキシンによる食中毒事例は少ないが死亡率が高く，日本沿岸で原因有毒藻の分布が確認されるなど危険性が増していることから，パリトキシンは魚類の毒素として注意が必要である．

4-2 貝類の毒

貝類を食べて細菌性やウイルス性とは異なる中毒症状を起こすことがあり，食中毒症状によって麻痺性，下痢性，神経性，記憶喪失性貝中毒などと呼ばれる．しかし，貝毒の多くは貝類自身が産生するのではなく，有毒藻類（有毒プランクトン）に由来する．このため，貝類の生息海域に有毒プランクトンが発生すると，プランクトン食性の二枚貝類がプランクトンとともに毒素を取り込み体内に蓄積する．二枚貝類以外の藻食性動物も毒化する危険性があり，食物連鎖によって貝毒は巻貝，魚類，鳥類，海獣などにも移行，蓄積されて毒化が拡大し，食品の安全性を脅かす．

1） **麻痺性貝毒**　二枚貝類を摂取してフグ毒中毒に似た中毒症状を起こすことが北米やヨーロッパでは古くから知られていた．この食中毒は四肢などの麻痺を主症状とすることから麻痺性

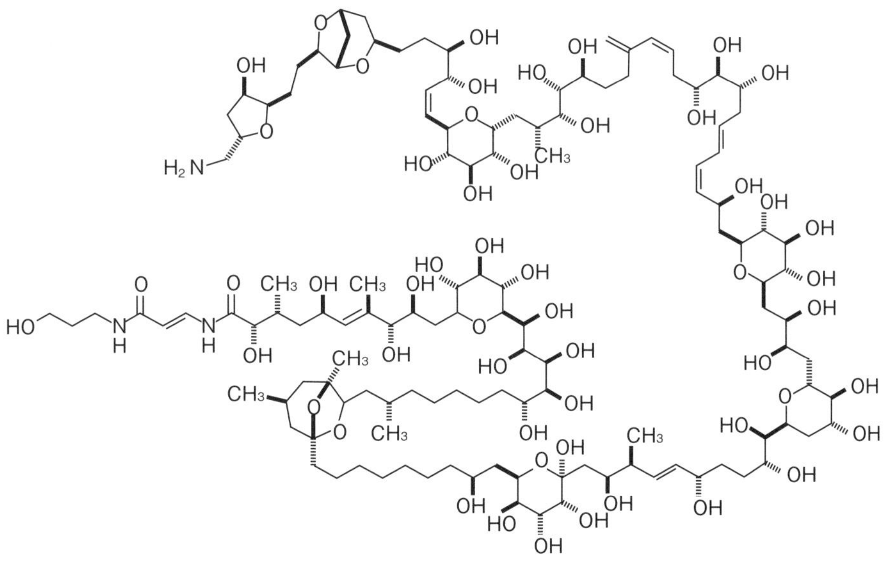

図9-8　パリトキシンの構造

貝中毒（paralytic shellfish poisoning，PSP）と呼ばれ，その毒素を麻痺性貝毒（paralytic shellfish poisoning toxin）と称するようになった．わが国では1948年以降アサリ，マガキ，アカザラガイによる麻痺性貝中毒と疑われる食中毒が発生したが，原因物質が特定されなかったため，1979年に山口県でマガキの摂食によって16名が中毒した事例が最初とされる．

中毒症状は食後30分程度で口唇のしびれが始まり，四肢に広がる．重症になると麻痺が起こり，運動失調や言語障害がみられる．その後，呼吸停止により死亡する．効果的な治療薬はないが，人工呼吸による呼吸の確保で延命，回復し後遺症はない．

麻痺性貝毒は有毒渦鞭毛藻によって産生される．温帯および亜寒帯海域では *Alexandrium* 属の数種と *Gymnodinium catenatum*，熱帯海域では *Pyrodinium bahamense* var. *compressum* の発生が多い．さらに，淡水産藍藻の *Aphanizomenon flos-aquae*，*Anabena circinalis*，*Cylindrospermopsis raciborskii*，*Lyngbya wollei* も麻痺性貝毒を生産する．このうち，わが国で発生し貝類の毒化に関与しているのは，*A. catenella*，*A. tamarense*，*A. tamiyavanichii* および *G. catenatum* の4種である．

麻痺性貝毒は，最初にサキシトキシン（saxitoxin；図9-9）がアラスカバタークラム *Saxidomas giganteus* から単離された．その後，いろいろな生物から多数のサキシトキシン同族体が単離され，現在，30以上の構造が決定されている．麻痺性貝毒はテトロドトキシンと同様の薬理作用を示し，電位依存性ナトリウムチャネルに結合して，細胞外から細胞内へのナトリウムイオンの流入を阻害する．サキシトキシンのマウスに対する毒力はLD_{50}値10 μg/kg（腹腔内投与）とテトロドトキシンに匹敵し，ヒトの致死量はサキシトキシン1～2 mgと推定される．麻痺性貝毒の毒力は成分によって大きく異なり，分子内のカルバモイル基に硫酸基が付加した *N*-

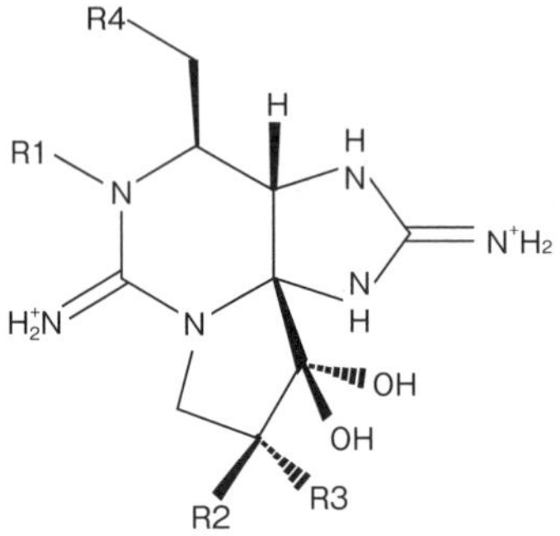

カルバモイル誘導体					*N*-スルホカルバモイル誘導体				
	R1	R2	R3	R4		R1	R2	R3	R4
サキシトキシン	H	H	H	$OCONH_2$	ゴニオトキシン5	H	H	H	$OCONHSO_3^-$
ネオサキシトキシン	OH	H	H	$OCONH_2$	ゴニオトキシン6	OH	H	H	$OCONHSO_3^-$
ゴニオトキシン1	OH	H	OSO_3^-	$OCONH_2$	C1	H	H	OSO_3^-	$OCONHSO_3^-$
ゴニオトキシン2	H	H	OSO_3^-	$OCONH_2$	C2	H	OSO_3^-	H	$OCONHSO_3^-$
ゴニオトキシン3	H	OSO_3^-	H	$OCONH_2$	C3	OH	H	OSO_3^-	$OCONHSO_3^-$
ゴニオトキシン4	OH	OSO_3^-	H	$OCONH_2$	C4	OH	OSO_3^-	H	$OCONHSO_3^-$

図9-9　麻痺性貝毒の構造

スルホカルバモイル誘導体（ゴニオトキシン 5，ゴニオトキシン 6，C1〜C4 毒素）の毒力はほかの誘導体に比べて著しく低い．しかし，これらは温和な酸加水分解により N-スルホカルバモイル基の硫酸基が脱離して毒力の強いカルバモイル誘導体に変換するので，N-スルホカルバモイル誘導体を含む生物試料は取り扱いによって毒性が増加する可能性がある．

　麻痺性貝毒により毒化する貝類はムラサキイガイ，ヒオウギガイ，イタヤガイ，ホタテガイ，マガキ，アサリなど食用上重要な二枚貝類が多く，また，すべての二枚貝類が毒化する危険性をもつ（図 9-10）．二枚貝類以外にもプランクトンを餌とするマボヤが毒化し中毒を起こした．プランクトン食性ではないが，甲殻類ではオウギガニ科のウモレオウギガニ，ツブヒラアシオウギガニ，スベスベマンジュウガニ，クリガニ科のトゲクリガニから麻痺性貝毒が検出され，剣尾類カブトガニ目のマルオカブトガニの卵からも検出された．また，東南アジア産の淡水フグ科魚類やアメリカ産ヨリトフグ属にはテトロドトキシンではなく麻痺性貝毒を毒の主成分とするものがあり，死者を含む食中毒が発生している．プランクトン食性でない動物の毒化は食物連鎖によると推測されるが，毒化の機構は不明な点が多く，有毒プランクトンの発生ならびに二枚貝類の毒化が起こっている海域では他の海洋動物についても警戒が必要である．

　麻痺性貝中毒防止のため，わが国では可食部 1g 当たり 4 MU を超えた場合，二枚貝類の出荷が自主規制される．ホタテガイの場合，中腸腺 1g 当たり 50 MU 以下のものは缶詰などの加工に供することができるが，最終製品の毒力は 4 MU/g 未満でなければならない．各都道府県の水産試験場などが定期的に有毒プランクトンの発生と貝類の毒性をモニターして，麻痺性貝毒による毒化予測と食中毒防止に努めているので，わが国沿岸で毎年，有毒プランクトンの出現と貝類の

図 9-10　麻痺性貝毒と下痢性貝毒の発生状況
（平成 14 年度水産の動向に関する年次報告書，水産庁）

毒化は起こるものの，市販の二枚貝類による食中毒は発生していない．

　2）**下痢性貝毒**　1976年に東北地方でムラサキイガイの摂食により下痢を主な症状とする食中毒が発生した．これは後に下痢性貝中毒（diarrhetic shellfish poisoning, DSP）と名付けられ，中毒原因毒素を下痢性貝毒（diarrhetic shellfish poisoning toxin）という．食後30分〜数時間で発症し，消化器系障害を引き起こす．とくに下痢はほぼ全員にみられ，吐き気，嘔吐，腹痛を伴う．毒の代謝は速やかで3日以内に回復する．死亡例はない．下痢性貝中毒は日本で最初に発生したが，貝の毒化と中毒はヨーロッパ，北米，南米の温帯海域でも発生し，毒化の規模が大きく食中毒患者の多い点が特徴である．

　下痢性貝毒は有毒渦鞭毛藻 Dinophysis 属の数種によって産生され，わが国では D. fortii, D. acuminata が主な毒化原因種である．毒化した貝類から複数のタイプの化合物が単離された．化学構造の特徴に基づきオカダ酸（okadaic acid）とジノフィシストキシン（dinophysistoxin）類からなるオカダ酸群（図9-11），ペクテノトキシン（pectenotoxin）群，イェッソトキシン（yessotoxin）群に大別される．このうち下痢性貝中毒の原因となるのはオカダ酸群の毒素で，致死作用を示す．ジノフィシストキシン1のマウスに対する最小致死量は160 μg/kg（腹腔内投与）である．ヒトの最小発症量は12 MUと推定され，オカダ酸48 μg，ジノフィシストキシン1 38 μgに相当する．オカダ酸はタンパク質脱リン酸化酵素を強く阻害し，細胞内タンパク質のリン酸化を亢進し，発がんプロモーター作用を示す．

　下痢性貝毒として可食部1 kg当たりオカダ酸群0.16 mgを超えるものについては出荷が自主規制されている．わが国では，下痢性貝毒についても有毒プランクトンと貝類のモニタリング体制が整備されているため，市場に流通する二枚貝類で下痢性貝毒中毒は起こっていない．

　3）**神経性貝毒**　アメリカ合衆国フロリダ沿岸やニュージーランドで，渦鞭毛藻 Karenia brevis によって毒化した二枚貝類を摂食して食中毒が起きた．中毒症状は食後1〜3時間で現れ，口内のしびれとひりひり感，運動失調，温度感覚異常などの神経障害を与え，胃腸障害を伴った．これを神経性貝中毒（neurotoxic shellfish poisoning, NSP）という．

　中毒原因毒素は有毒プランクトンの種名にちなんでブレベトキシン（brevetoxin）と命名されたポリエーテル化合物である（図9-12）．ポリエーテル環10個からなるものをブレベトキシンAタイプ，11個からなるものをブレベトキシンBタイプに分類する．ブレベトキシンは脂溶性の神経毒で，ナトリウムチャネルに結合して細胞外から細胞内へのナトリウムイオンの流入を増大させる．ブレベトキシンBのマウスに対するLD_{50}値は170 μg/kg（腹腔内投与）である．ブレベトキシンは強い魚毒性をもち，K. brevis の赤潮は魚類の大量斃死を引き起こし，水産業に甚大な被害を与えるとともに，大量に発生した有毒渦鞭毛藻が風や波によって破壊され，遊離した毒素が飛散して沿岸の人々に目やのどに刺激を与え，一時的に呼吸障害を起こすこともある．

　4）**記憶喪失性貝毒**　1987年にカナダのプリンスエドワードアイランド州でムラサキイガイの摂食により死者3名を含む患者100名以上の食中毒が発生した．このときの中毒症状は嘔吐，腹痛，下痢のほか，重症患者では記憶喪失，混乱，平衡感覚の喪失，けいれんがみられた．回復した患者に記憶喪失の後遺症が残ったことから，これを記憶喪失性貝中毒（amnesic shellfish

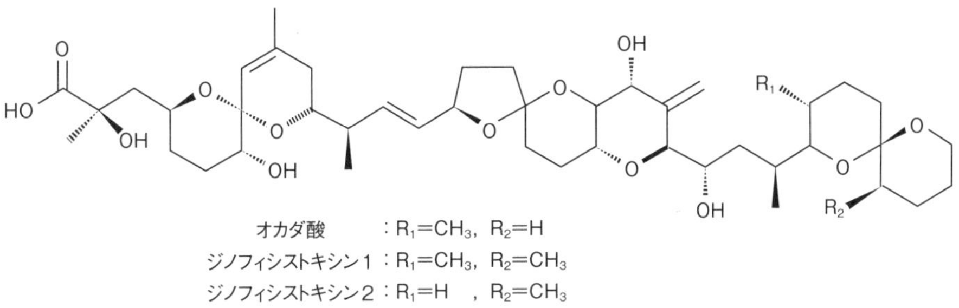

オカダ酸 ：$R_1=CH_3$, $R_2=H$
ジノフィシストキシン1：$R_1=CH_3$, $R_2=CH_3$
ジノフィシストキシン2：$R_1=H$, $R_2=CH_3$

図9-11 オカダ酸とジノフィシストキシンの構造

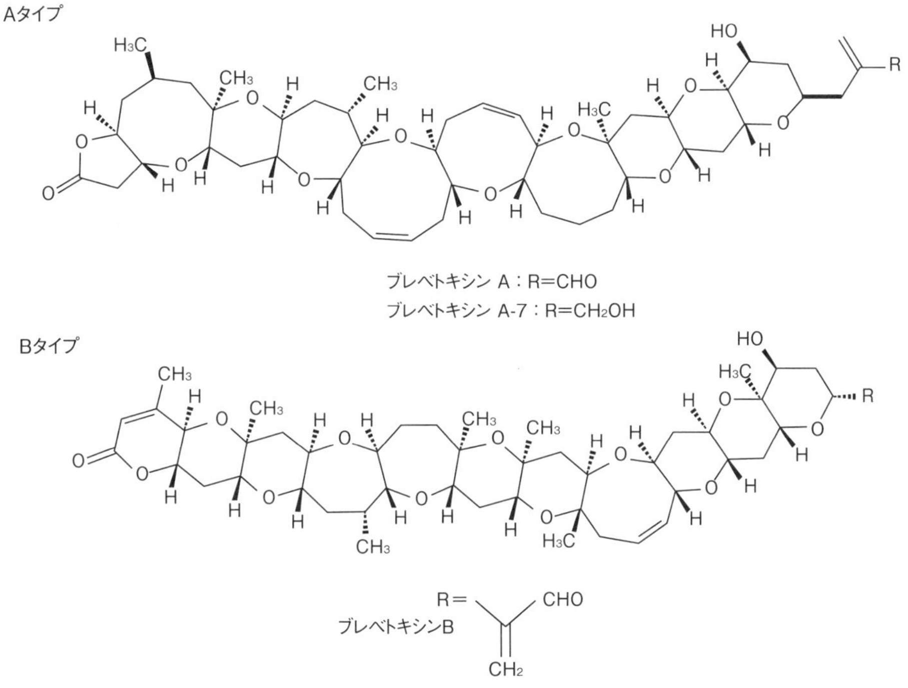

Aタイプ

ブレベトキシン A：R=CHO
ブレベトキシン A-7：R=CH_2OH

Bタイプ

ブレベトキシンB   R=

図9-12 ブレベトキシンの構造

poisoning, ASP) と呼ぶ.

中毒原因毒素はアミノ酸誘導体のドウモイ酸（domoic acid；図9-13）である．これは紅藻ハナヤナギから駆虫成分として単離されていた．ドウモイ酸のマウスに対する最小致死量は4 mg/kg（腹腔内投与）である．ヒトの中毒量は60～110 mg程度と推定される．

ドウモイ酸は *Pseudo-nitzchia multiseries* などの珪藻によって産生され，これにより二枚貝類が毒化し，食物連鎖によって毒化が広がる．わが国ではドウモイ酸に対する規制値は設定されていないが，アメリカ合衆国やカナダではドウモイ酸の出荷規制値は20 μg/g 可食部に設定されている．

5) アザスピロ酸　　1995年にオランダでムラサキイガイを摂食して吐き気，嘔吐，腹痛，激しい下痢を起こす食中毒が発生した．中毒症状は下痢性貝中毒に似ていたが，原因毒素としてアザスピロ酸（azaspiracid）が同定された（図9-14）．アザスピロ酸をマウスに経口投与すると小

腸に液体がたまり下痢を引き起こす．致死作用もあり，マウスに対する最小致死量は 200 μg/kg（腹腔内投与）である．アザスピロ酸は下痢性貝毒のオカダ酸群とは異なり，タンパク質脱リン酸化酵素阻害活性を示さない．

アザスピロ酸は有毒藻類 *Azadinium poporum* によって産生され，二枚貝類を中心に毒化が起こる．食中毒防止のため，CODEX 委員会においてアザスピロ酸に対する基準値が定められ，食品となる貝類 1kg 中のアザスピロ酸および類縁体の量を 0.16 mg 以下とした．

6）巻貝の毒　わが国で巻貝による食中毒として問題になるのは，エゾバイ科巻貝の唾液腺毒テトラミン（tetramine）である．テトラミンはテトラメチルアンモニウムイオン $(CH_3)_4N^+$ の俗称で，エゾボラモドキ，チヂミエゾボラ，ヒメエゾボラ，クリイロエゾボラ，エゾボラなどが原因生物となる．これら唾液腺中のテトラミン含量は数 mg/g にも達する．ヒトの中毒量は 50 mg 程度と推定される．中毒症状は食後 30 分〜1 時間で現れ，頭痛，めまい，船酔感，酩酊感，視覚異常を起こす．テトラミンの排出は早く数時間で回復し，後遺症や死亡例はない．テトラミンは加熱に対して安定で，煮熟調理中に筋肉などに移行して食用部位を汚染するので，食用に供する前に唾液腺を除去する必要がある．

エゾバイ科のバイを食して過去に特異な食中毒が発生した．中毒症状は視力減退と瞳孔散大が特徴である．有毒成分は中腸腺に局在し，ネオスルガトキシン（図 9-15）とプロスルガトキシンが同定された．

(長島裕二)

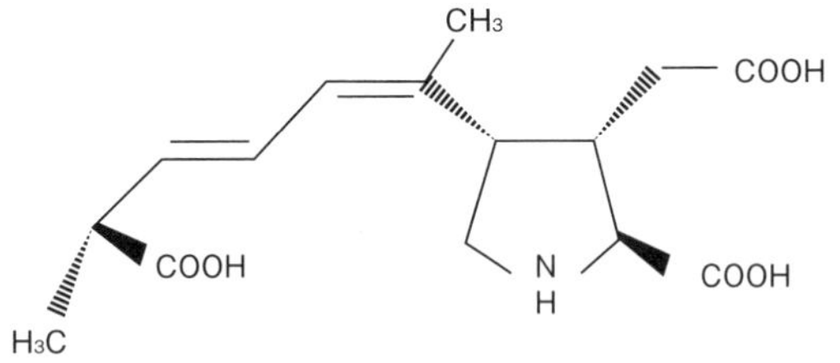

図 9-13　ドウモイ酸の構造

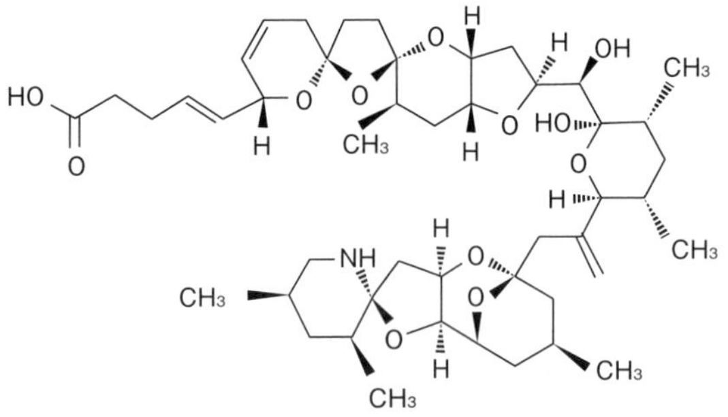

図 9-14　アザスピロ酸の構造

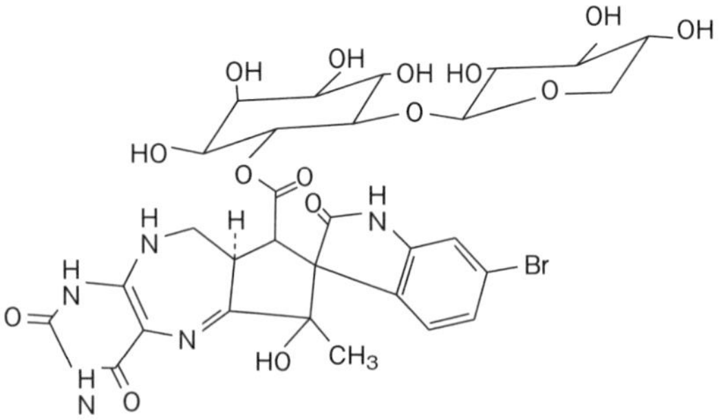

図 9-15　ネオスルガトキシンの構造

§5. 水産食品の安全・安心確保

5-1 食品表示

JAS 法改正（1999〜2006 年）によって，生鮮食品には名称と原産地を表示することが義務づけられ，さらに，加工食品についても容器に入れ，または包装されたものについては，原料名・原産地表示（漁獲水域，水揚げ地域または都道府県名，輸入品

の場合は原産国）が義務付けられている．しかし，水産食品は多種多様の原料魚から製造されるため，国産品，輸入品を問わず原材料名や産地が適切に表示されていない場合がある．食品偽装に相当する場合も散見される．外部形態による種判別が困難な切り身やむき身，高度に加工されて流通する食品については，表示の妥当性についての検証が困難である．これらの諸問題を解決するための手法を以下に紹介する．

5-2 原料種判別

1）タンパク質を指標とした種判別　筋形質（水溶性）タンパク質やミオシン軽鎖が電気泳動分析において種特異性を示すことを利用して，原料魚種判別が試みられてきた．筋形質タンパク質のデンプンゲル電気泳動は集団遺伝学における系群解析などにも広く用いられてきたが，タンパク質染色と乳酸脱水素酵素など解糖系酵素の活性染色を組み合わせることで種判別にも適用できる．等電点電気泳動や二次元電気泳動はとくに分離能に優れる．生肉に関しては種判別は，おおむね可能である．しかし，加工食品においてはタンパク質の変性がかなり進んでいる場合もあって標的タンパク質の抽出が難しいことが多い．尿素や界面活性剤 SDS（sodium dodecyl sulfate，ドデシル硫酸ナトリウム）の存在下でタンパクを可溶化し（第 4 章 §1-4 参照），判別できた例も報告されている．そのほか，標的タンパク質に特異的な抗体（抗血清）を用いた方法，最近ではプロテオミスク的なアプローチ，すなわちタンパク質およびその酵素消化物のマススペクトルに基づく種判別が試みられている．

2）遺伝子の塩基配列にもとづく種判別　食品に供される水産生物種の判別に関しては，遺伝子を用いた技術が近年，急速に普及しつつある．DNA 分析法は生体，凍結標本やエタノール標本のほかに，乾燥，塩蔵，加熱，缶詰など種々の加工食品に適用できるので，従来のタンパク質やアイソザイムの電気泳動分析法に加えて，種判別の常法となりつつある．さらに，魚類の塩基配列データが蓄積し，その種間変異に基づく簡便で迅速な種判別が可能となってきた．とくにミトコンドリア DNA（mtDNA）を用いた魚貝類の種判別では，16S リボソーム（r）RNA，D-loop など（図 9-16）の塩基配列における種特異性を利用し，1990 年代前後から普及した PCR（polymerase chain reaction）装置の導入とあいまって，様々な手法の開発が行われてきた．例えば，ニホンウナギ *Anguilla japonica* とヨーロッパウナギ *A. anguilla* について，mtDNA 塩基配列において種間変異が多く，しかも種内変異が少ない 16S rRNA の中央部を指標領域とし，各魚種に特異的なプライマーを用いた PCR を行うと，増幅産物の電気泳動パターンにもとづいて両者の判別が可能である．さらに，この指標領域を特定の制限酵素で断片化し，電気泳動パターンの種特異性に基づいて種判別を行う制限酵素断片長多型分析（restriction fragment length polymorphism，RFLP；図 9-17）も両種の判別に有効であった．一方，蛍光発色により DNA の増幅結果を視覚的に確認できるプローブを用いることにより，ウナギ類の簡便で迅速な判別法が提唱されている．同様の手法は，他の魚類（マグロ類，サバ類など），有用貝類（カキ類，アワビ類，シジミ類など）やワカメ類の種判別に応用されている．さらに，RFLP パターンが酷似する種間でも，塩基配列の一部を比較することで判別が可能となる．他方，特定領域の PCR 増幅

産物を熱変性させて1本鎖とした後，1塩基多型を電気泳動により検出する1本鎖DNA高次構造多型分析（single-strand conformation polymorphism, SSCP）のパターンも種判別に有用と考えられる．

種判別の精度を上げるには，できるだけ多くの種類について塩基配列のデータベースの構築が必要である．しかし，わが国で流通，消費される魚貝類は1,000種類を超えるとされ，魚類ではデータベースの充実が比較的進んでいるものの，水産上重要な甲殻類，軟体類などでは立ち遅れている．また，タンパク質による種判別と同様に，高度に加工された食品ではDNAが分解されているために，判別が難しいケースがある．

5-3 原産地判別

上記の方法は種判別には有用であるが，異なる場所，地域で育てられた同一種間の判別には適用できない．そこで，生体中の微量元素組成が餌料や環境水から取り込まれた元素組成を反映することを利用して，多元素分析による原産地判別が試みられている．例えば，国産，台湾および中国で養殖されたウナギについては，筋肉および中骨に含まれる銅，亜鉛，マンガンなどの微量元素を対象として，シンクロトロン放射蛍光X線分析法，誘導結合プラズマ発光分析法，誘導

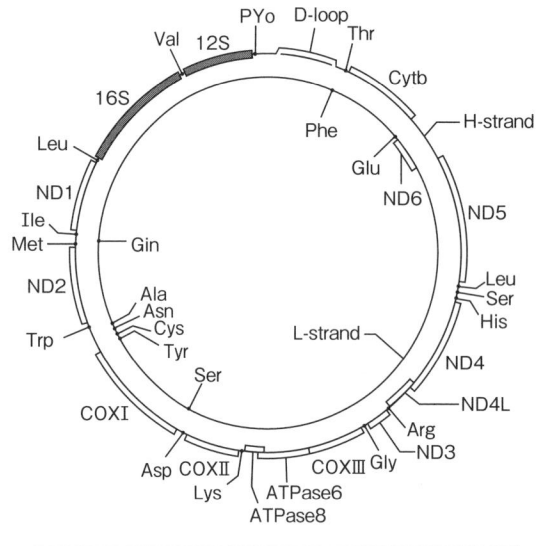

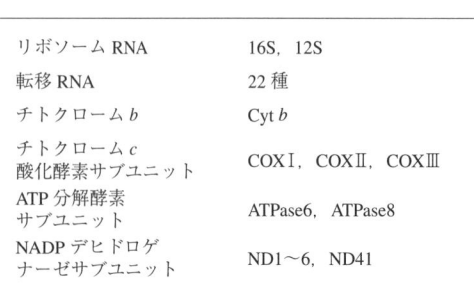

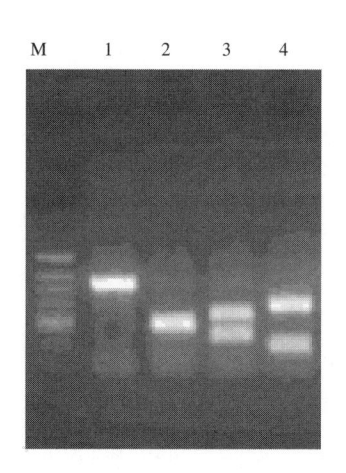

図9-17　RFLPの例
M：分子量マーカー，1～4は異なる魚種の16SrRNA一部領域のPCR増幅産物の制限酵素HaeIIIによる断片．（1：マアジ，2：イサキ，3：キチジ，4：キンメダイ）

リボソームRNA	16S, 12S
転移RNA	22種
チトクロームb	Cyt b
チトクロームc酸化酵素サブユニット	COXI, COXII, COXIII
ATP分解酵素サブユニット	ATPase6, ATPase8
NADPデヒドロゲナーゼサブユニット	ND1～6, ND41

図9-16　ミトコンドリア・ゲノムの遺伝子地図

結合プラズマ質量分析法（ICP-MS）により相互の判別がなされている．しかし，加工品の場合，調味料や添加物の影響を受けるため，判別は困難となる．一方，貝類では付着生物による漁獲地域の推定が試みられている．

〈中谷操子・落合芳博〉

§6. 遺伝子組換え

1994年に遺伝子組換え技術によって品種改良したトマトが発売されたのを皮切りに，大豆やトウモロコシなど各種の遺伝子組換え作物が米国を中心として生産されるようになっている．魚類では，(1) 遺伝子の機能や発現を解析する基礎的な生物学的研究，(2) 観賞魚の改変，(3) 高成長や耐病性などの性質をもつ養殖魚の改変，(4) DNAワクチン，などに遺伝子組換え技術が用いられている．

6-1 基礎生物学的研究

メダカやゼブラフィッシュは，世代時間が短く（メダカ10週，ゼブラフィッシュ12週），年間を通して繁殖できる，多産，卵や胚が透明で観察に適している，遺伝子導入が容易である，小さなスペースで飼育できる，近交系が充実している（とくにメダカで），などの特徴がある．さらにメダカはわが国でゲノム解析が行なわれドラフトシーケンス☞が解読されており，ゼブラフィッシュでもゲノムの解読はかなり進行している．以上の点からこれらの魚種は実験動物としての有用性が高く，脊椎動物のモデル生物として様々な遺伝子機能の解析や遺伝学的実験に用いられている．

その代表的な例として緑色蛍光タンパク質（green fluorescent protein, GFP）遺伝子などのレポーター遺伝子を用いた機能解析実験があげられる．これらの蛍光レポーター遺伝子を解析対象の遺伝子と融合して導入することにより，発現時期，発現部位や目的タンパク質の細胞内局在などを同定できる．またプロモーターやエンハンサーの予測領域やそれらの欠失変異配列などと直接結合することにより発現調節部位を明らかにする研究などが数多く行われている．とくに産業的に有用な魚種の多くは成熟までに数年を要し，発生，成長，成熟に関する遺伝子の機能の解析は容易でないため，まずはゼブラフィッシュやメダカを用いてこれらの遺伝子を導入して機能を明らかにする試みも行なわれている．さらにニジマス稚魚の始原生殖細胞をヤマメに移植することで，ヤマメにニジマスの精子や卵子を作成する異魚種で次世代を作出する「借り腹」の技術において，その始原生殖細胞の可視化にも緑色蛍光タンパク質が用いられている．

☞ **ドラフトシーケンス**

概要塩基配列と訳される．生物，とくに高等生物のゲノムを解読するのに階層的ショットガン法や全ゲノムショットガン法が用いられるが，どちらの場合もアセンブルされるシーケンスデータの完成度が高まるに連れて，投入する生データ・労力・コストなどに対して新たに解読できる塩基配列数は低減していく．そのためゲノムがおおむね解読できた段階で（何％か明確な基準はない）構築されるゲノムシーケンスをドラフトシーケンスとして各種解析に活用している．ヒトの場合はゲノムの約90％が解読された段階で，ヒトドラフトシーケンスとして公表された．

魚類ゲノム中から脊椎動物で転移能をもつ*Tol2*（メダカ由来），*Sleeping Beauty*（サケ科魚類由来）などのトランスポゾンが見いだされている．*Tol2*はメダカで現在も活動しているトランスポゾンであるが，*Sleeping Beauty*はサケ科魚類ゲノム中で変異し不活化していたものを遺伝子工学的に復活させて構築されたものである．これらのトランスポゾンは，レポーター遺伝子などを内部に組み込んだ後，解析対象生物のゲノム中にランダムに挿入して，表現型の変化やレポーター遺伝子発現部位の観察を行う遺伝子トラップやエンハンサートラップなどの遺伝学的研究に活用されている．

6-2 観賞魚

アメリカ合衆国や台湾では緑色蛍光タンパク質遺伝子を導入して体色を蛍光色に変化させたメダカやゼブラフィッシュ，エンゼルフィッシュなどの観賞魚類を販売しており，2006年にはそれらが台湾から輸入されて問題となった．わが国では「生物の多様性に関する条約のバイオセーフティに関するカルタヘナ議定書」に調印し，「遺伝子組換え生物等の使用等の規制による生物の多様性の確保に関する法律（カルタヘナ法）」が施行されていることから，この法律に基づき遺伝子組換え生物の取り扱いは規制されている．この法律に従えば，前述の蛍光メダカなどは審査に合格しなければ輸入できない．

6-3 養殖魚の改変

魚類への外来遺伝子を導入したトランスジェニック魚の研究は1980年代後半から始められ，とくに成長ホルモン（growth hormone, GH）遺伝子の導入による高成長化が試みられてきた．その結果，サケ，マス，ドジョウ，コイ，フナ，ナマズ，カワカマス，メダカ，ゼブラフィッシュ，ティラピアなどで遺伝子組換え魚類が作出された．マウスやブタに成長ホルモン遺伝子を導入しても成長促進効果は2倍程度であるのに対して，大西洋サケでは野生型に比べて最大十数倍の促進効果があるなど，哺乳類に比べて著しい効果が報告されている．また最近ではミオスタチン（myostatin）遺伝子をターゲットとした筋肉の肥大化が試みられている（図9-18）．ミオスタチンは哺乳類で筋肉の成長を抑制することや，遺伝子変異などでミオスタチンの活性が低下すると筋肥大が起きることが示されており，ウシやヒツジではミオスタチン遺伝子に変異がある系統がブランドとして確立している．魚類ではこれまでにゼブラフィッシュ，マス，メダカなどでミオスタチンのノックダウン☞，ミオスタチンのアンタゴニストであるフォリスタチンの過剰発現，ミオスタチンのドミナントネガティブ☞変異体の過剰発現などで筋肉の肥大化の効果が検討され，ゼブラフィッシュ，マスでは肥大化が示されている．その肥大化は数十％に留まっているが，増大しているのが主に筋肉部分だけである点が成長ホルモン遺伝子導入と異なる．最近では，ゲノム編集技術を用いた優良形質の作出がさまざまな魚種で試みられている．

遺伝子組換え魚類が味や栄養で非遺伝子組換え魚と差があるかについては不明な点があり，食品として認可されるには非意図的な変化も含めて新たに変化した形質が食品として安全かどうかを十分に調べる必要がある．サケ科魚類，ティラピアなどでは市場出荷を目指した安全性評価が

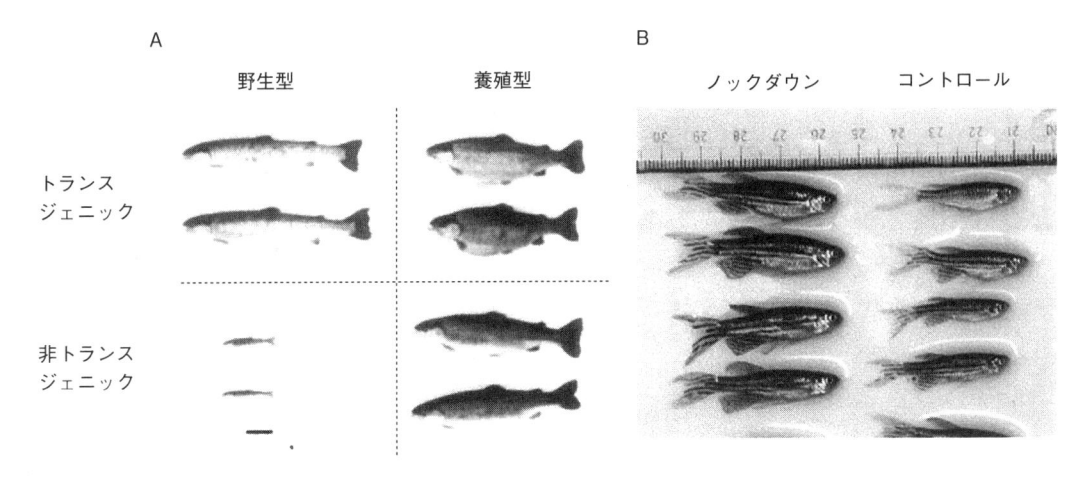

図9-18 成長ホルモン遺伝子トランスジェニック魚とミオスタチンノックダウン魚
A：成長ホルモン遺伝子を導入したニジマス（Devlinら，2001）
B：ミオスタチン遺伝子をノックダウンしたゼブラフィッシュ（Acostaら，2005）

行われてきている．アメリカ合衆国では1990年代半ばから遺伝子組換えサケの認可申請が開発業者によってなされて，2015年11月にアメリカ食品医薬品局（FDA）により，世界に先駆けて組換え大西洋サケが食用として認可された．遺伝子組換え植物を積極的に開発してきたアメリカ合衆国にあっても，動物では比較的慎重な取り組みをしている．遺伝子組換え食品が受け入れられるかどうかについては，単に科学的なデータだけでなく感情的な側面も重要である．したがって仮に食品としての安全性に一定の保証がなされたとしても，わが国では遺伝子組換え食品を受け入れる下地はあまり整っておらず，一般に広く受け入れられるようになるのはかなり将来のことと思われる．

6-4 DNAワクチン

魚類に感染する細菌やウイルスの表面抗原などの遺伝子をクローニングして組み込んだベクターを対象魚の腹腔や筋肉中に導入して抗原タンパク質を発現させ，抗原に対する免疫反応を誘導するDNAワクチンの研究も各種魚類で精力的に進められている．カナダではサケなどに対する伝染性造血器壊死症ウイルス（infectious hematopoietic necrosis virus，IHNV）の感染を防ぐためのDNAワクチンの有効性が確認され，認可されている．しかしDNAワクチンは遺伝子

☞ ノックダウン

mRNAの分解やスプライシングの阻害，翻訳阻害などにより標的とする遺伝子のタンパク質発現を抑制する手法．具体的にはmRNAに相補的に結合するアンチセンスRNAやモルフォリノオリゴヌクレオチドなどの核酸アナログの導入，siRNAやmiRNAなどによるRNA干渉などの手法がある．遺伝子変異を導入して機能を完全に喪失させるノックアウトとは異なる．

☞ ドミナントネガティブ

機能を失った変異遺伝子を競合的に過剰発現させることなどで正常遺伝子の機能を事実上喪失させること．そのことによりノックアウト，ノックダウンなどと同様に当該遺伝子の機能を調べることができる．変異遺伝子の「機能を喪失」という形質が正常遺伝子に対して優性に表現され（ドミナント），その結果，正常遺伝子の機能が表現されない（ネガティブ）ことから，ドミナントネガティブという．

組換え技術の一環であるため，わが国においては現在までの成果は研究レベルにとどまり，実用的な DNA ワクチンは認可されていない．

6-5 おわりに

組換え DNA がひとたび生殖系列細胞でゲノム中に挿入されると，組換え DNA を保持する子孫が安定的に得られる（図 9-19）．そのため遺伝子組換え動物が自然界に放出されるとそれらが繁殖し生態系に著しい影響を与える可能性がある．今後，仮にわが国で遺伝子組換え植物が受け入れられるという下地ができたとしても，遺伝子組換え魚類が市民権を得るためには，食品としての品質や安全性を確保するとともに，遺伝子組換え魚類の拡散を防止するための厳格なシステムが必要であることはいうまでもない．さらに遺伝子組換え魚を活用することに味やコストなどのメリットとともに，健康維持，環境保全，食糧の安定供給，資源の効率的利用，省エネルギーなど何らかの点で明確で先進的なメリットがあることが必要であろう．

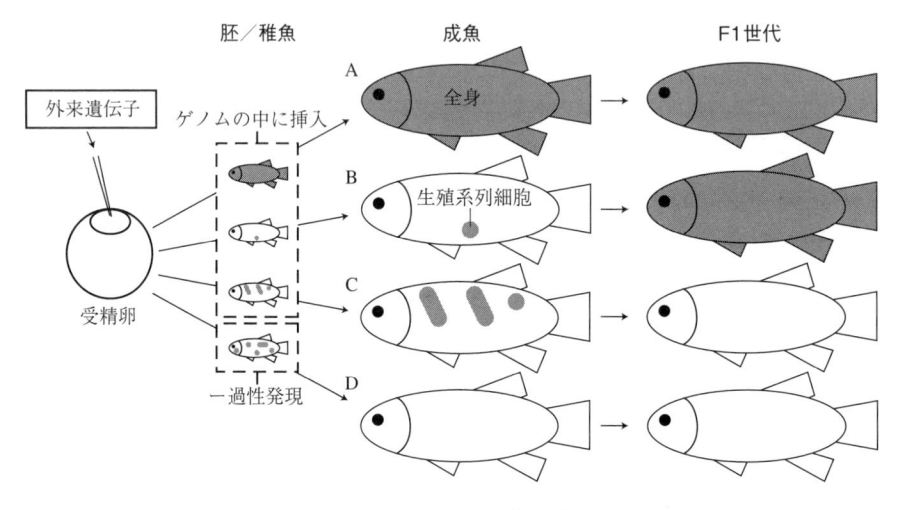

図 9-19 トランスジェニック魚における導入遺伝子の遺伝パターン

（浅川修一）

引用文献

Devlin R.H., Biagi C.A., Yesaki T.Y., Smailus D.E., and Byatt J.C. : Growth of domesticated transgenic fish, *Nature*, 409 (6822), 781-782.

Acosta J., Carpio Y., Borroto I., González O. and Estrada M.P. (2005) : Myostatin gene silenced by RNAi show a zebrafish giant phenotype, *J. Biotechnol*. 119, 324-31.

海老澤元宏（2003）：厚生労働科学研究費補助金　免疫アレルギー疾患予防・治療研究事業「食物アレルギーの実態及び誘発物質の解明に関する研究」，平成 14 年度総括・分担研究報告書，pp.1-2.

吉水　守（1986）：魚類の消化管内細菌（好気性細菌），水産増養殖と微生物（河合　章編），恒星社恒星閣，pp.9-24.

吉水　守・笠井久会（2005）：魚類ウイルス病の最前線－その現状と防疫対策，化学と生物，43: 48-58.

吉水　守・笠井久会（2007）：魚類ウイルスとその疾病防除対策，JVPA Digest, 27：1-16.

吉水　守・笠井久会（2007）：水産物の品質管理－秋サケとホタテ・カキを例に，食の安全を担う科学研究の新たな展開（食の安全研究センター設立記念シンポジウム組織委員会編），三協社，pp.117-127.

参考図書

福田 裕・渡部終五・中村弘二編（2006）：水産物の原料・産地判別，恒星社厚生閣．

東 匡伸・小熊惠二編（2006）シンプル微生物学，南江堂，446p.

今井一郎・福代康夫・広石伸互編（2007）：貝毒研究の最先端，恒星社厚生閣，149pp.

一色賢司（2005）：食品衛生学，東京化学同人，212p.

環境省（2008）：化学物質環境実態調査－化学物質と環境，http://www.env.go.jp/chemi/kurohon/index.html

厚生労働省監修（2005）：食品衛生検査指針 理化学編，日本食品衛生協会，pp.660-696.

牧之段保夫・坂口守彦編（2001）：水産物の安全性－生鮮品から加工食品まで，恒星社厚生閣，252p.

内閣府食品安全委員会事務局（2008）：平成20年度 食品中に含まれるヒ素の食品影響評価に関する調査，国際医学情報センター

日本食品衛生協会（2007）：食中毒予防必携 第2版，日本食品衛生協会，pp.431-453.

農林水産省（2009）：個別危害要因への対応（有害化学物質）水銀，http://www.maff.go.jp/j/syouan/seisaku/risk_analysis/priority/pdf/chem_me_hg.pdf

農林水産省（2009）：個別危害要因への対応（有害化学物質）ダイオキシン，http://www.maff.go.jp/j/syouan/seisaku/risk_analysis/priority/pdf/chem_dioxin.pdf

野口玉雄・村上りつ子（2004）：貝毒の謎，成山堂書店，136pp.

野口玉雄（1996）：フグはなぜフグ毒をもつのか（NHKブックス768），日本放送出版協会，221pp.

小川和夫・室賀清邦編（2008）：改訂魚病学概論，恒星社厚生閣，192p.

塩見一雄・長島裕二（2006）：新訂版 海洋動物の毒，成山堂書店，230pp.

須山三千三・鈴木たね子編著（2009）：水産食品の表示と目利き，成山堂書店．

竹内俊郎ら編（2010）:改訂水産海洋ハンドブック,生物研究社.

東京大学食の安全研究センター編（2010）：食の安全科学の展開，シーエムシー出版．

山中英明・藤井建夫・塩見一雄編（2007）：食品衛生学 第二版，恒星社厚生閣，288p.

第10章　水産物製造流通の衛生管理

　近年，細菌性食中毒の大規模な発生や牛海綿状脳症（bovine spongiform encephalopathy, BSE）問題などが社会的に大きく取り上げられ，食品の安全性に対する消費者の意識が高まっている．水産物の流通は，その経路が複雑なため食中毒などの事故が発生した場合，原因の特定が困難で，その間に消費者の不安が増幅し，関連産業全体に多大な影響を及ぼす可能性がある．水産物の安全確保は，漁獲から消費までのすべての段階での食品衛生に関する理解と忠実な実行が必要である．安全確保の手段は「リスク分析」とフードチェーン・アプローチと呼ばれる「生産現場から食卓までの一貫した対策」である．水産食品業界でも，安全性を損ねる危害要因を分析し，危害を及ぼす可能性のある重要な管理点で安全性を確認するシステムの導入状況が業界の安全性に対する関心度のバロメーターとなっている．天然魚貝類あるいは養殖生産物の漁獲から陸揚げ，加工場への搬送，加工場から消費者に届くまでのフードチェーンの段階ごとに危害分析を行い，重要な管理点を抽出して，施設ごとに管理者が整備を進め，消費者が客観的に評価できるシステムと追跡システムを行政と一体となって構築する必要がある．

　本章では，水産物の安全性を確認するシステムの基本的知識と現状について述べる．

（吉水　守）

§1. 製造工程の衛生管理

1-1　HACCP衛生管理方式

　HACCP（Hazard Analysis Critical Control Point，食品の危害分析重要管理点監視）方式とは，食品の安全性を確保するため，これらに係わる危害を認識し，それを制御するための防除手段と定義されている．HACCPは，主として最終製品の検査に依存する従来の衛生品質管理手法とは異なって，原材料の生育飼育段階から最終製品が消費者の手に渡るまでの各段階において発生する恐れのある危害の認識や発生防止に焦点を合わせた管理方式である．なお，最近は危害分析を危害要因分析としている．

　HACCPの構想は決して新しいものではない．1960年代に開始されたアメリカ合衆国の宇宙開発計画に際し，宇宙食の開発を担当したPillsbury会社のBauman博士らが，宇宙食の高度の微生物学的安全性を確保するため，アメリカ航空宇宙局（NASA）とアメリカ陸軍Natick技術開発研究所と共同で開発したもので，1971年の第1回アメリカ食品保全会議で初めて公表された．この構想はアメリカ食品医薬品局（FDA）によって受け入れられ，低酸性缶詰食品の製造管理および質管理細則（Good Manufacturing Practice, GMP☞, 1973年発足）にこのHACCP

の概念が導入された．このようにして，HACCPによる自主衛生品質管理方式の導入は，1995年「水産物に対する HACCP 規制（Seafood HACCP Regulation）」として公布され，輸入水産物も含めて水産物に対する強制力を伴った

> **GMP**
> 適正製造規範と翻訳されているが，アメリカ合衆国の食品製造加工における一般的衛生管理プログラムのことである．

形で施行された．一方，ヨーロッパ委員会（EC，現ヨーロッパ連合 EU）閣僚会議は，EC 域内および輸入水産物に対する HACCP 規制を指令した．1995 年 3 月に EU 調査官が EU 向けの水産物の処理加工場の調査のために来日したが，EU の管理手法に適合しないとのことで，対 EU 向け水産物の全面的輸出禁止の措置がとられた．

わが国では，食品流通の国際化に伴い食品規制の国際水準への整合化や規制緩和が強く求められ，厚生省は 1995 年に食品衛生法を改正し，HACCP の概念に基づく「総合衛生管理製造過程における承認制度」が発足した．農林水産省も「食品工場の安全性向上総合管理システム開発事業」を発足させて，「危害分析重要管理点監視（HACCP）マニュアル策定事業」や水産物の品質，安全性確保，向上のため「水産加工品品質確保対策事業」により各品目別に HACCP マニュアルを策定した．しかし，わが国の水産加工施設は中小零細規模のものが多く，HACCP の高度な自主衛生，品質管理システムを強制的に実施するには多くの問題がある．その中で，農林水産省と厚生労働省は，食品の製造過程の管理の高度化に関する臨時措置法を制定し，HACCP の支援法制度として資金制度税制措置が確立された．

1-2 HACCP の原則および手順

HACCP とは，原料や製造工程中で何が危害となるのかを明確にし，品質管理を行う上でこの管理ポイントを逸脱してしまうと不良品ができてしまう管理項目を重点的に，そしてシステム的に管理するための方式である．

従来の品質管理体制では出来上がった製品を抜き取り検査して，その結果で合否を判断していたのに対し，HACCP では原料，製造工程，流通といった過程を適切に管理することにより，高い信頼性で食品の安全性を確保できるという観点に立っている．すなわち，対象となる食品の製造流通過程の各 7 段階ごとに，その食品の安全性を脅かす危害（例えば食中毒細菌）とその防止方法（加熱殺菌など）を分析し，それを踏まえて作成された管理手順に基づいて作業状況をモニタリングし，適切に管理するものである．

HACCP は，Codex 委員会（第 9 章 §1-1 参照）によって策定された次の 7 つの原則に基づいている．

原則 1　**危害分析（Hazard Analysis）**：全ての工程について，食品の安全性を脅かす危害の発生原因とその防止措置について分析しリストアップする．

原則 2　**重要管理点（Critical Control Point, CCP）の設定**：各工程の中で，CCP となるべきものを特定する．

原則 3　**管理基準（Critical Limit）の設定**：原則 2 で設定した各 CCP において，適切な管理

とはどのような条件を満たすべきかの基準を決める.

　原則4　モニタリング方法(Monitoring)の設定：各工程の管理状況が原則3の管理基準に従って適切に管理されているかどうかを監視する方法を決める.

　原則5　改善措置（Corrective Action）の設定：原則4のモニタリングの結果，管理基準を満たしていないことが判明した場合，ロットに対する措置方法と適切な状態に戻すための対処方法を決める.

　原則6　検証方法（Verification）の設定：作成したHACCP計画が，適切に機能しているかどうかを検証する方法を決める．すなわち，計画通りに適切に管理されているかどうかを確認するとともに，作成されている計画そのものが妥当なものであるかどうかを定期的に見直す必要がある.

　原則7　記録の維持管理（Record Keeping）および文書作成（Documentation）の規定：モニタリング，改善措置，検証などにおいて，記録を残す責任者と保管方法などを決める.

　以上，HACCPでは,7原則による管理を文書化することが大きなポイントとなる．文書化には，上記の7原則に従って決められた管理手順を文書化することにより，管理の証拠として残す意味がある.

　また，上述した原則1～原則7からなるHACCPのプラン作成および実践のための12手順が，HACCPを効率的に機能させる前段階の作業として示されている．一般的衛生管理プログラム（PP：Prerequisite Program）の実行に効果的な標準作業手順書の作成など，以下にその手順を次に示す.

　手順1　専門家チームの編成：代表取締役を中心に据えた全社的な実施体制を組織する.その際，HACCP自主衛生管理業務を総括しかつ従業員教育を担当するHACCP専門家チームを編成する．HACCP専門家チームは製品について専門的な知識および技術を有する品質管理部，製造部，資材・工務部などの担当職員を構成員とする.

　手順2　製品についての記述：製品の名称および種類，主副原料の名称，添加物の名称および使用量，容器包装（内包装）の形態および資材，製品の性状および特性，製品の規格（自社規格），消費期限または品質保持期限および保存方法（温度など），表示内容（名称，製造者住所氏名，期限年月日，原料，添加物，栄養成分など）などを記載する.

　手順3　使用についての記述：製造施設を出荷した製品の意図される用途につき，そのまま食されるものなのか，1つの原料として使用されるのかなど利用方法，生食用か，加工用か，普通食か，患者食かなど喫食の方法，および販売の対象とする消費者層を記述する.

　手順4　製造工程一覧図，施設の図面および標準作業手順書の作成：危害分析の準備として，原料の収受から製品の出荷までの工程について，その流れがわかる製造工程一覧図，施設内の施設設備の構造，製品などの移動経路などを記載した施設の図面および製造加工に用いる機械器具の性能,作業手順,製造加工上重要なパラメーターについて記載した標準衛生作業手順書(Sanitation Standard Operation Procedures，SSOP）を作成する.

　手順5　現場確認：手順4で作成した製造工程一覧図，施設の図面および標準作業手順書など

表10-1 HACCPで対象とする危害とその因子

生物学的危害	食水系感染症など 　消化器系感染症：赤痢菌，チフス菌，パラチフスA菌など 　A型肝炎ウイルス，ノロウイルスなど 食中毒細菌：腸炎ビブリオ菌，サルモネラ菌，黄色ブドウ球菌，カンピロバクター， 　病原性大腸菌，ボツリヌス菌，ウェルシュ菌，セレウス菌，ナグビブリオなど 人畜共通感染症：リステリア菌，連鎖球菌，炭疽菌など マイコトキシン産生菌 ヒスタミン産生菌 クリプトスポリジウムなどの寄生虫 腐敗細菌 高度のカビ，酵母汚染
化学的危害	重金属，残留農薬，残留抗生（抗菌）物質，PCBsなど フグ毒，貝毒など自然毒，毒草，毒キノコなど
物理的危害	危険な異物：金属片，ガラス片など

について，製造現場において実際の作業内容と一致していることを確認する．
　手順6〜手順12：HACCPの原則1〜原則7がそれぞれ該当する．

1-3　水産食品に対する危害

　危害分析とは，食品原料，製造工程および流通を経て消費者に至るまでの過程において起こり得る可能性のあるすべての潜在的な危害について，その危害の重篤性および発生頻度などについて科学的データをもとに調査解析をして明らかにすることである．ここでの危害とは，飲食に起因する健康被害またはその恐れのあることである．危害原因物質とは，食品中に存在することによりヒトの健康被害を起こす可能性のある因子で，生物学的，化学的，物理的危害原因物質に分類される．HACCPで対象とする危害とその因子を表10-1に示した（第9章§1-2参照）．

　水産食品の危害分析を行う際には，(1)使用する原料の種類，とくに魚種に特異的な潜在的危害，(2)製造工程および最終製品の特徴に関連する潜在的危害，を特定する必要がある．(1)について，魚類に特有の危害である寄生虫汚染，貝毒やシガテラ毒などの自然毒汚染，養殖魚を使用する場合は医薬品の残留などの危害が考えられる．(2)について，製造工程中（加熱，非加熱の区別および加熱の場合はその加熱条件）および最終製品の特徴（包装形態および保存方法）により考慮すべき危害を分析する．製造工程中に発生する危害としては，病原性細菌の増殖，ヒスタミンの増大，加熱不足による病原性細菌の生残（ボツリヌス菌以外），加熱不足による病原性細菌の生残による毒素の発生（ボツリヌス菌），加熱後の病原菌の二次汚染，密封の不完全による病原性細菌の二次汚染，使用基準のある食品添加物の過剰使用，金属片の混入，最終製品の特徴（pH4.6以下，または水分活性0.94以下で常温保存可能食品）によっては，pHや水分活性の調整が不完全のため発生する病原性細菌の増殖などの危害が考えられる．

　食品本来の自然な風味を残した低減加熱食品，低減添加物食品，チルド食品への需要が増えている中で食中毒菌をCCPとして，厳密なチルド技術の完備と食品ごとの迅速，正確なリスク制御が重要となる．

1-4 水産物への導入例

1）ホタテガイ生産の衛生管理　ホタテガイは輸出が多いことからHACCPによるホタテガイ養殖生産管理マニュアルが策定されている．ホタテガイのウロと呼ばれる中腸腺などの内臓の部分は通常食用に供されることはなく廃棄され，貝柱部分が生食や加工製品原料として消費されている．ホタテガイの加工段階におけるHACCPでは，原料貝の受け入れは重要管理点（CCP）である．したがって，ホタテガイの養殖生産工程においては，安全性が保証された加工原料の受け入れ基準を満たした供給という観点から品質管理が求められる．加工段階でのHACCPにおいて，原料貝受け入れ工程での危害は貝毒と鮮度低下とされている．

加工段階でのホタテガイ製品の安全性確保に生産段階から寄与するために，養殖生産工程では稚貝の採取から本養成を経て，収穫，水揚げ，出荷（トラックへの積み込み）まで，貝毒はじめヒトの健康を損なう恐れがある危害要因について十分監視を行い，活力のある健全なホタテガイを生産するための管理方法および管理記録を実施する．

ホタテガイ養殖生産における危害要因は，生物学的危害として生活排水や産業廃棄物の環境汚染によってもたらされる細菌群および環境水に常在する細菌であり，腸炎ビブリオ菌，リステリア菌，サルモネラ菌および大腸菌などがホタテガイの体内で濾過され濃縮される．また，ホタテガイに付着した細菌が増殖して加工工程へ持ち込まれることが考えられる．なお，環境汚染によってもたらされる細菌群の危険性は，漁場の選定や漁場環境の監視によって減らすことができる．また，ホタテガイに付着した細菌は，収穫，出荷の段階で，衛生的に作業を行うことによって減らす努力が求められる．

化学的危害としては，自然毒と環境由来の化学汚染物質がある．自然毒（貝毒）を生産する藻類をホタテガイが摂取し，貝毒がホタテガイに蓄積される．わが国では，麻痺性貝毒と下痢性貝毒の発生が主である（第9章§4-2参照）．また，環境由来の化学汚染物質として，農薬，重金属（有機水銀，鉛，カドミウムなど）および内分泌撹乱物質（ノニルフェノール，ビスフェノール，PCBsなど）が知られている．これらは，化学物質の製造事業所や使用場所からの排出による汚染である．CCP-1（重要管理点）には本養成工程での環境由来の化学汚染物質，CCP-2には収穫準備工程での環境由来の化学汚染物質，CCP-3には収穫準備工程での自然毒（貝毒）が設定されている．

2）魚肉ねり製品製造の衛生管理　一般に食品工場でHACCPを導入する場合は，その前提となる一般的衛生管理事項が確実に計画的に実施されていることが重要である．実践すべき事項としては，(1)施設設備，機械器具の衛生管理，(2)従業員の衛生教育，(3)施設設備，機械器具の保守点検，(4)鼠族，昆虫の防除，(5)使用水の衛生管理，(6)廃水および廃棄物の衛生管理，(7)従業員の衛生管理，(8)食品などの衛生的な取り扱い（標準作業手順書），(9)製品の回収プログラム，(10)製品などの試験検査に用いる設備などの保守点検が，標準的である．

魚肉ねり製品の製造工程（第8章§1-2参照）を手順4の製造工程一覧として図10-1に示した．工程中における生物学的危害は，加熱工程を中心にその前後に分けることができる．原材料から

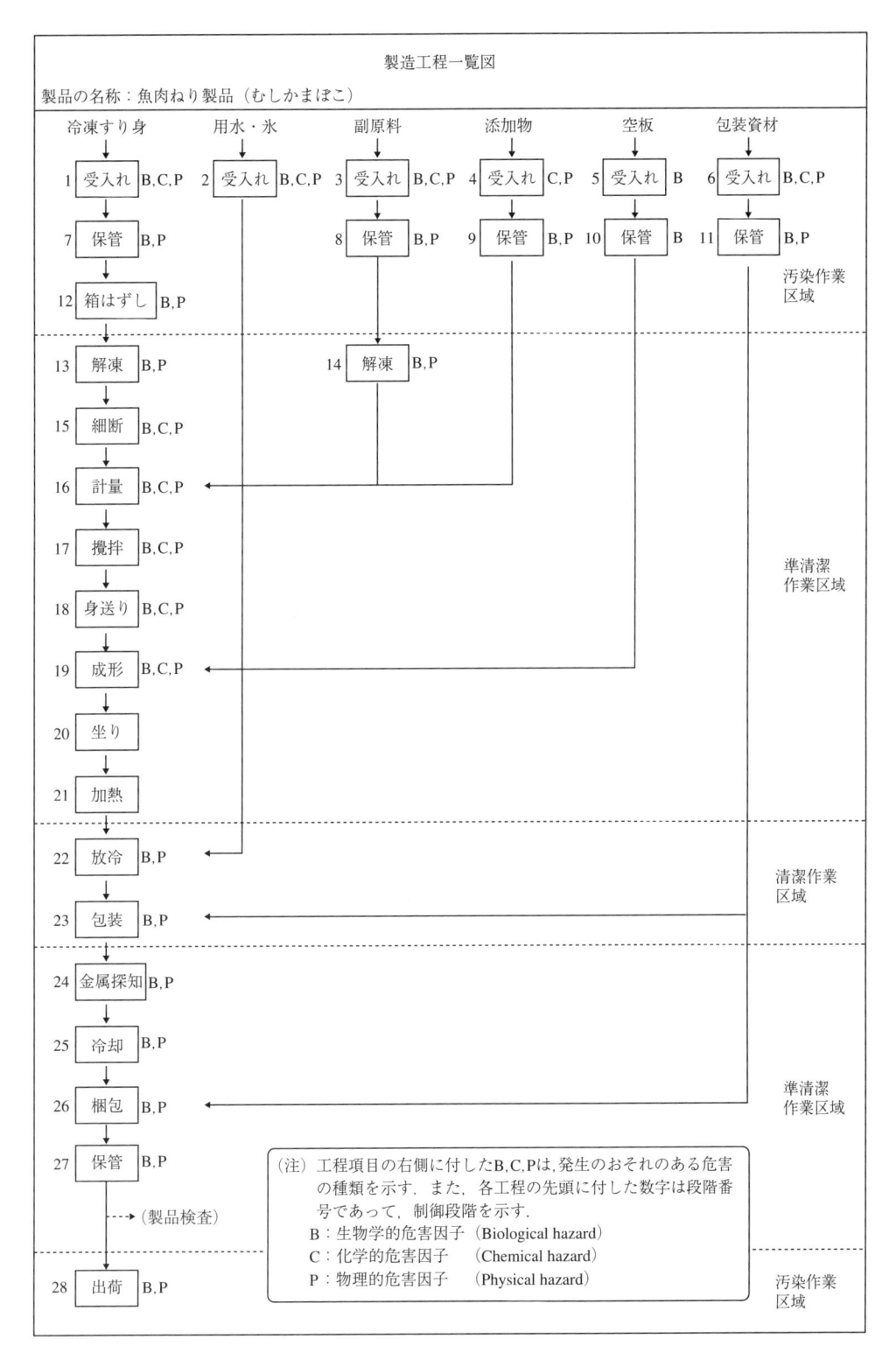

第10章 水産物製造流通の衛生管理　183

```
製造工程一覧図
製品の名称：魚肉ねり製品（むしかまぼこ）
```

冷凍すり身	用水・氷	副原料	添加物	空板	包装資材
1 受入れ B,C,P	2 受入れ B,C,P	3 受入れ B,C,P	4 受入れ C,P	5 受入れ B	6 受入れ B,C,P
7 保管 B,P		8 保管 B,P	9 保管 B,P	10 保管 B	11 保管 B,P
12 箱はずし B,P					

汚染作業区域

- 13 解凍 B,P
- 14 解凍 B,P（副原料）
- 15 細断 B,C,P
- 16 計量 B,C,P
- 17 撹拌 B,C,P
- 18 身送り B,C,P
- 19 成形 B,C,P
- 20 坐り
- 21 加熱

準清潔作業区域

- 22 放冷 B,P
- 23 包装 B,P

清潔作業区域

- 24 金属探知 B,P
- 25 冷却 B,P
- 26 梱包 B,P
- 27 保管 B,P
  - →（製品検査）
- 28 出荷 B,P

準清潔作業区域

汚染作業区域

（注）工程項目の右側に付したB,C,Pは，発生のおそれのある危害の種類を示す．また，各工程の先頭に付した数字は段階番号であって，制御段階を示す．
B：生物学的危害因子（Biological hazard）
C：化学的危害因子（Chemical hazard）
P：物理的危害因子（Physical hazard）

図10-1　製造工程一覧図

擂潰，裏ごし，成形の各工程を経て加熱に至るまでは，原料由来の微生物汚染，加熱以降の二次汚染菌が加わる．適切な加熱条件では，病原菌や腐敗菌は殺菌されるため，加熱不足によって残存する病原菌が危害因子となる．一方，加熱後の冷却，包装，保管工程では，二次汚染菌が直接製品の危害因子となる．化学的危害としては，食品添加物の使用基準に対する過剰添加や，副原料に由来する農薬，抗生物質，洗剤，殺菌剤などの付着，移行などがある．物理的危害としては，異物混入が主体であり，小骨，金属片，ガラス片，プラスチック片などがある．したがって，魚肉ねり製品での危害を回避するためのCCP-1は加熱工程である．加熱工程での加熱温度は，75℃以上の殺菌条件が法律で決められている．したがって，加熱温度と加熱時間をモニタリングすることで管理する．次のCCP-2は冷却工程で10℃以下に冷却することが義務づけられており，冷却温度と冷却時間をモニタリングして管理する．CCP-3では，金属探知器を用いて金属片の全数検査を実施するが，金属探知器が正常に稼働しているかをテストピースでモニタリングして行う．

魚肉ねり製品以外にも，缶詰類，焼き魚類，佃煮，かつお節類，塩干品類，冷凍食品，魚卵製品，酢づけ類，イカ加工品，塩蔵品，のりについてのHACCPプランなどが作成され報告されている．

そのほか，HACCPによるブリ養殖，ノリ養殖での養殖管理マニュアルが策定されている．

1-5　5S活動の推奨

いずれの工場でも，HACCPを取得してからその維持管理に大変苦労しているのが現状である．そこで，食品衛生の基本であり，また，従業員の衛生教育，品質管理，労働安全にとって最も基本的な活動である5S活動を実施してその維持管理に対応している．5S活動とは，整理（必要なものと不要な物とを分けて不要な物を棄てる），整頓（必要な物が必要なときに取り出せる状態にする），清掃（身の回りが汚れていることのないよう掃除，点検する），清潔（清掃したところを清潔な状態に保つ），しつけ（決められたことを正しく守るための習慣づけをする）を意味しており，取り組みやすい活動ではあるが，始めてみると奥が深く，長期にわたる活動を続け，成果をあげることが難しいともいわれている．活動を続けるには2つのポイントがある．上位者が意識をもち積極的に推進すること，従業員が決められたルールをきちんと守り実行すること，である．その活動が確実に実施されているかどうか5Sパトロールを行い，進捗状況を確認することが重要である．

1-6　安全トレーサビリティー食品の管理方法

トレーサビリティー（traceability）は食品での関心度が高く，畜肉以外に魚貝類での検討事例が報告されている．トレーサビリティーは，まずもって安全性の確保であり，偽造防止，衛生管理の状況をIC（integrated circuit，集積回路）チップの介在でリアルタイムに漁獲時および養殖場から流通消費までの情報をモニターし，追跡調査が可能なシステムを理想としている．トレーサビリティーに必要なものは，(1)生産段階における生産情報，(2)飼料などの使用履歴，病気

の治療歴，(3)抗生物質の使用履歴，(4)飼料などに関する詳細な情報，(5)生産流通データの伝達，(6)消費者からの生産流通データの開示要求，(7)偽造問題への取り組み，(8)ロット管理システムの工夫，(9)製品に関する特徴や品質情報など，消費者にとってプラスになる情報である． (加藤　登)

§2. 漁獲流通

　水産物の流通は，その経路が複雑なため食中毒などの事故が発生した場合，原因の特定が困難で，その間に消費者の不安が増幅して関連産業全体に多大な影響を及ぼす可能性がある．水産物の安全確保は漁獲から消費までのすべての段階で，食品衛生に関する理解と忠実な実行が必要である．安全確保の手段は，9章§1-1に示したリスク分析とフードチェーン・アプローチと呼ばれる「生産現場から食卓までの一貫した対策」である．食品加工分野では，安全性を損ねる危害要因を分析し，危害を及ぼす可能性のある重要な管理点で安全性を確認するHACCPが導入されている．ここでは，漁獲流通における衛生管理の実際と問題点についてまとめる．

2-1　消費者の食品衛生に対する意識

　食品安全委員会が実施した「食の安全性に関する意識調査」(2003年)で，生産から消費までの段階で，安全性確保のために改善が必要なのは，生産段階(76.9％)，次いで製造および加工段階(58.9％)となっている．食品の産地や材料，賞味期限などを消費者にわかりやすく信頼される形で示す必要も指摘されている．EUが示した水産食品取扱施設などの衛生基準に準拠し，EU域内に輸出する水産物の取り扱い要領が改正された．対米輸出に関しても水産加工食品に対するHACCPの導入に関する連邦規則の改正を受け，アメリカ合衆国へ輸出される水産加工食品はこの規則の適用を受けるに至った．輸入水産物に関しては，検疫所で食品衛生法に基づく検査が行われ水産物の安全性確保が図られている．

2-2　漁獲から消費者までの水産物の流れ

　漁獲から消費者に届くまでの水産物の流れは，漁場→漁港→産地卸売市場→加工場→消費地卸売市場→小売店→消費者となっている．加工場から消費者に届くまでの各過程は，基準化と衛生品質管理対策が行われているが，漁獲から加工場に入るまでの過程は，生産者が個々の判断で取組んでいるところが多い(吉水，2007)．

　水産物のフードチェーンでは多くの非加熱食品が流通している．魚貝類のタンパク質は畜肉に比較して劣化が早く，低温にして肉質を保つとともに，漁獲から産地市場を経て消費者に届くまでの全ての段階で食中毒細菌あるいは腐敗細菌をつけない，増やさないための管理を行い，水産物の品質と安全性を確保しなければならない．元来，ウイルスは宿主細胞内のみで増殖して低温で安定であるため，ヒト由来食中毒原因ウイルスは養殖時点で浄化を考えなければならない．一方，加熱調理が基本の畜肉が地面に置かれていないのに対し，以前は，生で食べる魚を魚市場の床に並べていた．スーパーマーケットでの魚のディスプレーからは想像できない扱いであった．

水産関係者に食品を取り扱う上での衛生に関する意識改革が求められ，水産物を地面から離す運動が進められた．

2-3　水産物の品質管理の必要性

水産食品による健康障害の第1位は，腸炎ビブリオ菌（*V. parahaemolyticus*）による食中毒であり，毎年108〜839件，患者数1,342〜12,318人の発生が報告され，件数も患者数もわが国の食中毒全体の4.6〜28.6％を占めている（厚生労働省1996〜2005，食中毒発生状況）．1998年にイクラの腸管出血性大腸菌（O157：H7）による食中毒が発生し，水産関係者に大きな衝撃を与えた．早期の段階で食中毒の発生源である加工場が特定されたにもかかわらず，一時，全てのイクラ製品が小売店の店頭から消え，秋サケ漁業への影響も懸念された（笠井ら，2004）．この事例は水産物のフードチェーン・アプローチにおける品質管理のあり方について多くの教訓を残した．水産物の取り扱いは，大量生産，大量流通，大量消費を特徴としているために，食中毒などヒトに及ぼす危害は，わずかな過失でもその規模は著しく拡大する．また，複雑な流通経路のために原因の特定が遅れ，消費者の不安が増幅し，さらには風評被害により関連産業全体に影響が及ぶ恐れがある．

水産食品の安全確保は食品衛生法の理念に則り，生産現場から消費者までのフードチェーンをリスク分析の手法に従って自主管理することを基本にしている．フードチェーン・アプローチでは加工場でのHACCP同様，流通過程の危害分析（Hazard Analysis）を行い，生産から小売店に至るすべての過程で，安全性を損ねる可能性のある作業工程を分析し，危害を及ぼす可能性のあるすべての重要管理点（Critical Control Point）で安全性を確認するための管理基準を設定し，安全性が保たれているかどうかを定期的に検査して製品の安全性を保証している．

さらに，生産者と顔の見える関係を築くことで消費者が安心感を得られる配慮が必要となってきた．このような安心感と安全性の確保とは必ずしも一致しないが，安全性を確保するとともに，トレーサビリティーの導入（本章§1-6参照）によって消費者に生産者の顔が見えるようになり，食品産業に従事する人々にも責任感が生まれてきた．

EUは農業分野において農業生産工程管理（Good Agricultural Practice, GAP）手法を導入し，生産された農産物の安全性や品質を保証して消費者，食品事業者の信頼を確保している．農産物の安全確保のみならず，環境保全，農産物の品質の向上，労働安全の確保などに有効な手法であり，水産分野でもGAP-Aquacultureの普及を提唱している．わが国でも多くの養殖業者が自らの養殖生産条件や実力に応じて取り組むことが，安全な水産物の安定的な供給，環境保全，経営の改善や効率化の実現につながるとして普及が図られている．基本はリスク分析に基づく自主衛生管理である．さらにわが国を含め世界各国で漁獲時点での資源管理を進めるマリンエコラベル（Marine Ecolabel; Marine Stewardship Council, MSC）の普及が図られ，日本版マリンエコラベル（メルジャパン）の認証も進められている．養殖魚へのGAPの導入や食品衛生法の理念に合致した漁港の衛生管理およびそのレベルの認定が図られ，水産物の衛生品質管理に優れた産地市場を認定，公表することにより，先進的取組みの事例を広く紹介して，産地市場の衛生品質管

理の向上を目指す取り組みが進んでいる．水産加工場へのHACCPの導入とこれらの衛生管理システムの普及，トレーサビリティーが組み合わさって，水産物の安全性が確保されるようになってきた．

水産物の品質管理，衛生管理への取り組みでは，先述のイクラの事例を受け，サケ定置漁業で水産物の漁獲から加工に至るまでの産地の一貫した品質管理に取り組む必要から，漁獲，漁港，地方市場，加工場など，業種別の品質管理の現状が調査，分析され，さらに問題点を把握して具体的な改善策を盛り込んだモデル計画が策定された．これらの調査における危害分析結果および調査結果を基に，サケのほか，マダイ，ブリなどの養殖魚についても品質管理および衛生管理の整備が全国でみられるようになった．漁獲から消費者までの水産物の流れの中で，水産物が加工場に搬入されてからは食品として，保健所の指導に従うことになる．漁獲から加工場に至るまでは農林水産省の指導下にあり，漁港を含め水産物の品質管理および衛生管理に関する配慮が求められている．このように加工原料としての漁獲物を食中毒原因細菌による汚染から防ぐことが，より安全な食品を消費者へ提供するために必要と考えられるようになった．その概要，品質および衛生管理の基本的な考えを表10-2, 3に示した（笠井ら，2004）．

2-4 漁港における品質管理，衛生管理

漁港での品質管理，衛生管理には，漁獲から加工場受入れまでの工程が含まれる．加工場は食品を取扱う場所であり，食品衛生法の下で衛生管理が行われてきた．しかし，加工場に搬入されるまでの水産物の管理は農林水産省に任されてきた．この工程には漁獲から漁港での水揚げ作業，産地市場でのセリまでがある．

1）漁獲から水揚げ前まで　この工程では作業従事者の健康管理，船の清掃，備品と有害物の管理，出航前の点検，氷と使用海水の衛生管理，船倉の衛生管理，漁獲物の品質管理，船内作業の衛生管理などがあげられる．全国の漁港の衛生管理レベルを少なくとも食品衛生法の理念に合ったレベルに設定しようという取り組みが行われている．

作業従事者の健康管理は基本であり，定期的な健康診断が必要である．船の清掃も重要な課題である．船内の備品は，船体の揺れにより容易に倒れないように，有害物はこぼれないように管理する必要がある．出航前および帰港時の点検結果は必ず記録に残すようにする．これはHACCPに基づく自主衛生管理の基本となる．氷の衛生管理に関しては，規格の制定など整備が進んでいるが，使用海水の衛生管理に関しては，港内海水をそのまま使用してよいものかどうか，現在検討が行われている．また船倉の衛生管理，漁獲物の品質管理，船内作業の衛生管理は食品原料としての魚貝類の品質を保持するために重要である．

現在の漁港の港内海水は必ずしも衛生的ではなく（横山ら，2010），また洗浄水を港内に戻す行為は，長い目で見ると港の汚染につながる．多くの港では，漁船は漁港内の海水で船体を洗浄している．船倉には氷とともに港内海水を満たす場合が多い．港内海水は化学成分で差がなくても，細菌を指標にすると港外海水と大きな違いがみられる．このような状況の下，大腸菌や食中毒細菌が存在する海水で船体や岸壁，市場の床を洗うことに関しては，漁港における排水処理の

表10-2　フードチェーンにおける水産物の衛生管理の考え方－漁獲から輸送まで

区分	チェックポイント		実行項目
漁　獲	漁獲物の温度管理	→	適正な冷却温度と漁獲量
	使用水と氷の管理	→	使用水と氷の細菌レベルと取水，排水口の設定
	船倉内の状態	→	魚体の損傷を避ける構造と船倉内の汚染防止
	漁獲作業手順の管理	→	安全かつ能率的な作業手順
	乗組員の健康管理	→	健康状態の把握と安全性の確保
水揚げ	漁獲物の温度管理	→	適正な冷却温度と所要時間
	使用水と氷の管理	→	使用水と氷の細菌レベル
	選別台の状態	→	材質・構造および汚染防止
	鮮度保持タンク	→	利用および保管の状態
	漁港内の衛生状態	→	取水，排水口の設定と清掃状態
	作業員の健康管理	→	健康状態の把握と管理
産地市場	漁獲物の温度管理	→	適正な冷却温度と所要時間
	使用水と氷の管理	→	使用水と氷の細菌レベル
	施設の構造	→	利用形態と改修の必要性
	作業員の衛生教育	→	研修会の開催など意識啓発のための取り組み状況
	作業員の健康管理	→	健康状態の把握と管理
魚の輸送	輸送中の温度管理	→	適正な冷却温度と所要時間
	輸送車両の構造	→	魚体の損傷を避ける構造と輸送中の汚染防止
	積載状況	→	適正温度の確保と積載量
	作業員の健康管理	→	健康状態の把握と管理

漁獲以降全ての段階において，食中毒原因細菌および異物の混入を防止する，温度を一定以下に保つ，使用水と氷の管理を徹底する，漁獲物に傷を付けない，短時間で処理することを基本とする．

表10-3　フードチェーンにおける水産物の衛生管理の考え方－加工場から消費者まで

区分	チェックポイント		実行項目
加工場	原料の受入れ管理	→	漁獲地の確認
	冷蔵庫と冷凍庫の管理	→	品温および氷の状態
	使用水と氷の管理	→	使用水と氷の細菌レベル
	施設の構造	→	洗浄設備増設などの必要性
	従業員の衛生教育	→	研修会の計画的な実施
	品温および室温の管理	→	品温および室温の測定と管理
	クレーム発生時の管理	→	クレーム対応および回収体制の確立
	作業員の健康管理	→	健康状態の把握と管理
製品輸送	輸送中の温度管理	→	適正な冷却温度と所要時間
	受け渡し状態の管理	→	受け渡し状態の記録と報告
	作業員の健康管理	→	健康状態の把握と管理
流　通	流通と販売中の温度管理	→	温度の記録
	賞味期限の管理	→	賞味期限の確認
	クレーム管理	→	連絡体制の確立と報告
	従業員の衛生教育	→	研修会の計画的な実施
連結部	・実行確認が記録に残されているか		
	・当事者間においてに合意された各項目を設定し，確認記録を残しているか		
	・作業が円滑に進められている設備，構造になっているか		
	・製品の所有が，明確にされ，責任の分担が確立されているか		
	・全ての衛生管理を含む作業が円滑に進められるように教育されているか		

課題とともに，近々に対策を立てる必要がある．最近までは，大量の海水の殺菌処理が難しく，水産排水，とくに養殖排水や漁港の排水などの殺菌を論議することができなかったが，有機物除去法とともに大量の海水の殺菌が技術的に可能となった現在（吉水・笠井，2002；吉水，2006），漁港で用いる海水の殺菌について，関係者全員で考える必要がある．

　2）**水揚げ場**　水産物を陸揚げする場合，当然のことながら岸壁に直接置かないようにする必要がある．サケ・マス類の事例を参考に，全国でタンクの利用が広く普及し，保冷タンクとしても利用されるようになってきた．EU 委員会の指摘以来，貝類の取り扱いも改善された．岸壁には車が乗り入れ，近隣の住民も出入りするため，車の導線を設け，作業台あるいは選別台を設置し，選別された漁獲物は保冷タンクなどに収容するように改善された．また岸壁の清掃も重要な課題である．鳥害は糞も含めてその防止に港の清掃は重要である．

　3）**産地市場**　産地市場に関しては，多くの市場で建物構造を衛生管理型に改める必要があると指摘され，漁港における荷捌き（にさばき）場の衛生管理指針が示され，水産物の衛生品質管理に優れた産地市場を認定している．具体的には，扉の二重化による鼠族，昆虫の侵入防止，フォークリフトの専用化，床の水はけの改善，漁獲物を載せる台の設置，未処理排水の港内への流出防止，入場者の制限および専用の作業衣，帽子着用の義務化，トイレ使用時の靴の履き替えなどであり，使用水も水道水あるいは殺菌海水とするなど長期計画の下で改善が進んでいる．

　さらに，荷捌き場において漁獲物に関する記録を残すことが，今後重要な意味をもつ．トレーサビリティーを導入する場合，水産物は群が最小単位となると考える．水産物の識別票は，マグロを除くと牛の耳についているような個体別ではなく，養殖魚では生簀，天然魚では定置網や刺網あるいは漁場，漁船単位となる．その意味でも入出港記録，漁獲の日時，場所，網あるいは養殖生簀の場所などの記録が重要であり，危害分析を行う場合の重要参考資料となる．

2-5　加工場および輸送，流通における品質管理，衛生管理

　加工場からは食品としての取り扱いとなり，食品衛生法に準拠し，保健所の指導管轄下となる．加工場では早くから衛生管理が導入され，現在は HACCP への対応で，順次改善がなされており，多くの優れた記述やマニュアルがある（本章 §1. 参照）．施設としては原料処理区域と食品加工区域の明確化，従業員の衛生管理に対する意識の向上と健康管理，そして作業区域内での手，足，衣類の衛生管理，製品の温度管理，異物混入防止などが図られている．

　輸送は大部分が保冷あるいは冷凍設備を備えたトラックやコンテナーとなっている．この場合，冷凍機の故障，電源のトラブル，交通事故あるいは交通渋滞などにより品質が変化したり，輸送に時間がかかったりする場合がある．これらに関しても記録の整備が不可欠であり，フードチェーン・アプローチの重要課題となる．流通過程ではさらに受け取り確認とそのときの輸送庫内温度の確認と記録，賞味期限の管理，クレーム管理，リコール時の協力体制などの整備が必要である．

2-6　非加熱食品の水産物の品質管理，衛生管理

　わが国の水産食品による食中毒の第 1 位は，先述のように腸炎ビブリオ菌によるものであり，

厚生労働省は 2000 年 5 月に，腸炎ビブリオ菌による食中毒防止対策のための水産食品に係る規格および基準を設定した．成分規格については，製品 1g 当たりの腸炎ビブリオ最確数を 100 以下とし，加工に使用する海水の基準については，腸炎ビブリオ菌による二次汚染防止のため，殺菌海水や人工海水の使用が規定された（2001 年厚生労働省）．ここでいう殺菌海水とは飲用適の水か清浄な海水を意味する．当時の技術水準では，紫外線殺菌しか該当する方法はなく，十分量の殺菌海水が得られないことから，やむなく海水への次亜塩素酸添加が行われている．しかし，環境や作業者に対する影響が大きく管理も難しいのが実情であり，環境に優しい簡単かつ効果的な殺菌装置の開発が望まれている．さらに，イクラや生ホタテガイ製品，生食用カキは，加工で熱を加える工程がないために，これらの安全性を確保するには，加工場での衛生管理はもちろん原料段階での鮮度保持管理，品質管理が重要になる．加工原料としての漁獲物を食中毒細菌による汚染から防ぐことは，より安全な食品を消費者へ提供するために必要な処置と考える．

（吉水　守）

引用文献

笠井久会・野村哲一・吉水　守（2004）：秋サケの食品としての安全性確保について，魚と卵，170：1-8.

食品安全委員会（2003）：食品安全モニター・アンケート調査「食の安全性に関する意識調査」の結果.

横山　純・笠井久会・森　里美・林　浩志・吉水　守（2010）：漁港の衛生管理に向けた細菌学的調査，日水誌，受理済

吉水　守・笠井久会（2002）：種苗生産施設における用水および排水の殺菌，工業用水，523，pp.13-26.

吉水　守（2006）：魚貝類の疾病対策および食品衛生のための海水電解殺菌装置の開発，日水誌，72，831-834.

吉水　守（2007）：安全・安心な水産物の提供をめざして－秋サケとホタテ・カキを例に，「話題の広場」，日本水産資源保護協会 月報，512，9-15.

参考図書

藤田純一（2000）：HACCP と水産食品，HACCP と水産食品（藤井建夫・山中英明編），恒星社厚生閣，pp.9-24

山本茂貴・小久保彌太郎・小沼博隆・熊谷進（2003）：食品の安全性を創る，HACCP，（社）日本食品衛生協会，pp.9-16.

HACCP：衛生管理計画の作成と実践（総集編）（1997），厚生省生活衛生局乳肉衛生課監修，中央法規出版，pp.2-87.

小沼博隆（2002）：HACCP システムによる衛生管理，（財）日本食品衛生協会，pp.1-24.

HACCP：衛生管理計画の作成と実践（魚肉ねり製品編）（1999），厚生省生活衛生局乳肉衛生課監修，中央法規出版，pp.3-107.

SEAFDEC：Proceedings of the 1st Regional Workshop on the Application of HACCP in the Fish Processing Industry in Southeast Asia (2000), Singapore.

E.Watanabe and N.Kato (2002):Present situation and prospects of HACCP for fish processing in Southeast Asia countries, *Fish. Sci.*, 68 ,1464-1488.

藤井建夫（2001）：食品の保全と微生物，食品微生物 II －制御編，幸書房，pp.234-242.

大日本水産会編（1996）：HACCP 導入マニュアル－冷凍すり身－，（社）大日本水産会，pp.32-55.

大日本水産会編（2001）：HACCP 方式による養殖管理マニュアル－ホタテガイ編－，（社）大日本水産会，pp.4-24.

大日本水産会編（2003）：今すぐ役立つ養殖管理マニュアル，（社）大日本水産会，pp.10-23.

大日本水産会・全国蒲鉾水産加工業協同組合連合会編（2003）：水産ねり製品　製造工場の品質・衛生管理，（社）大日本水産会，pp.27-53.

食品産業センター（2000）：HACCP 実践のための一般的衛生管理マニュアル，（財）食品産業センター，pp.35-65.

細川允史（2003）：食品トレサビリティ，筑波書房，pp.34-47.

加藤　登（2004）：水産食品に対する HACCP 導入の現状，水産食品の安全・安心対策（阿部宏喜・内田直行編），恒星社厚生閣，pp.91-103.

解説

― 第2章 ―

ミオシンの多様性と発現変動

　魚類ミオシンに関しては多くの研究実績があるが，そのほとんどが利用化学的研究，とくに魚肉の加熱ゲル形成に関連するものであった．ところが，温度馴化したコイの生化学的研究により，種々のミオシン・アイソフォームが同一筋肉中に発現することが示され[1]，今まで均一と考えられてきた魚類の精製ミオシンの前提が覆ってしまった．ミオシンは分子量約50万の巨大分子で，分子量約20万の重鎖2本と分子量約2万の軽鎖4本のサブユニットから成り立つ．ミオシンの主要な生理機能であるアクチンやATPとの結合能，フィラメント形成能は重鎖サブユニット（MYH）に局在する．すなわち，先述のミオシン・アイソフォームはMYHの違いによることが遺伝子クローニングの結果から明らかになった．コイ成体普通筋には環境温度に依存して発現変動する少なくとも3種類のMYH遺伝子（*MYH*）が存在し，その発現変動が転写レベルで調節されていることも示された（図1）．

　さらに，公開されているトラフグゲノムデータベースを利用して*MYH*の網羅的解析を行ったところ，トラフグは，ヒトやマウスなどの四足類がもつ遺伝子のオルソロガス遺伝子をほぼ全て有していることが示された．また，ヒトに存在する*MYH*は15種，9グループに分類されるのに対し，トラフグでは約2倍の少なくとも28種，12グループに分類されることが明らかになった[2]．

　魚類筋肉には2つの大きな特徴がある．第1に，魚類では普通筋（速筋）および血合筋（遅筋）筋線維が筋組織中，明確に発現位置が分かれており，哺乳類骨格筋で速筋，遅筋筋原線維がモザイク状に分布しているのとは対象的である．第2に，哺乳類の骨格筋では，新生児までは筋細胞数の増大（hyperplasia）および筋細胞容積の増大（hypertrophy）によって筋肉が成長するが，新生児以降の筋肉は専らhypertrophyによって成長する．一方，魚類では孵化前はもちろんのこと，孵化後から成体に達してまで，hyperplasiaおよびhypertrophyの両方によって筋肉は成長する[3]（図2）．魚類の孵化後のhyperplasiaには，筋前駆細胞が関与しているとされ，魚類の普通筋では径が異なる筋線維がモザイク状に分布している．図3のようにミオシンATPaseを活性染色すると染色度が異なる大小の筋線維が観察される．この中，径が小さく濃く染色される筋線維がhyperplasiaに深く関係していることが示唆されている[4]．トラフグではこの筋線維には特異的な*MYH*が発現しており，筋成長のマーカー遺伝子としての利用が期待されている．

　ちなみに，魚類は哺乳類と同様に胚体型*MYH*や成体遅筋型*MYH*が存在しているとともに，哺乳類に比較して魚類ではその数も多いが，哺乳類の場合も含めてその発現変動の制御機構には不明な点が多い．

〔渡部終五〕

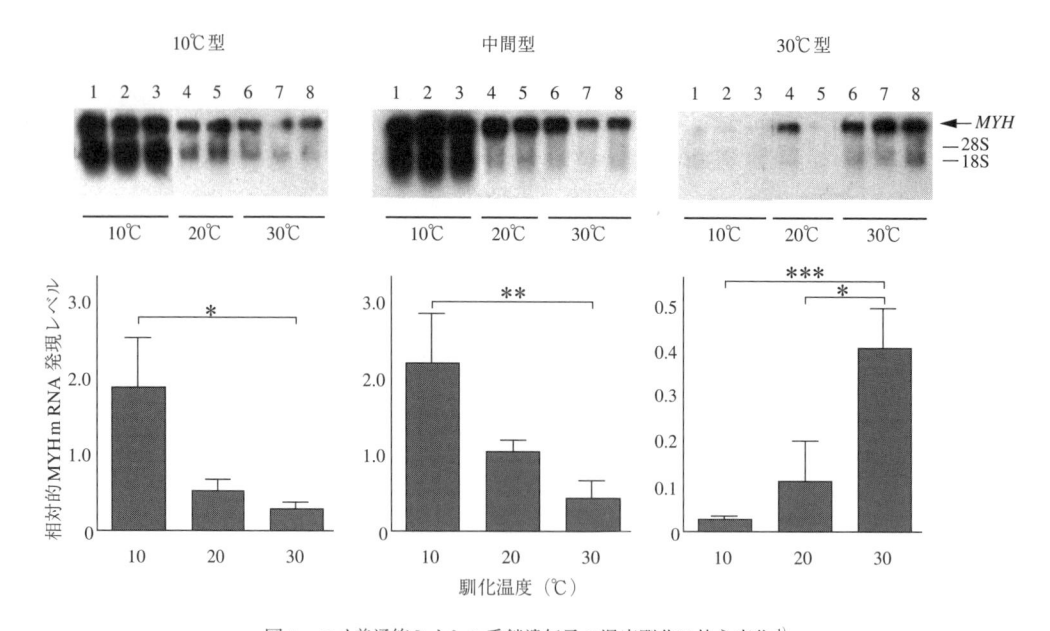

図1 コイ普通筋ミオシン重鎖遺伝子の温度馴化に伴う変化[1].
コイを各温度で4週間以上馴化させて各ミオシン重鎖(MYH)遺伝子(*MYH*)の発現量をノーザンブロット法で解析した. 有意水準 ＊：$p<0.05$, ＊＊：$p<0.01$, ＊＊＊：$p<0.001$

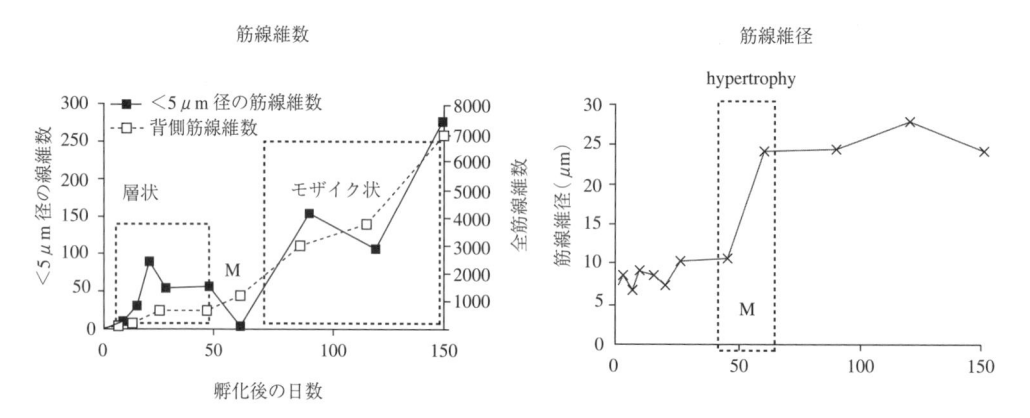

図2 魚類筋線維数および筋線維径の孵化後の変化. 層状およびモザイク状は径の小さい筋線維の分布を, Mは筋細胞の変化からみた変態期を表す[3].

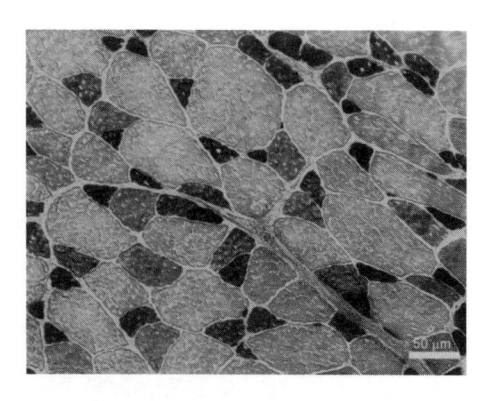

図3 トラフグ成体普通筋のATPase活性染色. 染色度や径の異なる筋線維がモザイク状に分布している様子がわかる. 径の小さい筋線維が筋前駆細胞由来から比較的最近、発生したものと思われる[4].

引用文献

1) Watabe, S. (2002): Temperature plasticity of contractile proteins in fish muscle, *J. Exp. Biol.*, 205, 2231-2236.
2) Ikeda, D., Ono, Y., Snell, P., Edwards, Y. J., Elgar, G. and Watabe, S. (2007): Divergent evolution of the myosin heavy chain gene family in fish and tetrapods: evidence from comparative genomic analysis, *Physiol. Genomics*, 32, 1-15.
3) Rowlerson, A. and Veggetti, A. (2001): Cellular mechanism for post embryonic muscle growth in aquaculture species, In *Fish Physiology：Muscle Development and Growth*, vol. 18 (ed. I. Johnston), pp. 103-140. London：Academic Press.
4) Akolkar, D. B., Kinoshita, S., Yasmin, L., Ono, Y., Ikeda, D., Yamaguchi, H., Nakaya, M., Erdogan, O. and Watabe, S. (2010): Fibre type-specific expression patterns of myosin heavy chain genes in adult torafugu *Takifugu rubripes* muscles, *J. Exp. Biol.*, 213, 137-145.

― 第4章 ―

天日乾燥と温風乾燥

　食品中の水分を太陽の輻射熱によって蒸発させ，蒸気を含んだ空気を風によって除去して乾燥する方法が天日乾燥である．大型の設備を必要としないのが特徴であるが，製品の品質が気象条件に左右されることから，品質管理が容易ではない．また，屋外での作業により衛生管理にも注意が必要である．さらに，紫外線が脂質の酸化を促進するため，天日乾燥した製品は油焼けを起こしやすい．一方，加熱した空気で食品を加熱して水分を蒸発させるとともに，蒸気を含んだ空気を気流によって除去する方法が温風乾燥である．一定間隔で台車に積み重ねた試料を台車ごと乾燥機内に移し，熱風を流して30〜40℃で1時間前後乾燥する．温風乾燥では乾燥中の製品の温度が高いため，褐変，各種の酵素反応が生じやすい．そのため，品質のさらなる改善を目的に冷風（15〜20℃）乾燥が考案されている．冷風乾燥では温風乾燥に比べ乾燥速度が遅いため，乾燥に要する時間は5〜8時間程度と長いが，原料の品温を低く保ちながら乾燥できるため，褐変，油焼けなどを抑えることができる．

〈石崎松一郎〉

脂質の酸化評価法

　魚貝類の脂質酸化の評価法を大別すると，(1)化学的評価法，(2)物理的評価法，(3)官能評価法，(4)生物学的，酵素評価法に分かれる．化学的評価法では過酸化物価（peroxide value, PV），酸価（acid value, AV），チオバルビツール酸価（thiobarbiturate value, TBA値），カルボニル価（carbonyl value, CV）が，物理的評価法ではガスクロマトグラフィー，ケミルミネッセンス法，電子スピン共鳴法が，官能評価ではフレーバースコアが，生物学的評価では毒性，栄養，成長試験が用いられている．脂質の第一次酸化生成物が過酸化物であることから，化学的評価法の中でPVが最も広く用いられ，脂質1kgに対する遊離ヨウ素のミリ当量から換算した過酸化物態酸素のミリ当量（meq/kg）で表わす．過酸化物は，分解してさまざまなカルボニル化合物を生成するため，PVは一過性の上昇を経て減少する．全カルボニル化合物量で表わすCVや，特定のカルボニル化合物，例えばマロンアルデヒド量を定量するTBA値なども用いられている．TBA値は，酸化した脂質にチオバルビツール酸を酸性下で作用させたときの532nmの赤色を比色する方法であ

る．しかしながら，同程度の酸化に対しPVとTBA値は必ずしも同程度の値とはならず，とくにTBA値を採用する場合は脂質の脂肪酸組成を考慮する必要がある．これは，マロンアルデヒドが高度不飽和脂肪酸の酸化によってのみ生成され，リノール酸などの不飽和度の低い脂肪酸からはほとんど生成されないためである．また，マロンアルデヒドは反応性に富むため，タンパク質などの食品中の各種成分と容易に化合する．したがって，TBA値はPVと同様に脂質や食品の酸敗の初期段階における指標としては適しているが，酸化が進行して油焼けを起こした状態では適用できない．

(石崎松一郎)

メイラード反応

還元糖とタンパク質やアミノ酸などのアミノ化合物を加熱すると，褐色物質（メラノイジン）を生み出す非酵素的反応のこと．アミノカルボニル反応の一種である．褐変反応（browning reaction）とも呼ばれ，食品の加工や貯蔵の際に生じる製品の着色，香気成分の生成，抗酸化性成分の生成などに関わる反応である．メイラード反応という呼称は，詳細に研究を行ったフランスの科学者ルイ・カミーユ・マヤール（Louis Camille Maillard）に由来する．

メイラード反応では，まず，還元糖とアミノ基の間で縮合が起こり，シッフ塩基が生じる．シッフ塩基がアマドリ転移を起こし，アマドリ転移生成物が生じる（初期段階）．エノール型のアマドリ転移生成物は反応性が高く，脱水反応して反応性に富んだ各種アルデヒドやフルフラール（furfural）などに変化する（中期段階）．中期段階の反応中間体や生成物がさらにアミノ酸やポリペプチドなどと反応し，重合してメラノイジンを生成する（最終段階）．出発物質や中間体の多様性ゆえ，多種多様なメラノイジンが生成するが，その過程よくわかっていない．還元糖としてメイラード反応を起こしやすいものは，リボース＞キシロース＞アラビノース＞ガラクトース＞マンノース＞グルコース＞フルクトースの順で，アミノ酸ではリシン，ヒスチジン，グリシン，アルギニンなどが反応しやすい．いずれの段階にも反応系のpHが影響を及ぼし，中性〜塩基性の条件下では，とくに中期段階以降でラジカルの生成が促進されて褐色色素の生成が促進される．

また，メイラード反応の中間体であるα-ジカルボニル化合物（互いに隣り合った位置に2つのカルボニル基が存在する化合物）がα-アミノ酸（アミノ基とカルボキシル基が同じ炭素に結合しているアミノ酸）とで縮合物を作り，酸化的に脱炭酸反応を受けてアルデヒドとアミノレダクトン[-NH-CH=CH(OH)-CO- の構造をもつ還元性のある化合物]が生成する．このストレッカー分解によって生じるアルデヒドは食品の加熱による香気成分として寄与するだけでなく，2分子のアミノレダクトンが縮合することによって生じる化合物がチョコレート臭，ポテト臭などの特有の香気を形成する．

カツオ缶詰の黄褐変肉（オレンジミート）はD-グルコース6-リン酸，D-フルクトース6-リン酸とヒスチジン，アンセリン，クレアチンとのメイラード反応によって生じる．高鮮度のカツオを急速凍結した際に，解糖中間体のD-グルコース6-リン酸とD-フルクトース6-リン酸が蓄積するため，緩慢凍結などによって解糖を進行させ，効果的にオレンジミートの発生を防止できる．

また，鮮度の低いイカを利用してさきいかを製造すると，核酸関連化合物の分解などによって遊離したリボースとアミノ酸がメイラード反応を引き起こし，褐色化するため品質が低下する．

ポテトチップスなど高温で加熱した食品中で，アスパラギンとグルコースとのメイラード反応によって神経毒性を有するアクリルアミドが生成することが明らかとなり，現在安全性について詳細な検討がなされている．

糖尿病患者にみられる褐色斑の形成にもメイラード反応が関与する．その際に生じる後期糖化反応生成物（advanced glycation endproducts，AGE）が生活習慣病の病態や老化などに関連する可能性が指摘されている．AGE には，カルボキシメチルリジン（carboxy methyl lysine，CML），カルボキシエチルリジン（carboxy ethyl lysine，CEL），ペントシジン（pentosidine）など多数の化合物があげられている．

一方，複雑なメイラード反応生成物の一部にはラジカル捕捉作用による抗酸化性を示すものもある．

（潮　秀樹）

リン脂質二重膜（層）

中性脂質のトリグリセリドはグリセロール 1 分子と脂肪酸 3 分子から 1 分子が構成されているが，脂肪酸の 1 分子がリン酸またはその誘導体に置き換わったものがリン脂質である．脂肪酸は水に溶けにくい疎水性の性質を示し，水の中では水を避けるように会合する．一方，リン酸またはその誘導体とグリセロールが結合した部分は水と交わる親水性の性質を示す．このように 1 分子中に疎水性と親水性の両方の性質をもつ物質を両親媒性の物質という．両親媒性の物質は水中では親水性の部分が水に接する．一方，疎水性の部分は水から遠ざかる位置に配置して集合または並列化して（疎水性相互作用），それぞれミセルまたは二重膜を形成する．細胞膜では脂質二重膜（層）と呼ばれる後者の流動性の高い構造からなり，その中には受容体やイオンチャネルなどを構成する膜タンパク質が埋め込まれている．これら膜タンパク質は細胞の内外に情報を伝達する重要な役割を果たしている．すなわち，化学物質からなるリガンドが受容体に結合すると細胞内にまで達している受容体の立体構造が変化して，その情報が細胞内に伝わる（第 5 章解説参照）．

（潮　秀樹）

― 第 5 章 ―

Ｇタンパク質共役受容体

図 A に示すように脂質二重層の細胞膜を 7 回貫通する特徴的な構造を有することから，7 回膜貫通型受容体とも呼ばれる．細胞外の神経伝達物質やホルモンを受容してそのシグナルを細胞内に存在する三量体型 G タンパク質（trimeric G protein）を介してシグナル伝達を行うことから，このように呼ばれる．全タンパク質中最大のスーパーファミリーを形成しており，ヒトゲノムのタンパク質コーディング領域の 4％をも占めるといわれるが，そのリガンド（受容体に結合する

物質）が不明なものも多い（オーファン受容体，orphan receptor）．スーパーファミリーはクラスAからFに分類され，中枢，自律神経系，視覚，嗅覚，味覚，免疫，炎症など多くの生体活動に重要な働きを担う．GPCRを介した細胞の情報伝達の一例として，味覚における甘味，苦味および苦味の受容機構を図Bに示す．GPCRの二量体の細胞外ドメインに味物質が結合すると受容体の構造変化が細胞内ドメインに伝えられ，Gタンパク質αサブユニットに結合していたGDPがGTPに置換されるとともに，三量体を形成していたGタンパク質αおよびγサブユニットが解離してαサブユニットが活性化する．活性化したαサブユニットはターゲットエフェクター（効果器）の1つホスホリパーゼβ2（phospholipase Cβ2，PLCβ2）を活性化し，リン脂質を加水分解してイノシトールトリスリン酸（inositol tris-phosphate，IP3）およびジアシルグリセロール（diacyl glycerol，DAG）を生じる．一方，活性化したαサブユニットにはGTPase活性があるため，結合していたGTPを加水分解してGDP結合型となり，自ら不活性化する．このようにして生じたIP3は小胞体などの細胞内カルシウムストア膜に存在するIP3受容体に結合し，細胞内カルシウムストアからのカルシウムイオン放出を誘導する．また，細胞内カルシウムストア内のカルシウムイオン濃度低下に伴い，ストア作動性カルシウムチャネルからのカルシウムイオン動員も誘発される．その結果，細胞質カルシウムイオン濃度が上昇し，一過性レセプター電位タイプM5チャネル（transient receptor potential M5，TRPM5）からのナトリウムイオン導入が起こって細胞膜が脱分極する．脱分極が起こると，基底膜側の膜電位依存性カルシウムチャネルが開口し，エキソサイトーシスによって神経伝達物質が放出され，味覚神経を介して中枢まで刺激が伝えられる．

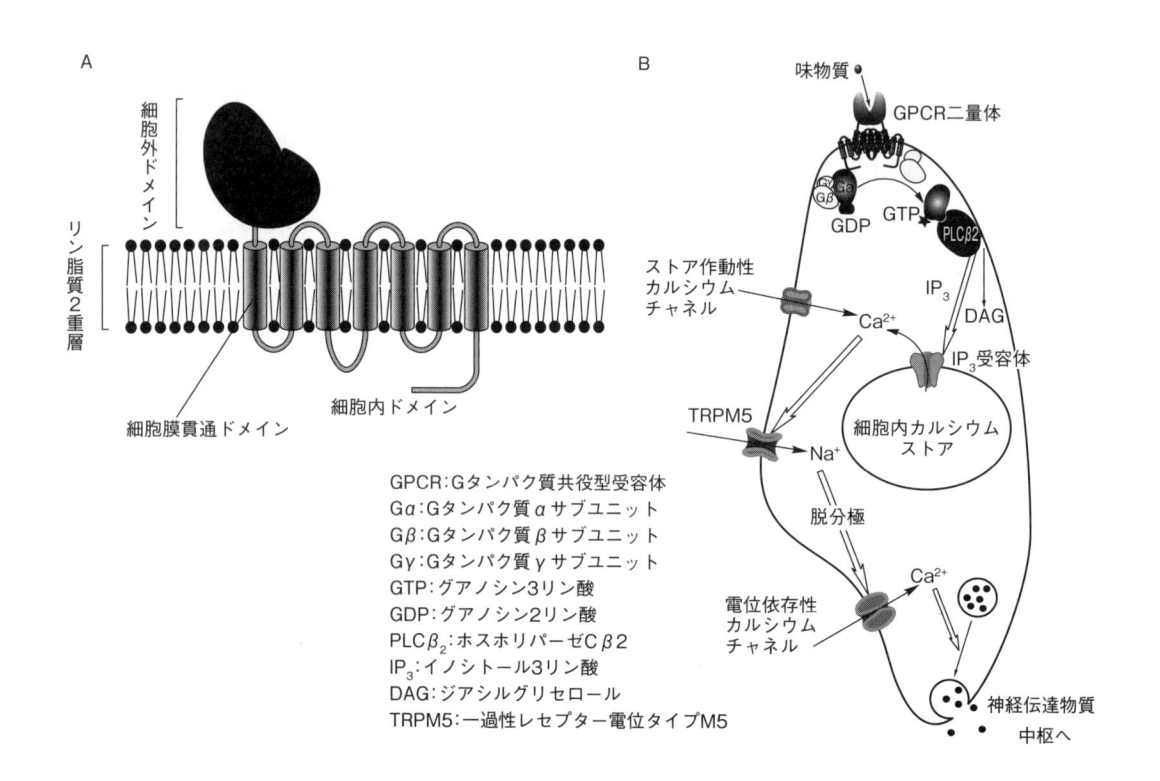

嗅覚受容体も同様な7回膜貫通型の受容体であるが，効果器がアデニル酸となる． （潮　秀樹）

味覚受容体

　哺乳類を含む脊椎動物では，味覚は味細胞という細胞単位で感知され，末梢神経系から中枢へと刺激が伝達されて味を感じる．味細胞は味蕾と呼ばれる玉ねぎ状の器官に分布し，味蕾は舌の茸状乳頭，葉状乳頭や有郭乳頭に多くみられ，軟口蓋，喉頭，咽頭などにも分布する．味細胞からは味覚神経が出力するが，茸状乳頭と葉状乳頭の前半部は鼓索神経に，葉状乳頭の後半部と有郭乳頭や軟口蓋などの味蕾は舌咽神経につながる．味細胞にはイオンチャネルや各種GPCRが分布し，塩味，酸味，甘味，苦味，うま味の5基本味を呈する物質に対して細胞内情報伝達機構を作動させ，味覚神経へと伝える．最近の味覚研究の華々しい進歩によって，甘味やうま味受容体としてGPCRであるT1RsやmGluR4のヘテロ二量体が同定され，苦味受容体としてT2Rsのヘテロ二量体が同定された．酸味の受容体の候補としてPKD2L1イオンチャネルなどが見出されている．一方，塩味については上皮ナトリウムチャネルENaCの関与も提唱されているが，まだ解決をみていない．細胞内情報伝達にはイノシトールトリスリン酸（IP3）やカルシウムイオンなどのセカンドメッセンジャーが用いられ，細胞内カルシウムストアに存在するIP3受容体カルシウムチャネル，ストア作動性カルシウムチャネルや一過性受容体電位チャネルの一種TRPM5を介して細胞内カルシウムイオン濃度や味細胞膜電位が変化し，味細胞基底膜側から神経伝達物質が放出されて味覚神経に情報が伝えられることが明らかになっている．一方，最近になって細胞外のカルシウムイオンによって活性化される受容体も味細胞で発現していることが明らかになり，カルシウムイオン以外にもペプチドやアミン類も味覚で感知される． （潮　秀樹）

── 第8章 ──

練り製品と製造原理

　かまぼこ，はんぺん，ちくわ，さつま揚，魚肉ソーセージなどは一般的に練り製品と呼ばれている．練り製品は，水産資源にタンパク質源を依存してきた日本で，独自に発展してきた伝統的な食品といえる．魚肉に塩を加え，また，これに調味料などを加えすり潰し，成型した後，加熱して凝固（ゲル化）させた食品である．練り製品には多くの種類があり，すべて元になる主原料には，良質の魚肉タンパク質が豊富に含まれている．それぞれに作り方や加える材料を変えて特徴を引き出しながら，味，食感，栄養，使い勝手などバラエティ豊かな練り製品を作り出す．つまり，練り製品のおいしさは無限大ともいえる．

　かまぼこ製造において魚体の処理肉は，(1) 丸掛け肉，(2) 落とし身，(3) 生すり身に分けられる．(1) 丸掛け肉は，魚体から頭，エラ，内臓を取り除く程度の魚体処理でミンチで細かく砕いた肉である．愛媛のジャコ天，静岡の黒はんぺんなどはこの様な肉処理をして作られる．(2) 落とし身は，魚体から肉質のみを取り出して，ミンチ処理した肉である．関東の「つみれ」など

は，ミンチ肉を水晒ししないで製造して濃厚な風味を残した製品である．(3) 生すり身は，落とし身を水晒し工程を経て，弾力や白度を高めたすり身で凍結せずに冷蔵にて保管し使用する．

塩すり身とは，練り製品の攪拌工程で原料の生すり身，または冷凍すり身を攪拌機で均一に粉砕してから，約3％の食塩を添加して得られる肉糊（にくのり）状の生身．この肉糊は，筋肉組織から食塩によりアクトミオシンが抽出されて粘性を有するゾル状物質になったものをいう．

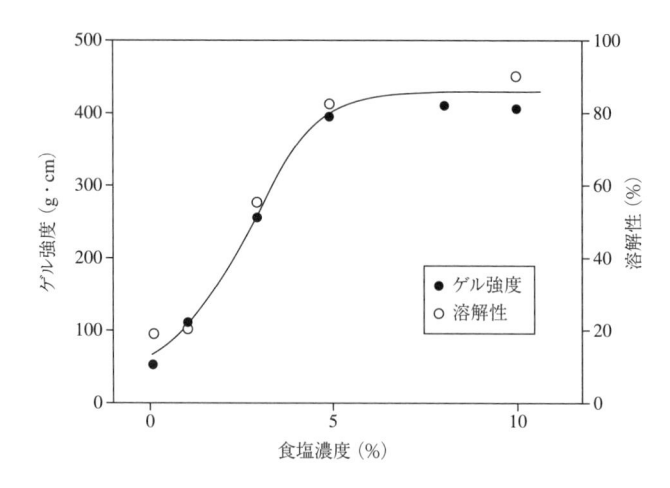

図 食塩濃度と魚類筋肉の溶解性およびゲル強度の関係
岡田稔著：かまぼこの科学，成山堂書店，p.61，1999．を一部改変．

冷凍すり身は，鮮魚の頭部及び内臓を除去し，洗浄した後，可食肉を皮および骨から機械的に分離して得られた魚肉落とし身を3～5倍量の水にさらす（水晒し）．水晒しでは，血液色素と脂質や水溶性タンパク質などが除去され筋原線維タンパク質が残る．次に脱水してから筋や黒皮，小骨などを機械的（リファイナー）で除去し，脱水肉に5～8％糖類（砂糖，ソルビトール）と約0.3％のリン酸塩などの凍結変性防止剤を混合して凍結したものが冷凍すり身である．一般に－20℃で約2年間の凍結保存が可能である．

近年ヒット商品となったかに風味かまぼこは，棒状のタイプと刻みタイプとがある．棒状のかにかまぼこには，(1) スティックタイプと (2) チャンクタイプがあり，肉糊を製麺様式で帯状に成型して蒸し加熱し，できた帯状かまぼこを製麺機の回転刃の間をくぐらせて細い線維状として，これを束ねて赤色を付けてかに棒肉様に仕上げるのが (1) スティックタイプである．(2) チャンクタイプは，かに棒肉様のかまぼこを斜めに厚く輪切りにしてサラダ用とする．(3) 刻みタイプのかまぼこは，座布団様に成型したかまぼこを0.7～1.0mm幅に線維状に刻み，かに肉の線維そっくりにみせ，この刻みかまぼこを肉糊でつないで棒状に成型したかに足風のかまぼこである．

（加藤　登）

節類の製造方法

節類は，日本特有の水産加工品であり，カツオを原料としたかつお節，マグロを原料としたま

ぐろ節，サバを原料としたさば節，イワシを原料としたいわし節などのほか，これらの節を削り機で薄片にした削り節がある．かつお節の水分は13～15％程度であるが，カツオのような紡錘形の厚みのある魚肉を，このような低水分にまで乾燥するためには，様々な工夫がなされている．一般に，節類に使用される原料の脂質含量は製品の品質に大きく影響し，脂質含量が高い原料から製造された節類は，香味が劣るだけではなく，貯蔵中に灰白色に変色することが知られている．したがって，脂質含量が適度に少ない1～3％程度の原料が最も多く用いられる．図1はかつお節の製造工程を示したものである．2kg前後のカツオを特殊加工された専用の包丁（背皮突き包丁，頭落とし包丁，身おろし包丁および合い断ち包丁など）で上身，下身および中落ち（背骨）の三枚におろし，煮かごに並べたのち約90℃で60～90分間加熱する．この工程を煮熟と呼ぶ．乾燥中に生じる節のねじれを防止するため，煮熟した魚肉中に埋まっている骨を抜き取り，さらに頭部側から1/2程度の表皮および皮下脂肪を除去する．次に，焙乾用のせいろに身おろし面を下に向けて並べ，火山に数枚積み重ねてのせた後，クヌギの薪を燃やして焙乾する．これを1番火または水抜き焙乾と呼ぶ（図2）．1番火の翌日，節の身割れや破損した部分に，そくいと呼ば

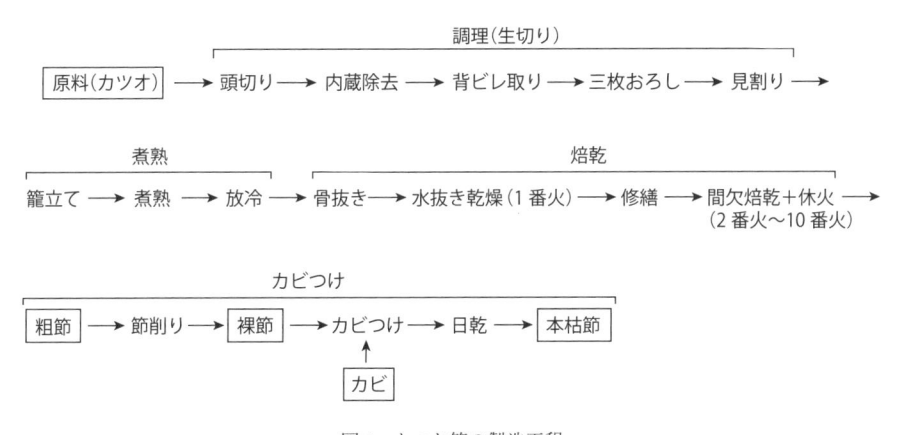

図1　かつお節の製造工程

図2　1番火（水抜き焙乾）後のカツオ節

れる修繕肉（中落ちからそぎとった生肉と煮熟した肉の混合肉）を竹へらですり込むように加える修繕工程を経たのち，再びセイロに並べて焙乾（2番火）を開始する．10番火前後まで焙乾を繰り返す．なお，4～5番火からは1日おきに，7～8番火からは2日おきに焙乾を行なうのが一般的であり，結果として焙乾には3週間前後を要する．焙乾が終了した節の表面はタール質で覆われており，黒褐色を呈している．このタール質で覆われた表面を，表皮を残して薄く削り取った後，カビつけ用の樽または木箱に詰めて15～17日間室温で放置すると，節の表面は青緑色のカビで覆われるようになる．このカビを1番カビと呼び，この操作を1番カビつけと呼ぶ．このカビの種類は主として*Penicillium*属であるが，その後の日乾およびカビの払い落とし工程，2～4番カビつけ工程によって*Aspergillus*属へとカビの種類は変化する．カビ付けの効果は，水分および皮下脂肪の減少，特有の香気の生成，だし汁の透明化，脂質の分解および付着したカビの色による節の乾燥度の把握であることが指摘されている．なお，脂質の酸化は煮熟および焙乾中には生じるが，6～8番火頃からくん煙の酸化防止効果によって抑制される．4番カビの終了した節は本枯節と呼ばれるが，このときの水分は18％程度であり，その後市販されるまでの間に水分はさらに減少して最終的に13～15％程度になる．まぐろ節もかつお節とほぼ同様の工程を経て製造されるが，さば節では焙乾が5～6回程度，カビつけも1～3回程度と若干少なく，カビ付けを行なわない場合（削り節）も認められる．一方，なまり節は焙乾の程度が極端に低い．

（石崎松一郎）

― 第9章 ―

アレルギー

細菌，ウイルスなど外来の異物（抗原）を排除するために働く免疫反応が，何らかの原因で異常に機能することをアレルギーという．Ⅰ型からⅤ型にまで分類される．

Ⅰ型アレルギー　免疫グロブリンE（IgE）が肥満細胞（マスト細胞）や好塩基球に結合し，そこに抗原が結合するとこれらの細胞がヒスタミンやセロトニンなどの生理活性物質を放出する．これによって血管拡張や血管透過性亢進などが起こり，浮腫，掻痒などの症状を引き起こす．また，反応が激しく，全身性のものをアナフィラキシーと呼ぶ．蕁麻疹，食物アレルギー，花粉症，アレルギー性鼻炎，アトピー性皮膚炎，アナフィラキシーショックなどがあげられる．

Ⅱ型アレルギー　免疫グロブリンG（IgG）が，抗原を有する自己の細胞と反応し，それを認識した白血球などが自己細胞を破壊する反応．B型肝炎やC型肝炎などのウイルス性肝炎では，ウイルスを体内から除去しようとする結果，肝細胞が破壊されることから，肝炎を呈する．

Ⅲ型アレルギー　抗原，抗体，補体などが互いに結合した免疫複合体が血流に乗って周囲の組織を傷害する反応．全身性エリテマトーデス，急性糸球体腎炎，関節リウマチなどがあげられる．

Ⅳ型アレルギー　抗原と特異的に反応する細胞障害性T細胞によって起こる．リンパ球の遊走，増殖，活性化などに時間が掛かるため，遅延型過敏症と呼ばれる．ツベルクリン反応や接触性皮膚炎などがあげられる．

V型アレルギー 受容体に対する自己抗体が産生され，その自己抗体がリガンドと同様に受容体を刺激したり，逆に不活化することで，機能が異常に亢進したり，低下したりする．本来の機能を果たせなくする反応．バセドウ病では抗体がリガンドとして甲状腺刺激ホルモン受容体に結合して甲状腺ホルモンを分泌し続けるため，異常な代謝亢進がおこる．筋細胞のニコチン性アセチルコリン受容体に抗アセチルコリン受容体抗体が結合してアセチルコリンによる神経・筋伝達を阻害することで起こる重症筋無力症は機能低下の例である．

〔潮　秀樹〕

索　引

あ　行

IgE エピトープ　156
アイスグレーズ　67
アイソフォーム　44
I 帯　12
亜鉛　104,109
あおのり加工品　140
アオブダイ　165
アクチン　3,15
　――活性化ミオシン Mg^{2+}-ATPase 活性　16
　――側制御　19
アクトミオシン　15,117
アグマチン　32
アクリルアミド　195
揚げかまぼこ類　125
上げ氷法　50
アザスピロ酸　169
足　59
味　6
　――細胞　82
味付缶詰　134
アシルキャリアータンパク質　106
アスコルビン酸　106
アスタキサンチン　7,69,75,79,111
アスポリン　21
アセチル CoA　5,26
アディションテスト　81
アデニレートエネルギーチャージ　43
アデノシン　29
　――5'―一リン酸　4
　――5'―三リン酸　3,15
　――5'―二リン酸　4,15
アナフィラキシー　200
　――ショック　200
アニサキスアレルゲン　154
油漬缶詰　134
油焼け　67,69
アポ酵素　105
アミノカルボニル反応　67,79,194
アミノ酸スコア　6,98
アミノトランスフェラーゼ　106
アミノレダクトン　90
アミン類　32
アメリカ食品医薬品局　175
あらい　25,114
アラキドン酸　7,101
アラニン　31
アラノピン　30
アルカリ軽鎖　15

アルギニン　29
　――キナーゼ　29
　――リン酸　30
アルギン酸　7,106,110,139
　――ナトリウム　141
アルセノ糖　158
アルセノベタイン　158
アルドステロン　110
アルドラーゼ　20
α-アクチニン　19
α-コネクチン　37
α-トコフェロール　79
α-ヘリックス　16
α-リノレン酸　101
アレルギー　200
　――物質　151
　――様食中毒　32
アレルゲン　153
アンギオテンシン　110
アンギオテンシン変換酵素　110
安心・安全　8
安全性　8
暗帯　12
閾値　87
活けしめ　49
イコサトリエン酸　101
イコサペンタエン酸　101
I 型アレルギー　156
I 型コラーゲン　21,39
1,3-ジホスホグリセリン酸　20
一次機能　107
一次生成物　65
イノシン　4,29
　――5'-一リン酸　4
イワスナギンチャク　164
インポセックス　160
牛海綿状脳症　2
うま味　6
ウレアーゼ　33
運動飼育　36
エアブラスト法　53
エイコサノイド　7,101
エイコサペンタエン酸　7,65,101,110
衛生管理　8
A 帯　12
栄養価　7,95
栄養機能食品　107,108,109
栄養機能性成分　9
栄養機能表示　109
栄養成分　107

栄養特性　95,107,110
栄養補助食品　107,108
AMP デアミナーゼ　29
a*値　78
ATP 合成酵素　27
エキス成分　81,116
SDS-ポリアクリルアミド電気泳動解析　62
H-メロミオシン　15
N-アセチル-D-グルコサミン　72
N-アセチル-d-ガラクトサミン　72
n-3 系高度不飽和脂肪酸　64
エネルギー代謝　5
エノラーゼ　20
エビ類の黒変　79
F-アクチン　17
M 線　12
L-乳酸　20
L-メロミオシン　15
塩干品　132
延髄刺殺　42,48,49
塩漬　62
塩蔵　62
　――品　131
エンテロトキシン　149
塩濃縮　57
塩溶性タンパク質　14
黄褐変肉　195
横細管　13
横紋筋　10
オーファン受容体　196
オカダ酸　168
おきうと　142
オクトピン　30
おごのり　142
オスモライト　93
小田原かまぼこ　123
おでん種　125
落とし身　197
オピン類　30,43
オミッションテスト　81
オリゴ糖　70
折り曲げ試験　129
オレイン酸　101
オレンジミート　71,79,195
温度馴化　191
温風乾燥　63,193
オンモクロム　51,75

か行

カード　134
外観　50
解硬　23
海藻　137
　──資源　137
　──資源の利用形態　137
　──多糖　139
　──加工食品　139
解糖酵素　20
解凍硬直　25,59
化学価　98
化学的危害　181
化学的評価法　95
V型コラーゲン　39
カキ　104
核　20
核酸関連化合物　91
過酸化物　65
過酸化物価　65,193
加水分解　65
硬さ　33
カダベリン　32
活魚　44
　──輸送　44
褐変　67
カニ　127
加熱加工臭　90
加熱変性　113
かまぼこ　59
　──類　122,123
カラゲナン　141
ガラス転移　58
借り腹　173
カルシウム　104,109
　──イオン　4
　──イオン制御系　17
　──感受性　17
　──結合タンパク質　13
　──チャネル　13
カルセクエストリン　21
カルニチン　84
カルノシン　7,83,111
カルボニル価　193
カルボニル化合物　65
カロテノイド　75,111,139
還元型 NADH　26
乾製品　131
缶詰食品　133
寒天　106,110,141
官能検査　33,41
官能検査員　33
官能評価　33,128

カンピロバクター　150
γ-リノレン酸　101
緩慢凍結　53
甘味受容体　83
黄色ブドウ球菌　148
記憶喪失性貝中毒　168
記憶喪失性貝毒　168
危害分析　144,186
奇数鎖脂肪酸　106
キチン　70,104,106,110
キトサン　7,70,106,110
機能性　7,110
　──食品　95,107,-109
　──ペプチド　64
揮発性塩基窒素　43
キャッチ筋　19
急速凍結　53,57
凝固物　134
凝集性　33
共晶点　58
魚貝類アレルギー　153
魚貝類エキス　137
魚醤油　64,135
魚食　1
　──文化　3
魚肉ソーセージ類　122
魚肉ハム　122
魚油　136
筋隔膜　3,14,21
筋基質タンパク質　3,14,21,55,
筋形質タンパク質　3,14,55
筋原線維　3,12,36
　──系タンパク質　3
　──タンパク質　55
　──タンパク質結合型のプロテアーゼ　61
　──を構成するタンパク質　14
筋細胞　36
筋小胞体　13
　──カルシウム ATPase　13
近赤外分光器　44
筋節　10,21,
筋線維　10
　──鞘　3,12,14
筋前駆細胞　191
筋内膜　38
筋肉　3
　──タンパク質　3,14
グアニジノ化合物　29
空気凍結法　53
クエン酸　5
　──回路　5,20,26
苦悶死　48

クリープメータ　33
グリコーゲン　5,20,26,70
　──含量　58
　──ホスホリラーゼ　20
グリコシアミンリン酸　30
グリシンベタイン　84
グリセルアルデヒド3-リン酸　20
　──脱水素酵素　20
グリセロール　65
クリプトキサンチン　105
グルコース　5,20
　──1-リン酸　20,26
　──6-リン酸　26
グルタチオン　84
グルタミン酸　6
　──ナトリウム　82,139
クルペオトキシズム　165
クレアチン　4,7,29,11
　──キナーゼ　20,29
クレアチンリン酸　4,20,29,104
黒はんぺん　126
クロム　107
クロロフィル　75
軽鎖　15
K値　42,56,92
結合水　74
結合組織　36
ケミカルスコア　98
下痢性貝毒　168
下痢性貝中毒　168
ゲル形成性　59
ゲル剛性　129
ゲル物性　129
腱　3,14
嫌気的代謝　20
　──産物　94
健康　2,7,101,110
　──維持　108
　──機能性　8
　──食品　107,108
　──増進作用　107
　──補助食品　108
検査員　41
原産地判別　172
高圧処理　70
高エネルギーリン酸化合物　19
好塩基球　200
高温あらい　25
硬化現象　25
香気成分　90
後期糖化反応生成物　195
高級脂肪酸　65
高血圧　110

抗原交差性　154	三量体型Gタンパク質　196	正味タンパク質利用率　95
抗原提示細胞　153	シアノコバラミン　106	食生活　9
光合成　75	Cタンパク質　19	食品衛生　8,144
抗酸化剤　67	Gタンパク質共役受容体　82	食品機能　107
高浸透圧順応　93	ジェオスミン　87	食物繊維　106,110
酵素免疫抗体法　156	ジェリー強度　129	ショ糖　70
硬直指数　35	塩辛　63,135	心筋　10
高度不飽和脂肪酸　100	塩じめ　114	真空包装　67
興奮収縮連関　13	塩すり身　198	神経じめ　50
コエンザイムA　106	紫外線殺菌海水　150	神経性貝中毒　168
コールド・チェーン　122	シガテラ毒　163	神経性貝毒　168
小型球形ウイルス　150	シガトキシン　163	リン脂質　195
V型コラーゲン　21	色素　74	真正血合筋　11
5基本味　81	──細胞　51	浸漬凍結法　53
国際食品規格委員会　143	色変　77	人畜共通感染症　145
5,5'-ジチオビス（2-ニトロ安息香酸）　15	嗜好性　87,107	深部血合筋　11
骨格筋　10	死後硬直　4,23,35	水管　119
5'-ヌクレオチダーゼ活性　29	自己消化　64	水銀　157
コネクチン　19	死後変化　91	水産加工食品　122
コハク酸　31,85	示差走査熱量分析　60	水産練り製品　122
コバルト　107	脂質酸化　65	水分　74
コプラナーPCB　159	脂質二重膜（層）　195	──活性　74
コラーゲン　21,56,113	自動酸化　65,71	水溶性タンパク質　14
──線維　38	──速度　77	水溶性ビタミン　105
コレカルシフェロール　105	シトクロム類　11	スクロース　59,70
コレステロール　101	ジノフィシストキシン　168	酢じめ　114
こんぶ加工品　140	ジヒドロキシアセトンリン酸　20	酢漬け　135
	ジヒドロピリジン受容体　13	ストレッカー分解　90,194
さ　行	脂肪酸　5,55	ストロンビン　30
最確数法　150	──組成　102	素干品　132
細工かまぼこ　128	しめ　48	スポンジ化　80
サイクリックアデノシン3',5'-一リン酸　19	ジメチルアミン　32	スラリーアイス　50
	ジメチルアルシン酸　158	坐り　61
最大氷結晶生成帯　53,58	ジメチルスルフィド　87,90	生活習慣病　64,95,110
細胞外マトリックスタンパク質　21	シャーベット氷　50	低酸素耐性　93
細胞膜　67	シャトル機能　30	生体調節作用　107
魚の消費　2	斜紋筋　11,118	生体膜イオンポンプ　22
サキシトキシン　166	XI型コラーゲン　21	成長ホルモン　174
笹かまぼこ　127	縦細管　13	──遺伝子　174
刺身　113	修飾輸送　26	静電的相互作用　16
サブユニット　15	自由水　74	生物価　95
サプリメント　107,108	終末槽　13	生物学的危害　181
サルコメア　13	重要管理点　182,186	生物学的評価法　95
酸価　193	熟成　91	脊髄破壊　49
酸化型NAD　26	受諾性　41,87	脊髄反射　42
酸化型フラビンアデニンジヌクレオチド　26	主要組織適合遺伝子複合体　153	絶食　45
	浄化法　150	接触凍結法　53
酸的リン酸化　27	消化率　95	Z板　12,36
酸化防止剤　105	焼乾品　132	ゼラチン　115
三次機能　107,139	商業的無菌　133	──化　115
酸敗　69	蒸煮　134	セリンプロテアーゼ　61
──性　64	脂溶性ビタミン　105	鮮度　41
	少糖類　70	──低下　41

──判定法　41
　　　──保持　3,41
相乗効果　84
増粘安定剤　139
送風凍結法　53
組織脂質　65
疎水結合　16
塑造　128
鼠族　189
速筋　10
　　　──線維　11
ゾル-ゲル転移　139

た 行

第1制限アミノ酸　98
ダイオキシン類　8,159
体色　51
体節的構造　10
体調維持　108
タイチン　19
耐熱性溶血毒類似毒　148
タウリン　7,111
タウロシアミンリン酸　30
タウロピン　30
唾液腺中　170
だし　119
脱酸素　67
多糖類　70
炭酸カルシウム　104
単純脂質　65
胆赤素ビリルビン　75
タンパク価　6,98
タンパク質　3,55,95
断片化率　36
血合筋　10
チアミン　105
遅延型過敏症　200
チオバルビツール酸　69
　　　──価　193
　　　──値　69
遅筋　10
　　　──線維　11
蓄積脂質　65
蓄養　45
ちくわ類　126
窒素置換　67
血抜き　39,49
腸管病原性大腸菌　149
調節軽鎖　16
貯蔵温度　50
チルド商品　51
ツベルクリン反応　200
T管　13

TBA値　193
DNAワクチン　175
低温蓄養　46
D-型アミノ酸　83
D-グルコース　70
D-乳酸　30
呈味性　90,92
呈味成分　81
呈味物質　81
呈味有効成分　81
デカルボキシラーゼ　106
適合溶質　32
テクスチャー　3,33,112
テクスチュロメータ　33
手じめ　49
鉄　104,109
テトラミン　170
テトロドトキシン　8,162
電気的センサ　44
電子伝達系　20,26
天日乾燥　63,193
トイッチン　19
銅　104,109
凍結技術　55
凍結曲線　53
凍結障害　57
凍結速度　57
凍結貯蔵　52
凍結変性　57
凍結変性防止剤　59
凍結焼け　67
動物性タンパク質　95
ドウモイ酸　169
特定保健用食品　106-110
特別用途食品　108
特保　107
特有臭　87
ドコサヘキサエン酸　65,101,110
トコフェロール　67,105
とさかのり　142
ドミナントネガティブ　174
ドラフトシーケンス　173
トランスグルタミナーゼ　61
トランスジェニック魚　174
トランスポゾン　174
トリアシルグリセロール　31
トリオース二リン酸　26
トリオースリン酸　26
トリカルボン酸　20
　　　──回路　20
トリグリセリド　65
トリゴネリン　85
ドリップ　57,74

トリプチルスズ　160
トリプトファン　99
トリプレット　21
トリメーター　44
トリメチルアミン　32,79,89
　　　──オキシド　32,58,79,85
トレーサビリティー　183,187
ドレス　112
トロポニン　4,17
　　　──I　18
　　　──C　18
　　　──T　18
トロポミオシン　17,154

な 行

ナイアシン　105,106,110
内分泌攪乱物質　145
ナトリウム　104
生すり身　197
なれずし　118,136
軟化　23,33
難溶性オリゴ糖　106
臭い成分　81
II型コラーゲン　21
ニコチン酸　106
　　　──アミド　106
二次機能　107,139
二次生産物　66
二重膜　195
二段加熱　129
　　　──法　61
ニッケル　107
ニトロソジメチルアミン　32
煮干し　120
　　　──品　132
2-ホスホグリセリン酸　20
2-メチルイソボルネオール　87
乳酸　70
糠漬け　135
ネオスルガトキシン　170
練り製品　197
農業生産工程管理　186
能動輸送　13
野じめ　48
ノックダウン　174
のり加工品　141

は 行

パーシャルフリージング　50,131
バイオマス　137
焙乾品　132
排他的経済水域　2
歯ごたえ　3,33,56

破断エネルギー　33
破断強度　33
破断凹み　33
発酵　63,146
　――食品　134
バナジウム　107
パネリスト　33,41
パネル　41
早ずし　136
バラフエダイ　163
パラミオシン　19
パリトキシン　164
パルブアルブミン　21,154
バレニン　83
パントテン酸　105,106,110
はんぺん　125
ビオチン　110
ひじき　142
ビス-γ-リノレン酸　101
ヒスタミン　8,32
ビスホモ-γ-リノレン酸　7
ヒ素　158
ビタミン　105,109
　――E　105,110
　――A　79,105,110
　――K　105
　――C　79,106,110
　――D　105,110
　――B₁　105,110
　――B₁₂　106,110
　――B₂　105,110
　――B₆　110
必須アミノ酸　98
必須軽鎖　16
必須脂肪酸　7
ヒドロペルオキシド　65
非ヘム鉄　104
ヒポキサンチン　4,29
肥満細胞　200
火戻り　61
氷温貯蔵　50,131
氷結晶　57
病原性大腸菌　149
表示栄養成分　107
氷蔵　50
表層血合筋　11
表面プラズモン共鳴　156
氷冷収縮　24
ピラジン類　90
ピリドキサール　106
ピリドキサミン　106
ピリドキシン　106
ビリベルジン　75

ピルビン酸　5,20,26
ファインケミカル　137
フィッシュミール　136
フィラメント形成能　17,60
フィレー　113
フードチェーン・アプローチ　185
風評被害　186
フェノールオキシダーゼ　79
フェノール化合物　79
フォリスタチン　174
フグ科魚類　161
複合脂質　65
フグ毒　161
　――中毒　161
フコイダン　139
フコキサンチン　75,139
節類　198
斧足筋　119
付着性　33
普通筋　10
物理的危害　181
太いフィラメント　3,13
ブドウ糖　70
プトレシン　32
腐敗　91
ブライン凍結法　53
フラクトース1,6-ビスリン酸　20,26
フラクトース6-リン酸　26
ブラジキニン　110
プランジャー　33
ブレベトキシン　168
プロスタグランジン　101
　――類　7
プロテアーゼ限定分解　15
プロテオグリカン　72
プロピオン酸　31
ベアーゾーン　16
閉殻筋　119
平滑筋　10
平滑閉殻筋　19
βアラニンベタイン　84
βアラノピン　30
β-カロテン　105,110
β-コネクチン　37
β酸化　6
ベタイン　84
　――類　6
ペプチド　110
ヘムタンパク質　11,74
ヘム鉄　104
ヘモグロビン　11,74,78,104
ヘモシアニン　74

変敗　133,134,146
補因子　105
飽和脂肪酸　100
補欠分子族　105
保健機能食品　107,108
補酵素　105
　――A　5,106
ホスファゲン機能　30
ホスホエノールピルビン酸　20
ホスホリパーゼ　31,67
細いフィラメント　3,13,17
ホタテガイ　182
ボツリヌス菌　149
ボツリヌス毒素　149
ホマリン　84
ポリアミン類　32,43
ポルフィリン　11
ホルムアルデヒド　32

ま　行

マイトトキシン　163
巻締め　133
マグネシウム　104,109
マスト細胞　200
麻痺性貝毒　9,165
麻痺性貝中毒　165
マリンエコラベル　186
丸　112
　――掛け肉　197
マンガン　104
ミオグロビン　11,74,77,104
ミオシン　3,4,15,57,191
　――ATPase　16
　――側制御　19
　――サブフラグメント-1　15
　――サブフラグメント-2　15
　――重鎖　15
　――尾部　15
　――ロッド　15
ミオスタチン　174
　――遺伝子　174
水氷じめ　48
水氷法　50
水煮缶詰　134
水戻り性　63
三つ組　13
ミトコンドリア　5,20,27,
ミネラル　6,104,109
味蕾　82,85
無機リン酸　15
蒸しかまぼこ　123
明帯　12
メイラード反応　67,71,133194

メタンチオール　90
メチルアミン　32
メチル水銀　157
減感作療法　156
メト化　71
メラノイジン　79,194
免疫寛容誘導　156
免疫グロブリン　153
モザイク状　191
戻り　61
モリブデン　107

や　行

焼きかまぼこ　124
ヤケ肉　77
　――現象　64
有機酸　6
遊離アミノ酸　5,31,98
ゆでかまぼこ類　125
葉酸　105,106,110
ヨウ素　107
四次構造　15

ら・わ　行

リアノジン受容体　13
リソソーム　5,21
リゾホスホリパーゼ　67
リゾリン脂質　67
リテーナ　124
リノール酸　100
リパーゼ　31
リボース　71
リボフラビン　105
硫化水素　89
緑色蛍光タンパク質　173
　――遺伝子　173
リン酸カルシウム　104
リン脂質　31
　――二重層　67
冷蔵　55,130
　――食品　131
冷凍　130
　――食品　131
　――すり身　59,198
冷風乾燥　193
レオメーター　44
レチノール　105
レニン　110
レポーター遺伝子　173
ロイコトリエン　101
　――類　7
わかめ加工品　140

アルファベット

1,3 diphosphoglycerate　20
2-methylisoborneol　87
2-phosphoglycerate　20
5,5'-dithiobis 2-mitrobenzoic acid　15
5'-nucleotidase　29
α-helix　16
α-linolic acid　101
β alanine betaine　84
β-alanopine　30
β oxidation　6
β-carotene　105
β'-component　154

A

A.E.C.　43
acceptability　41
ACE　110
acid value　193
ACP　106
actin　3,15,
actinin　19
actomyosin　15
acyl carrier protein　106
adductor muscle　119
adenosine　29
adenosine 5'-monophosphate　4
adenosine diphosphate　4
adenylate energy charge　43
ADP　4,15,29
AdR　29
advanced glycation endproducts　195
Aeromonas　51
agar　110
AGE　195
agmatine　32
air blast freezing　53
alanine　31
alanopine　30
aldolase　20
aldosterone　110
Alexandrium　166
alginic acid　7,110,139
Alteromonas　32
amino acid score　6,98
aminocarbonyl reaction　67
aminotransferase　106
amnesic shellfish poisoning　168
AMP　4,29
angiotensin　110
　―― converting enzyme　110
anisotropic band　12

apoenzyme　105
arachidonic acid　7,101
ASP　168
aspolin　21
astaxanthin　75,111
astaxanthine　7
ATP　15
　―― ase　15,57,191
autooxidation rate　77
AV　193
Aw　74
azaspiracid　169

B

balenine　84
betaine　6,84
bilirubin　75
biliverdin　75
biological value　95
bishome-γ-linoleic acid　7,101
bound water　74
bovine spongiform encephalopathy　2
bradikynin　110
brevetoxin　168
BSE　2
BV　95

C

Ca^{2+}-ATPase　58
cadaverine　32
calsequestrin　21
cAMP　19
Campylobacter botulinum
canned food　133
carbonyl value　193
cardiac muscle　10
carnitine　84
carnosine　7,83,111
carotenoid　75,111,139
CCP　182
chemical score　98
chilled storage　131
chitin　104
chitosan　7,110
cholecalciferol　105
cholesterol　101
ciguatoxin　163
citric acid　5
　―― cycle　20,26
clupeotoxism　165
CoA　5,106
coenzyme　105
　―― A　5,106

cofactor 105	extracts 116	glycosyamine phosphate 30
collagen 21,113		GMP 178, 179
connectin 19	**F**	Good Agricultural Practice 186
contact freezing 53	F₀, F₁, ATPase 27	GPCR 82,196
creatine 4,7,111	FA 32	green fluorescent protein 173
── kinase 20	FAD 20,26	growth hormone 174
creatine phosphate 4,20,104	FADH₂ 20,26	
Critical Control Point 186	fast muscle 10	**H**
cryptoxanthin 105	fatty acid 5	H-meromyosin 15
CV 193	FDA 175	HA 144
cyanocobalamin 106	fermented food 134	HACCP 8,178, 179
cyclic adenosine 3,5'-monophosphate 19	fillet 113	hazard analysis 144,186
	finechemicals 137	hazard analysis and critical control point 8,178
cytochrome 11	first limited amino acid 98	health food 107
	fish ham 122	heat denaturation 113
D	fish meal 136	heavy chain 15
dark muscle 10	fish sausage 122	heme protein 74
decarboxylase 106	flavin adenine dinucleotide 26	hemocyanin 74
DHA 65	folic acid 105	hemoglobin 11,74,104
DHPR 13	food functionality 107	histamine 8,32
diarrhetic shellfish poisoning 168	foot muscle 119	homarine 85
digestibility 95	formaldehyde 32	Hx 4
dihydropyridine receptor 13	free amino acid 5,98	HxR 4
dihydroxyacetone phosphate 20	free water 74	hydrogen sulfide 89
dimethyl sulfide 90	freezer burn 67	hyperplasia 3,11,191
dimethylamine 32	freshness 41	hypertrophy 3,11,191
dimethylsulfide 87	fructose 1,6-bisphosphate 20,26	hypoxanthine 4
dinophysistoxin 168	fructose 6-phosphate 26	
Dinophysis 168	fucoidan 139	**I**
dioxins 8	fucoxanthin 139	icosapentaenoic acid 101
D-lactate 30	functional food 107	Ig 153
DMA 32		immunoglobulin 153
docosahexaenoic acid 65	**G**	IMP 4,29
domoic acid 169	G protein-coupled receptor 82	inosine 4
dress 112	*Gambierdiscus toxicus* 163	inosine 5'-monophosphate 4
dried product 131	gel stiffness 129	isotropic band 12
DSP 168	gelatinization 115	
DTNB 15	geosmin 87	**K**
	GFP 173	*Karenia brevis* 168
E	GH 174	
EC coupling 13	glass transition 58	**L**
eicosanoid 101	glucose 5,20	leukotriene 7,101
eicosapentaenoic acid 7,65,101	── 1-phosphate 20	light chain 15
ELISA 156	── 6-phosphate 26	linolic acid 101
endomysium 38	glutamic acid 6	*Listeria* 51
enolase 20	glutathione 84	L-lactate 20
enzyme-linked immunosorbent assay 156	glyceraldehyde 3-phosphate 20	L-meromyosin 15
	glyceraldehyde-3-phosphate dehydrogenase 20	longitudinal tubule 13
EPA 65	glycine betaine 84	lysosome 5,21
essential amino acid 98	glycogen 5,20,26	
essential light chain 16	glycogen phosphorylase 20	**M**
eutectic point 58	glycolytic enzyme 20	M line 12
excitation-contraction coupling 13		

Maillard reaction 67
maitotoxin 163
major histocompatibility complex 153
Marine Ecolabel; marine stewardship council 186
Marine Stewardship Council 186
melanosis 79
methanethiol 90
methylamine 32
Micrococcus 32
mineral 6,104
mitochondria 5,20
moisture 74
MSC 186
muscle fiber 10
muscle protein 3,14
myofibril 12
myofibrillar protein 3,14
myoglobin 11,74,104
myosin 3,15
— rod 15
— subfragment-1 15
— subfragment-2 15
myostatin 174
myotome 10
— membrane 3,14

N

n-3 PUFA 64
NAD^+ 20,26
NADH 20
net protein utilization 95
neurotoxic shellfish poisoning 168
niacin 105
nicotinamide 106
— adenine dinucleotide 26
nicotinic acid 106
Norovirus 150
NSP 168
nucleus 20

O

oblique muscle 118
obliquely striated muscle 12
octopine 30
okadaic acid 168
oleic acid 101
opines 30
ordinary muscle 10
organic acid 6
orphan receptor 196
Ostreopsis 164

P

palytoxin 164
panel 41
panelist 41
panthothenic acid 105
paralytic shellfish poisoning 9,166
paramyosin 19
partial freezing 131
parvalbumin 21
PCR 171
peroxide value 193
phosphoenolpyruvate 20
Pi 15
pigment 74
polyamines 32,43
polymerase chain reaction 171
polyunsaturated fatty acid 100
preference 87
propionate 31
prostaglandor 7
prosthetic group 105
protein score 6,98
Pseudomonas 32
Pseudo-nitzchia multiseries 169
PSP 9,166
PUFA 100
putrescine 32
PV 65,193
pyridoxal 106
pyridoxamine 106
pyridoxine 106
pyruvate 5

R

regulatory light chain 16
retinol 105
RFLP 171
rheometer 44
riboflavin 105
rigor mortis 23
round fish 112
ryanodine receptor 13
RyR 13

S

Salmonella aureus 148
salted product 131
salting 114
sarcolemma 3,12,14
sarcomere 13
sarcoplasmic protein 3,14
sarcoplasmic reticulum 13
saturated fatty acid 100

saxitoxin 166
sensory test 41
SERCA 13
sharp freezing 53
siphon muscle 119
skeletal muscle 10
slow muscle 10
smooth muscle 10
sol-gel transition 139
soup stock 119
SPR 156
SR 13
SSCP 172
Staphylococcus 32
striated muscle 10
stroma protein 3,14
strombine 30
succinate 31
succinic acid 85
superficial dark muscle 11
surface plasmon resonance 156
surimi products 122
synergistic effect 84

T

taurine 7,111
taurocyamine phosphate 30
tauropine 30
TBA 69
TDH 148
tendon 3,14
TEQ 159
terminal cisterna 13
tetramine 170
tetrodotoxin 8,162
texture 3,112
TGase 61
thermostable direct hemolysin 148
thiamine 105
thick filament 3,13
thin filament 3,13
thiobarbiturate value 193
titin 19
TMA 32,79,89
TMAO 32,79,85
tochopherol 105
traceability 183
transverse tubule 13
triad 13
tricarboxylic acid 20
trigonelline 85
trimethylamine 32,79,89
trimethylamine oxide 32,79

triplet 21
tropomyosin 17
troponin 4, 17
true dark muscle 11
TTX 8
twitchin 19

V
VBN 43
Vibrio 32
vitamin 105
volatile basic nitrogen 43

W
water activity 74

Z
Z disc 12
zone of maximum ice crystal formation 53

水産利用化学の基礎
（すいさんりようかがくのきそ）

2010年9月30日　初版第1刷発行
2018年9月25日　第2版第1刷発行
2020年6月25日　　　　第2刷発行
2022年3月1日　　　　　第3刷発行

定価はカバーに表示してあります

編　者　渡部　終五　ⓒ
（わたべ　しゅうご）
発行者　片岡　一成
発行所　恒星社厚生閣

〒160-0008　東京都新宿区四谷三栄町3-14
電話 03（3359）7371（代）
http://www.kouseisha.com/

印刷・製本：シナノ

ISBN978-4-7699-1217-0　C3062

JCOPY　<（社）出版者著作権管理機構　委託出版物>
本書の無断複写は著作権上での例外を除き禁じられています．複写される場合は，その都度事前に，出版社著作権管理機構（電話 03-5244-5088, FAX03-5244-5089, e-maili:info@jcopy.or.jp）の許諾を得て下さい．

好評発売中

水圏生化学の基礎

渡部終五 編

B5判・248頁・定価（本体3,800円＋税）

進展著しい生化学分野の基礎を，水生生物を主な対象としてコンパクトにまとめる．最新の知見はもとより教育上の要請を十分取り込み，本文中のコラム，巻末の解説頁で重要事項を丁寧に説明した本書は，生化学を学ぶ方の恰好のテキスト．〔主な内容と執筆者〕1. 序論（渡部終五）2. 生体分子の基礎（松永茂樹）3. タンパク質（尾島孝男・落合芳博）4. 脂質（板橋 豊・大島敏明・岡田 茂）5. 糖質（伊東信・潮秀樹・柿沼 誠）6. ミネラル・微量成分（緒方武比古）7. 低分子有機化合物（潮・松永・渡部）8. 核酸と遺伝子（木下滋晴・豊原治彦）9. 細胞の構造と機能（近藤秀裕・山下倫明）

かまぼこ その科学と技術

山澤正勝・関 伸夫・福田 裕 編

A5判・388頁・定価（本体4,800円＋税）

かまぼこは魚肉タンパク質の特性を見事に活かした伝統食品であり，日本人の食生活にしめる位置は高い．本書は，かまぼこ業者向けに編纂された，原料の化学・製造器機の技術革新・消費者のニーズに適う新製品開発・付加価値等を内容とし，編集者を中心に，業界の技術指導者が執筆する「かまぼこ製造の百科事典」．〔主な内容〕1. 魚介類筋肉成分 2. 冷凍すり身（原料魚と製造技術の特徴，冷凍変性防止など）3. ねり製品（種類と特徴，擂潰技術，加熱技術など）4. 食品添加物・副原料の科学（各種添加物の添加効果など）5. 品質と管理（食品の腐敗および有害微生物，かまぼこの物性の評価技術など）

水産食品の加工と貯蔵

小泉千秋・大島敏明 編

A5判・360頁・定価（本体4,200円＋税）

限られた資源を有効に，かつ如何に付加価値をつけるかが，わが国水産加工の緊急の課題である．そのための研究は著しく進捗し，その結果は種々の形で報告されている．本書はこうした最新の研究成果を十分に取り込み，水産物の加工適正・消費者嗜好の動向・製造技術・製品貯蔵法を解説する水産加工ハンドブック．〔主な内容〕1. 水産物の利用 2. 水産物の性状 3. 冷凍品 4. 乾製品 5. 燻製品 6. 塩蔵品 7. 缶詰，瓶詰及びレトルト食品 8. 魚肉ねり製品 9. 発酵食品 10. 調味加工品 11. 海藻工業製品 12. フィッシュミール，魚油及びフィッシュソリュブル 13. その他の水産加工品

魚介類アレルゲンの科学

塩見一雄・佐伯宏樹 編

A5判・140頁・定価（本体3,600円＋税）

近年，患者数の増加から食物アレルギーは大きな社会問題になり，食物アレルギーへの正確な診断，適切な治療，確実な予防が問われている．本書は魚介類アレルゲンにしぼり，魚介類アレルギー対策の基礎であるアレルゲンの性状解明，分析方法，低減化技術に関する最新の知見を提供．管理栄養士，医療関係者，食品関係者必読の書．〔主な内容〕Ⅰ．魚介類アレルゲンの本体と性状（魚類／甲殻類／軟体動物／魚卵／アニサキス）Ⅱ．魚介類アレルゲンの低減化（加工過程における低減化／タンパク質改変によるアレルゲンの低減化）Ⅲ．魚介類アレルゲンの分析方法（ELISA法／PCR検知法／その他の分析法）

水圏生物科学入門

会田勝美 編

B5判・256頁・定価（本体3,800円＋税）

水生生物をこれから学ぶ方の入門書。幅広く海洋学，生態学，生化学，養殖などの基礎はもちろん，現在の水産業が直面する問題をも簡潔にまとめた．〔主な内容と執筆者〕1. 水圏の環境（古谷研・安田一郎）2. 水圏の生物と生態系（金子豊二・塚本勝巳・津田敦・鈴木譲・佐藤克文）3. 水圏生物の資源と生産（青木一郎・小川和夫・山川卓・良永知義）4. 水圏生物の化学と利用（阿部宏喜・渡部終五・落合芳博・岡田茂・吉川尚子・木下滋晴・金子元・松永茂樹）5. 水圏と社会とのかかわり（黒倉寿・松島博英・黒萩真悟・山下東子・日野明徳・生田和正・清野聡子・有路昌彦・古谷研・岡本純一郎・八木信行）

恒星社厚生閣